Führung lernen

Stephanie Kaudela-Baum • Erik Nagel
Paul Bürkler • Verena Glanzmann
Herausgeber

Führung lernen

Fallstudien zu Führung,
Personalmanagement und Organisation

Unter Mitarbeit von Martin Sprenger

Herausgeber
Professor Dr. Stephanie Kaudela-Baum
Professor Dr. Erik Nagel
Paul Bürkler
Professor Verena Glanzmann

Hochschule Luzern - Wirtschaft
Institut für Betriebs- und Regionalökonomie IBR
Zentralstraße 9
6002 Luzern
Schweiz

stephanie.kaudela@hslu.ch
erik.nagel@hslu.ch
paul.buerkler@hslu.ch
verena.glanzmann@hslu.ch

ISBN 978-3-642-16816-1   e-ISBN 978-3-642-16817-8
DOI 10.1007/978-3-642-16817-8
Springer Heidelberg Dordrecht London New York

Die Deutsche Nationalbibliothek verzeichnet diese Publikation in der Deutschen Nationalbibliografie; detaillierte bibliografische Daten sind im Internet über http://dnb.d-nb.de abrufbar.

© Springer-Verlag Berlin Heidelberg 2011
Dieses Werk ist urheberrechtlich geschützt. Die dadurch begründeten Rechte, insbesondere die der Übersetzung, des Nachdrucks, des Vortrags, der Entnahme von Abbildungen und Tabellen, der Funksendung, der Mikroverfilmung oder der Vervielfältigung auf anderen Wegen und der Speicherung in Datenverarbeitungsanlagen, bleiben, auch bei nur auszugsweiser Verwertung, vorbehalten. Eine Vervielfältigung dieses Werkes oder von Teilen dieses Werkes ist auch im Einzelfall nur in den Grenzen der gesetzlichen Bestimmungen des Urheberrechtsgesetzes der Bundesrepublik Deutschland vom 9. September 1965 in der jeweils geltenden Fassung zulässig. Sie ist grundsätzlich vergütungspflichtig. Zuwiderhandlungen unterliegen den Strafbestimmungen des Urheberrechtsgesetzes.
Die Wiedergabe von Gebrauchsnamen, Handelsnamen, Warenbezeichnungen usw. in diesem Werk berechtigt auch ohne besondere Kennzeichnung nicht zu der Annahme, dass solche Namen im Sinne der Warenzeichen- und Markenschutz-Gesetzgebung als frei zu betrachten wären und daher von jedermann benutzt werden dürften.

Einbandentwurf: WMXDesign GmbH, Heidelberg

Gedruckt auf säurefreiem Papier

Springer ist Teil der Fachverlagsgruppe Springer Science+Business Media (www.springer.com)

Vorwort der Herausgeber

Das Institut für Betriebs- und Regionalökonomie (IBR) in Luzern bietet seit vielen Jahren Führungsweiterbildungen an. In diese Kurse bringen die Teilnehmenden „Führungsgeschichten" mit, schwierige Situationen aus ihrem Führungsalltag, die in der sogenannten kollegialen Fallberatung besprochen werden. In unserem Fallarchiv sammelten sich über die Jahre wahre Schätze an: vermeintlich einfache und vertrackte, typische, aber auch merkwürdige Führungsgeschichten. Daraus entstand die Idee, diesen Schatz in der Form eines Fallstudienbuches öffentlich zugänglich zu machen. Die Hochschule Luzern – Wirtschaft (HSLU) hat die Erstellung des Buches freundlicherweise mit einem Projektkredit möglich gemacht.

Die Versammlung dieser zahlreichen Führungsfallstudien ist der Zusammenarbeit von Autorinnen und Autoren zu verdanken, die (mit wenigen Ausnahmen) als Dozierende an der Hochschule Luzern – Wirtschaft in der Aus- und Weiterbildung in den Themenbereichen Führung, Personalmanagement und Organisation tätig sind. Sie bereiteten die Originalfälle didaktisch auf und versahen sie mit Empfehlungen zur Bearbeitung. Die Führungskräfte, welche die Originalfälle in die kollegialen Fallberatungsrunden eingebracht hatten, wurden schriftlich um Erlaubnis gebeten, ihre Geschichten zu verwenden. Wir sicherten ihnen zu, dass sie anonymisiert werden. Wir danken allen Falleinbringerinnen und Falleinbringern herzlich für ihr Vertrauen. Ohne ihre offene Schilderung und Dokumentation der selbst erlebten Führungssituationen wäre dieses Buch nie zustande gekommen.

Mit diesem Buch wollen wir einen Beitrag zum praxisnahen Unterrichten in der *Aus- und Weiterbildung* leisten. Über das Üben und Lernen am konkreten Fall sollen Studierende Einblick in die Führungspraxis erhalten, sie sollen aber auch angeleitet und befähigt werden, mit alltäglichen Führungsproblemen kompetenter umzugehen. Wir sind der Überzeugung, dass die Bearbeitung echter Führungssituationen die Reflexionsfähigkeit der Studierenden erhöht und sie darin schult, eigene Führungssituationen besser zu verstehen und die persönlichen Handlungsoptionen zu erweitern.

Wir würden uns darüber freuen, wenn die Fallstudien in diesem Buch vielfältig zum Einsatz kommen. Neben der Aus- und Weiterbildung sehen wir auch Verwendungsmöglichkeiten in der innerbetrieblichen Führungs- und Organisationsentwicklung, im Coaching, in der ganz persönlichen Auseinandersetzung von Führungskräften mit ihrem Führungsalltag oder auch in Assessment-Centern.

Als Herausgeber danken wir den Autorinnen und Autoren für ihre engagierte Mitarbeit an dieser Fallstudiensammlung. Vor allem möchten wir Martin Sprenger und Sylvia Bendel Larcher danken. Martin Sprenger hat die Entwicklung des Buches massgeblich mitgeprägt und zahlreiche Fälle didaktisch mit dem nötigen Feingespür überarbeitet. Prof. Dr. Sylvia Bendel Larcher hat sich neben der Überarbeitung von Fallstudien freundlicherweise bereit erklärt, das Lektorat für das Buch zu übernehmen.

Weiterhin danken wir unserer Hochschule Luzern – Wirtschaft für die grosszügige Finanzierung dieser Publikation. Für ihr Vertrauen in unser Projekt danken wir insbesondere Prof. Dr. Xaver Büeler, Rektor der Hochschule Luzern – Wirtschaft, Prof. Pius Muff, Prorektor Leistungsbereich Bachelor, sowie Prof. Dr. Markus Hodel, Mitglied der Hochschulleitung.

Luzern
im Oktober 2010

Stephanie Kaudela-Baum
Erik Nagel
Verena Glanzmann
Paul Bürkler

Inhalt

Einleitung 1
Stephanie Kaudela-Baum

Kurzzusammenfassung der Fälle 15
Stephanie Kaudela-Baum

I. Führung der eigenen Person 37
Martin Sprenger, Nada Endrissat, Christoph Fischer (Bilder),
Dominik Godat, Stephanie Kaudela-Baum, Julia K. Kuark,
Seraina Mohr und Werner R. Müller

II. Fordern, fördern und Ziele vereinbaren 55
Martin Sprenger, Paul Bürkler, Verena Glanzmann,
Dominik Godat und Stephanie Kaudela-Baum

III. Kommunikation und Konfliktmanagement 83
Martin Sprenger, Paul Bürkler, Nada Endrissat, Dominik Godat,
Michael Heike, Stephanie Kaudela-Baum, Katrin Kolo,
Julia K. Kuark und Sylvia Bendel Larcher

IV. Mitarbeiter entwickeln 123
Stephanie Kaudela-Baum, Sylvia Bendel Larcher, Paul Bürkler, Verena
Glanzmann, Dominik Godat und Martin Sprenger

V. Arbeiten in Gruppen 145
Stephanie Kaudela-Baum, Paul Bürkler, Erik Nagel und Martin Sprenger

VI. Personalmanagement und Personalethik 161
Stephanie Kaudela-Baum, Christoph Fischer (Bilder), Bruno Frischherz,
Dominik Godat, Erik Nagel, Andrea Buss Notter und Martin Sprenger

VII. Organisation und Change Management 183
Stephanie Kaudela-Baum, Sylvia Bendel Larcher, Joachim Freimuth,
Volker Frenk, Verena Glanzmann, Dominik Godat,
Erik Nagel und Martin Sprenger

VIII. Führung im interkulturellen Kontext 217
Claus Schreier

IX. Wissensmanagement 231
Martin Sprenger, Nikola Böhrer, Dominik Godat, Stephanie Kaudela-Baum
und Patricia Wolf

Bibliographie 237

Stichwortverzeichnis 245

Autorenverzeichnis

Dr. habil. Sylvia Bendel Larcher Institut für Kommunikation und Marketing IKM, Hochschule Luzern – Wirtschaft, Zentralstraße 9, 6002 Luzern, Schweiz

Lic. oec. HSG Nikola Böhrer Institut für Betriebs- und Regionalökonomie IBR, Hochschule Luzern – Wirtschaft, Zentralstraße 9, 6002 Luzern, Schweiz

Paul Bürkler Institut für Betriebs- und Regionalökonomie IBR, Hochschule Luzern – Wirtschaft, Zentralstraße 9, 6002 Luzern, Schweiz
E-Mail: paul.buerkler@hslu.ch

Dr. Andrea Buss Notter Swiss Life AG, Zürich, Schweiz

Dr. Nada Endrissat Berner Fachhochschule, Bern, Schweiz

Prof. Dr. Bruno Frischherz Institut für Betriebs- und Regionalökonomie IBR, Hochschule Luzern – Wirtschaft, Zentralstraße 9, 6002 Luzern, Schweiz

Prof. Verena Glanzmann Institut für Betriebs- und Regionalökonomie IBR, Hochschule Luzern – Wirtschaft, Zentralstraße 9, 6002 Luzern, Schweiz
E-Mail: verena.glanzmann@hslu.ch

Lic. rer. pol. Dominik Godat Institut für Betriebs- und Regionalökonomie IBR, Hochschule Luzern – Wirtschaft, Zentralstraße 9, 6002 Luzern, Schweiz

Prof. Michael Heike Institut für Betriebs- und Regionalökonomie IBR, Hochschule Luzern – Wirtschaft, Zentralstraße 9, 6002 Luzern, Schweiz

Prof. Dr. Stephanie Kaudela-Baum Institut für Betriebs- und Regionalökonomie IBR, Hochschule Luzern – Wirtschaft, Zentralstraße 9, 6002 Luzern, Schweiz
E-Mail: stephanie.kaudela@hslu.ch

Katrin Kolo Arts in Business, Zürich, Schweiz

Dr. Julia K. Kuark Nebenamtliche Dozentin, Hochschule Luzern – Wirtschaft, Zentralstrasse 9, 6002 Luzern – Wirtschaft, Zentralstraße 9, 6002 Luzern, Schweiz

Lic. phil. I Seraina Mohr Institut für Betriebs- und Regionalökonomie IBR, Hochschule Luzern – Wirtschaft, Zentralstraße 9, 6002 Luzern, Schweiz

Prof. Dr. Werner R. Müller Universität Basel, Basel, Schweiz

Prof. Dr. Erik Nagel Institut für Betriebs- und Regionalökonomie IBR, Hochschule Luzern – Wirtschaft, Zentralstraße 9, 6002 Luzern, Schweiz
E-Mail: erik.nagel@hslu.ch

Prof. Dr. Claus Schreier Institut für Betriebs- und Regionalökonomie IBR, Hochschule Luzern – Wirtschaft, Zentralstraße 9, 6002 Luzern, Schweiz

Martin Sprenger, M. A. Institut für Betriebs- und Regionalökonomie IBR, Hochschule Luzern – Wirtschaft, Zentralstraße 9, 6002 Luzern, Schweiz
E-Mail: martin.sprenger@hslu.ch

Prof. Dr. Patricia Wolf Institut für Betriebs- und Regionalökonomie IBR, Hochschule Luzern – Wirtschaft, Zentralstraße 9, 6002 Luzern, Schweiz

Biografien der Herausgeberinnen und Herausgeber sowie der Autorinnen und Autoren

Herausgeber

Prof. Dr. Stephanie Kaudela-Baum Studium der Wirtschaftswissenschaften in Augsburg und Basel. Promotion zum Strategischen Human Resource Management. Seit 2005 Dozentin an der Hochschule Luzern – Wirtschaft. Leiterin des Competence Centers General Management am Institut für Betriebs- und Regionalökonomie. Studienleiterin des CAS Leadership. Schwerpunkte in der Lehre, Forschung und Beratung: Führung, Organisation, Change Management, Innovation und qualitative Methoden der Organisations- und Managementforschung.

Prof. Dr. Erik Nagel Studium der Verwaltungswissenschaften. Promotion in Wirtschaftswissenschaften. Dozent der Hochschule Luzern. Studienleiter des Executive MBA Luzern. Institutsleiter des Instituts für Betriebs- und Regionalökonomie. Schwerpunkte in der Lehre, Forschung und Beratung: Führung, Change Management, Organisation, Beratung und Innovation.

Prof. Verena Glanzmann Betriebsökonomin HWV, Dozentin für Betriebswirtschaft, Human Resources Management, Teamführung und Methodik. Organisations- und Führungsberaterin. Sie ist Mitglied der Institutsleitung des Instituts für Betriebs- und Regionalökonomie IBR der Hochschule Luzern sowie Leiterin der Weiterbildung IBR (Masterprogramme, Zertifikats- und Diplomkurse).

Paul Bürkler seit 2002 tätig als Projektleiter und Dozent am Institut. Lehr- und Forschungstätigkeit zu Führung und Management im öffentlichen Sektor. Unternehmensberatung von Verwaltungen und Dienstleistungsbetrieben im öffentlichen Sektor. Vor seiner Tätigkeit an der Hochschule langjährige Führungstätigkeit als Geschäftleiter in verschiedenen Betrieben im Gesundheits- und Sozialwesen sowie als Vorstands- bzw. Stiftungsratsmitglied von kantonalen und gesamtschweizerischen Organisationen.

Autoren

Dr. habil. Sylvia Bendel Larcher Studium der Germanistik und Allgemeiner Geschichte. Promotion zur Geschichte der Textsorte Werbung. Habilitation zur Individualität in institutionellen Gesprächen. Forschungstätigkeit zu Reklamationsgesprächen, Callcenterkommunikation und kritischer Diskursanalyse. Seit vielen Jahren Dozentin für Rhetorik, wissenschaftliches Schreiben, Unternehmenskommunikation, Gesprächsführung und Konfliktmanagement.

Lic. oec. HSG Nikola Böhrer Studium der Wirtschaftswissenschaften mit Fokus strategisches Management. Doktorandin im Bereich International Business/Corporate Governance an der Universität St. Gallen. Wissenschaftliche Mitarbeiterin an der Hochschule Luzern. Fünf Jahre in Stabsstellen Schweizer Grossbanken tätig, daneben Industrie- und Consultingerfahrung. Aktuelle Schwerpunkte: Corporate/Subsidiary Governance, Boards, Führung von Multinationals.

Dr. Andrea Buss Notter Studium der Wirtschafts- und Sozialwissenschaften, Universität Genf. Promotion über soziale Folgen ökonomischer Umstrukturierungen. Andrea Buss Notter ist heute tätig als Head Talent Management and Research bei Swiss Life. Forschung über Management, Leadership, Cultural Change, Social Character, Gender und Career.

Dr. Nada Endrissat ist Senior Researcher und Lehrbeauftragte am Fachbereich Wirtschaft und Verwaltung der Berner Fachhochschule. Studium der Psychologie und BWL an der Freien Universität Berlin und Promotion am Wirtschaftswissenschaftlichen Zentrum der Universität Basel. Ihre aktuellen Forschungsschwerpunkte umfassen Fragen der Identitätsarbeit und Führung in komplexen Situationen sowie die Rolle von Wissen in Designprozessen.

Prof. Dr. Bruno Frischherz Studium der Germanistik und der Philosophie. Gymnasiallehrer. Lektor für Deutsch als Fremdsprache an der Universität Freiburg. Gründer und Geschäftsführer der didanet gmbh. An der Hochschule Luzern – Wirtschaft tätig als Dozent für Kommunikation und Wirtschaftsethik. Schwerpunkte der heutigen Tätigkeit: Wirtschaftsethik, Informationsethik, Onlinekommunikation.

Lic. rer. pol. Dominik Godat Businesscoach für Führungskräfte und Unternehmen. Referent an internationalen Coachingkonferenzen. Ausbilder von Coaches. Mehrjährige Tätigkeit als Personalverantwortlicher im Detailhandel. Am Institut als Kursleiter des CAS Coaching als Führungskompetenz und als Dozent im Personalmanagement tätig. Schwerpunkte der heutigen Tätigkeit: Coaching, Management-, Team- und Organisationsentwicklung.

Prof. Michael Heike Studium der Wirtschafts- und Politikwissenschaften sowie der Pädagogik. Mehrjährige Tätigkeiten bei Unternehmensberatungen, der Deutschen Bahn und in der öffentlichen Verwaltung. Seit 2003 Professor für Public Management an der Hochschule Luzern.

Katrin Kolo Tanz-Studium, Diplom-Volkswirtin. Mehrjährige Erfahrung als Unternehmensberaterin für Kultur- und Industriebetriebe, ebenso als Kulturmanagerin und Choreographin. Gründerin der Firma arts-in-business. Derzeit Co-Leiterin des Tanzhaus Zürich. Schwerpunkte: Führung von Kulturbetrieben, Kulturvermittlung, Moderation, Einsatz von künstlerischen Methoden in Organisationen.

Dr. Julia K. Kuark Studium des Maschinenbaus, Dissertation in Arbeitspsychologie. Dozentin mit zahlreichen Publikationen. Mehrjährige Erfahrung als Unternehmensberaterin und Geschäftsführerin der Firma JKK Consulting. Entwicklerin des Modells TopSharing – Jobsharing in Führungspositionen. Aktuelle Schwerpunkte: Führung, Diversity Management, interkulturelle Kompetenz, Teamentwicklung, Didaktik und Coaching.

Lic. phil. I Seraina Mohr Studium der Germanistik und Geschichte. Langjährige Tätigkeit als Journalistin. Danach Projektleiterin für den Auf- und Ausbau von Internetplattformen. Heute tätig als Dozentin und Leiterin des Kompetenzzentrums Onlinekommunikation. Schwerpunkte Onlinekommunikation, Social Media.

Prof. Dr. Werner R. Müller emeritiert, studierte Wirtschaftswissenschaften in St. Gallen, Basel und Pittsburgh und lehrte Betriebswirtschaftslehre mit dem Schwerpunkt Organisation, Führung und Personalmanagement an der Universität Basel. Forschungsinteressen sind organisationstheoretische, führungskulturelle und personalpolitische Fragestellungen wie auch Wandelprozesse und Emotionen in Organisationen.

Prof. Dr. Claus Schreier Studium der Betriebs- und Volkswirtschaftslehre, Promotion in interkulturellem Management. Dozent der Hochschule Luzern. Studienleiter des MBA Luzern und CAS International Leadership. Inhaber der Beratung „Die Kulturarchitekten". Schwerpunkte in Lehre, Forschung und Beratung: Führung, interkulturelles Management, strategisches Management.

Martin Sprenger, M. A. Studium der Wirtschaftswissenschaften mit Fokus Marketing und Strategie sowie Human Ressource Management. Doktorand am Lehrstuhl für Marketing an der Universität Zürich. Wissenschaftlicher Mitarbeiter an der Hochschule Luzern. Forschungsschwerpunkte: Leadership und Kundenorientierung.

Prof. Dr. Patricia Wolf ist Professorin für Unternehmensentwicklung und Forschungskoordinatorin des Institutes für Betriebs- und Regionalökonomie (IBR) an der Hochschule Luzern – Wirtschaft. Gleichzeitig arbeitet sie als Gastwissenschaftlerin am Institut für Arbeitspsychologie der ETH Zürich und hat die Gastprofessur „Innovations- und Wissensmanagement" an der Universität Caxias do Sul (Brasilien) inne. Ihre aktuellen Forschungsschwerpunkte sind Wissenstransformation und Innovationsmanagement in sozialen Systemen (Regionen, Unternehmen, Gruppierungen).

Zeichner

Christoph Fischer Ausbildung zum Illustrator an der HSLU Design und Kunst in Luzern. Seit 2002 selbständig tätig als Illustrator für Bücher und Zeitschriften. Eigene Kunstprojekte: Langzeitprojekt und Buch *Teufelskreisel Kreuzstutz* mit Strassenbeobachtungen in Luzern (teufelskreisel.ch). Dokumentarisches Zeichnen in verschiedenen sozialen Milieus, u. a. in Chicago und in Pariser Vorstädten.

Einleitung

Stephanie Kaudela-Baum

Mit Fällen Führungswelten eröffnen

Das vorliegende Fallstudienbuch ist das Ergebnis eines zweijährigen Projekts der Hochschule Luzern – Wirtschaft (HSLU) zur Entwicklung praxisnaher didaktischer Materialien in Ergänzung zu traditionellen Lehrmitteln. Die vorliegenden Fallstudien basieren mehrheitlich auf Erfahrungsberichten von Teilnehmenden aus verschiedenen Führungsweiterbildungen der HSLU. Eine Minderheit der Fälle wurde aus didaktischem Interesse an der Darstellung typischer Führungssituationen „frei" erfunden. Das Buch bietet Führungspersonen sowie angehenden Führungspersonen aktuelle, relevante, typische, aber auch merkwürdige Fälle zur Personalführung. Dazu zählen auch Themenfelder, die klassischerweise der Organisations-, Personal- und Kommunikationswissenschaft zugeordnet werden. Zur Sprache kommen Mitarbeitendengespräche, Führung interkultureller Teams, Führung von Experten, Führung von Veränderungsprozessen, Teamentwicklung und vieles mehr.

Die Originalfälle wurden von ausgewählten Fallautorinnen und -autoren mit mehrjähriger Erfahrung in der Führungsaus- und -weiterbildung didaktisch überarbeitet. Der Originalfall aus den Geschichten der Führungspraktikerinnen und -praktiker wurde beim Schreiben umformuliert, ergänzt und anonymisiert. Dabei folgten alle Autorinnen und Autoren dem Prinzip: So viel Originalton und Alltagsnähe wie möglich und so viel Lerngehalt, Leserfreundlichkeit, Orientierung und Unterhaltung wie nötig. Wichtig war dem Herausgeberteam, dass die Fallstudien zum Lesen einladen und ein „Eintauchen" in die Praxis von Führungskräften ermöglichen. Auch sollten die Originalgeschichten so ergänzt und modifiziert werden, dass konkrete *Verhaltens*weisen bzw. *Handlungs*abfolgen verstanden und nachvollzogen werden können und die Fälle glaubwürdig sind.

S. Kaudela-Baum (✉)
Institut für Betriebs- und Regionalökonomie IBR, Hochschule Luzern – Wirtschaft,
Zentralstraße 9, 6002 Luzern, Schweiz
E-Mail: stephanie.kaudela@hslu.ch

Beim Einsatz der Fallstudien im Unterricht geht es nicht darum, anhand der Fallstudien gezielt Wissen „abzufragen". Im Vordergrund steht vielmehr der Nachvollzug von kontext- und kulturgebundenen Situationen aus dem Organisationsalltag von Führungskräften. Als Dozierende einer Hochschule für *angewandte Wissenschaften* fühlen wir uns verpflichtet, einen Beitrag zur transferorientierten Aus- und Weiterbildung, aber auch zur Entwicklung von Organisationen zu leisten, sodass verhaltensorientierte Erkenntnisse besser in den Führungs- und Managementalltag übertragen werden können. Bei der Fallbearbeitung geht es im didaktischen Kontext nicht um die Entwicklung genereller Erkenntnisse, sondern um die Anwendung genereller Erkenntnisse auf einen konkreten Fall. Die Erkenntnisse aus dem Fall sind „lokal" oder „spezifisch", d. h. sie sind aus den konkreten Ereignis- und Handlungsverläufen der beschriebenen Situation herauszuarbeiten und nur für diesen Fall gültig. Da es sich jedoch um typische Führungssituationen handelt, ist davon auszugehen, dass solche Ereignisketten in ähnlicher Form auch andernorts vorkommen. Diese Ähnlichkeit, das Erkennen des Eigenen im Anderen, macht es möglich, die Erkenntnisse für die Bewältigung und Gestaltung der eigenen Führungssituationen zu nutzen. So wird ein Transfer der Erkenntnisse möglich und so ziehen die Akteure aus der Bearbeitung typischer Fälle einen *unmittelbaren Nutzen* für ihre Praxis.

Während Fallstudien im englischsprachigen Raum als gängiges didaktisches Instrument eingesetzt werden und dort eine reichhaltige Palette an Fallstudien vorliegt, existieren im deutschsprachigen Raum immer noch wenige Fallstudienbücher. Mit dem vorliegenden Buch wollen die Herausgeber eine Alternative zur – sprachlich wie kulturell problematischen – Übersetzung englischsprachiger Fallstudien im Bereich der Führungslehre bieten. Die Fallstudien lassen sich mehrheitlich in einem Zeitraum von 60–90 min bearbeiten. Sie lassen sich im Gegensatz zu den berühmten „Harvard-Fällen" gut ergänzend zu anderen didaktischen Materialien in ein Tages- bzw. Halbtagesprogramm im Rahmen der Aus- und Weiterbildung integrieren. Sie können aber ebenso bei Gruppenübungen in einem Assessment- oder Development-Center eingesetzt werden.

Zum bekannten, ebenfalls verhaltensorientierten Fallstudienbuch von Domsch, Regnet und von Rosenstiel bietet dieses Buch die Ergänzung.[1]

Aufbau des Buches

Wie im Buchtitel bereits verdeutlicht, konzentrieren sich die Fallstudien vorwiegend auf die Themen Führung, Personalmanagement und Organisation. Nach der Einleitung werden *Kurzzusammenfassungen* der Fälle dargestellt. Diese bieten eine knappe Inhaltsangabe des geschilderten Falles. Die *Piktogramme* geben

---
[1] Domsch, M. E., Regnet, E. & von Rosenstiel, L. (2001). Führung von Mitarbeitern. Fallstudien zum Personalmanagement. Stuttgart: Schäffer-Poeschel.

Hinweise auf die Charakteristik der Fallstudie: Für welches Niveau der Aus- und Weiterbildung (Bachelor, Master, Weiterbildung) der Fall geeignet ist, über die Komplexität des Falles (fokussiert/komplex), welche Führungsebene (untere/mittlere/obere) betroffen ist, in welcher Branche sich die Geschichte ereignet und ob die Konstellation auf andere Branchen übertragbar ist.

Die Fallstudien sind in verschiedenen Organisationstypen (privatwirtschaftliche Unternehmen, Non-Profit-Organisationen und öffentliche Verwaltungen) und Branchen angesiedelt und decken somit ein breites Spektrum an Führungskontexten ab. Bezüglich der Grösse dominieren die mittelgrossen Unternehmen. Die Struktur des Buches orientiert sich jedoch nicht an Organisationstyp oder Branche, sondern an der Charakteristik der beschriebenen Führungssituation. Die Fälle sind neun Kapiteln zugeordnet:

I. *Führung der eigenen Person*
II. *Fordern, fördern und Ziele vereinbaren*
III. *Kommunikation und Konfliktmanagement*
IV. *Mitarbeitende entwickeln*
V. *Arbeit in Gruppen*
VI. *Personalmanagement und Personalethik*
VII. *Organisation und Change Management*
VIII. *Führung im interkulturellen Kontext*
IX. *Wissensmanagement*

Im ersten Kapitel wird die Führung der eigenen Person thematisiert. In den Kap. 2–4 geht es um die Beziehungsgestaltung zwischen der Führungsperson und den Geführten (Zielvereinbarung, Kommunikation und Konfliktlösung, Personalentwicklung). Anschliessend steht die Führungsarbeit in und mit Gruppen im Vordergrund. Die thematischen Schwerpunkte öffnen sich dann Richtung Personalmanagement, Organisation und Change Management und münden in eine Auseinandersetzung mit Fragen der interkulturellen Führung und des Wissensmanagements, beides Themen, die in der heutigen Arbeitswelt zunehmend an Relevanz gewinnen. Im Folgenden werden die einzelnen Kapitel kurz skizziert:

I. Führung der eigenen Person Im Zentrum stehen die Führungsperson selbst, das Haushalten mit den eigenen Ressourcen, die Auseinandersetzung mit der Life-Balance sowie Fragen der Lebensqualität, Gesundheit und Sicherung der langfristigen Leistungserbringung. Neben diesen klassischen Selbstmanagementthemen stehen aber auch Themen wie Motivation, Zufriedenheit und (fehlende) (Gestaltungs-) Freiräume im Vordergrund. Die Fallstudien, die diesem Themenfeld zugeordnet sind, berühren zudem die Spannungsfelder Macht und Ohnmacht, Nähe und Distanz, Einsamkeit und Gemeinschaft, Selbst- und Fremdsteuerung. Die Themenbereiche rollenbezogene Konflikte sowie Authentizität und Identität wurden ebenfalls diesem Kapitel zugeordnet.

II. Fordern, fördern und Ziele vereinbaren Die Leistungsorientierung spielt im Rahmen der Führungstätigkeit eine zentrale Rolle. Im Zentrum der Fallstudien, die in diesem Kapitel vereint wurden, stehen Mitarbeitendengespräche und Vorgänge der Zielvereinbarung. Das Instrument „Führen durch Zielvereinbarung" („Management by Objectives" – MbO) wird als unverzichtbares Instrument zur zielbezogenen Leistungsbeurteilung in diversen Fällen behandelt; dabei werden auch die Gestaltung des Zielfindungsprozesses sowie die Qualität der Zielerreichung angesprochen. Um den engeren Aspekt „Führen durch Zielvereinbarung" sind weitere Themenkreise wie Partizipation, Motivation, Delegation, Feedback, Stellenaufbau, Kreativität, Personalentwicklung und Unternehmenskultur angesiedelt.

III. Kommunikation und Konfliktmanagement Die Fälle behandeln die „Kunst", schwierige Gespräche zu führen: Das Überbringen unangenehmer Nachrichten, das Ansprechen heikler Themen, das Überwinden von Kommunikationsbarrieren zwischen verschiedenen Funktionsträgern, zwischen Expert/innen und Manager/innen oder in interdisziplinären Teams. Auch hier geht es um die Führungstätigkeit „Mitarbeitendengespräche führen", jedoch weniger eng geknüpft an das Führungsinstrument „Management by Objectives" (MbO). Im Vordergrund stehen vielmehr grundlegende Kommunikations- und Konfliktthemen. Die Studierenden können anhand der Fallstudienbearbeitung lernen, Konfliktarten und Konfliktverläufe zu erkennen und Führungsbeziehungen deeskalierend zu gestalten.

IV. Mitarbeitende entwickeln Dieses Kapitel umfasst Fallstudien, welche die Personalentwicklung als Führungsaufgabe behandeln. Dieser Themenbereich ist eng mit den beiden vorherigen verknüpft. Die Zusammenhänge zwischen Fördergesprächen, Mitarbeitendengesprächen und Zielvereinbarungsgesprächen sind gross. Dabei werden Themen wie die Entwicklung von Mitarbeitenden, zu denen man keinen Draht findet, die Entwicklung talentierter, kreativer Mitarbeitender (Querdenker) oder die Entwicklung von Teilzeitmitarbeitenden angesprochen. Ausserdem kommen Themen wie fehlende Möglichkeiten zu Beförderung bzw. hierarchischem Aufstieg und alternative Möglichkeiten der Karriereentwicklung von Mitarbeitenden zur Sprache. Eng damit verknüpft ist die Auseinandersetzung mit Fragen der Organisationsentwicklung, der Gerechtigkeit, der Motivation und des Umgangs mit Freiräumen.

V. Arbeit in Gruppen Die Tendenz zu flachen Hierarchien und die Dominanz von Projektstrukturen in modernen Organisationen verleihen diesem Führungsthema Gewicht. Die Fallstudien thematisieren die Gestaltung der Arbeit in und mit Gruppen aus der Führungsperspektive und dienen der Reflexion von Gruppenprozessen. Es wird die Führung heterogener Teams angesprochen, aber auch Teamkonflikte und -entwicklung. Die Studierenden sind herausgefordert, Gestaltungswege der Leitung von Gruppen und Möglichkeiten zur Beeinflussung von Gruppenentwicklungen zu behandeln.

VI. Personalmanagement und Personalethik In diesem Kapitel dominieren eher klassische Personalmanagementthemen sowie ethische und personalpolitische Fragestellungen rund um den Personalprozess. Es geht um Grundsatzfragen wie die Gehaltsstruktur und -gestaltung, Lohngerechtigkeit oder Entlassung von Mitarbeitenden (und damit verbundene ethische Fragestellungen). Weitere Themenkreise, die angesprochen werden, sind: Umgang mit Absenzen, betriebliches Gesundheitsmanagement sowie der Umgang mit Mobbing, Stress, Burn-out und auch Fragen der Diskriminierung am Arbeitsplatz. All diese Themenbereiche der Führung werden in der Praxis häufig von Führungspersonen der Linie in Zusammenarbeit mit dem Personalmanagement bearbeitet. Besonders gefordert ist die Personalarbeit in Veränderungsprozessen oder wenn Qualitätsprobleme oder Unzufriedenheit seitens der Kunden aufkommen.

VII. Organisation und Change Management In diesen Fallstudien werden Führungsaufgaben im Rahmen der Umgestaltung von Organisationsstrukturen angesprochen. Im Vordergrund stehen Themen wie: Demotivation von Mitarbeitenden während des Change-Prozesses, Macht und Ohnmacht in Veränderungsprozessen, flexible Projektstrukturen, Verlust der Identifikation mit der Organisation, kultureller Wandel und Krisenmanagement. Neben diesen Themen geht es weiterhin um den Umgang mit Arbeitsspitzen und Stressabbau während Phasen des Wandels.

VIII. Führung im interkulturellen Kontext Diesem Bereich sind zwei Fallstudien zugeordnet, die Führungsverständnisse aus unterschiedlichen kulturellen Blickwinkeln beleuchten und die besondere Herausforderungen der Zusammenarbeit in interkulturellen Teams aufgreifen.

IX. Wissensmanagement Diesem Kapitel sind ebenfalls zwei Fälle zugeordnet. Sie betreffen das Wissensmanagement als Führungsaufgabe im Zusammenhang mit dem Austritt langjähriger Mitarbeiter sowie das Konfliktpotenzial strategisch „angeordneter" Wissensmanagementprogramme.

Die zwei *Comic-Fallstudien* wurden in Zusammenarbeit mit dem Beobachter und Zeichner Christoph Fischer aus Luzern entwickelt. Die Idee zu Comic-Fallstudien kam von unserem Kollegen Prof. Dr. Stefan Michel der IMD Business School in Lausanne, der bereits sehr positive Erfahrungen mit Comics in der Führungsweiterbildung gemacht hat. Der Zugang über die Bildsprache soll Leserinnen und Leser auf eine andere, kreative Art ansprechen.

Jedem Fall folgen die *Teaching Notes,* die einen raschen Überblick über Inhalt und Charakter des Falles sowie Anregungen für dessen Bearbeitung bieten. Die *Stichwörter* geben an, welche Bereiche der Führung betroffen sind. Der *Kommentar* der Autorinnen und Autoren gibt Hinweise darauf, wie der Fall im Unterricht eingesetzt werden kann, welche Themen besonders zu beachten sind und ob der Fall für ein Rollenspiel geeignet ist. Abgerundet werden die Teaching Notes durch mögliche *Fragen zur Fallbearbeitung,* die im Unterricht eingesetzt werden können, aber auch für das Selbststudium geeignet sind.

Die Stichwörter, vor allem aber der Kommentar und die Fragen zur Fallbearbeitung, enthalten natürlich Hinweise, die eine bestimmte Charakterisierung und Interpretation des Falles nahelegen. Die Teaching Notes werden daher nach einem Seitenumbruch aufgeführt, damit die Fallstudien ohne diesen Zusatz ausgedruckt und im Unterricht eingesetzt werden können.

Das Buch wird durch ein Stichwortverzeichnis sowie Literaturempfehlungen zu den einzelnen Kapiteln abgeschlossen.

Zielpublikum des Buches

Das Fallstudienbuch richtet sich primär an vier Zielgruppen: Studierende (mehrheitlich Masterstudierende und Weiterbildungsstudierende), Dozierende, Berater/innen und Praktiker/innen.

Studierende können die Fallstudien zur Wissensvertiefung (allein oder in Gruppen), zum Wissensaufbau anhand einer konkreten Führungssituation und zur Prüfungssimulation verwenden. Im Vordergrund steht die Anwendung vorhandenen Fachwissens, die kritische Analyse komplexer praktischer Problemstellungen, aber auch das Verständnis der konkreten Anwendung von Führungsinstrumenten und Managementtechniken wie z. B. Führung durch Zielvereinbarung oder Mitarbeiterbeurteilung. Weiterhin werden Studierende durch die Bearbeitung der Fallstudien geschult, problemrelevante Aspekte zu erkennen, zu benennen und zu verdichten, Führungsprobleme präzise zu definieren und, davon ausgehend, Massnahmen zur Problemlösung zu entwickeln. Bei der Bearbeitung der Fallstudien in Gruppen oder Rollenspielen können zusätzlich soziale Lerneffekte (Kooperations-, Kommunikations- und Konfliktfähigkeit) erzielt werden.

Dozierende können die Fallstudien im Rahmen von Bachelor- und Masterstudiengängen sowie im Rahmen von Weiterbildungsstudiengängen entweder zur Eröffnung einer neuen Unterrichtseinheit (insbesondere die Comic-Fallstudien), zur Illustration eines Führungsthemas oder zur Vertiefung im Sinne einer Übung oder eines Rollenspiels verwenden. Die Fallstudien lassen sich zudem als Basis für die Konzeption von schriftlichen und mündlichen Prüfungsfragen heranziehen.

Berater/innen können die Fallstudien im Rahmen der Führungs- und Organisationsentwicklung als Reflexionsgrundlage für die Führungskräfteentwicklung sowie in Assessment- oder Development-Centern für Gruppenübungen verwenden.

Praktiker/innen können durch die Lektüre und Bearbeitung der Falltexte ihr eigenes Führungsselbstverständnis hinterfragen und so wichtige Lernimpulse erhalten.

Für alle Zielgruppen gilt, dass Grundkenntnisse in Betriebswirtschaft und in anderen sozialwissenschaftlichen Disziplinen wie Organisationstheorie oder Sozialpsychologie vorausgesetzt werden oder spätestens im Rahmen der Fallbearbeitung erworben werden müssen. Ein unterstützendes Literaturstudium sowie die Auseinandersetzung mit einschlägigen theoretischen Überlegungen und Begrifflichkeiten sind daher unerlässlich.

Führungsentwicklung mit Führungsgeschichten

Personalführung lernen

Die Antwort auf die Frage, ob man Personalführung lernen kann, hängt davon ab, was man unter lernen versteht. Wenn lernen als „Schreibtischlernen" und als das Trainieren theoretisch-analytischen Denkens verstanden wird, hilft es nur bedingt bei der Entwicklung der eigenen Führungspraxis; denn „Führen" ist eine praktische, zum Teil intuitive und mit Widersprüchen gespickte Tätigkeit. Wenn lernen hingegen als eine reflektierte, auf theoretische Überlegungen gestützte Auseinandersetzung mit sich selber in den Ereignisketten des Alltags verstanden wird, dann hilft es bei der Entwicklung der persönlichen (Führungs-)Praxis.

Dann stellt sich die Frage, *wer* denn eigentlich lernen muss. Führung lässt sich nicht als Produkt der Charaktereigenschaften der Person und ihres individuellen Handelns verstehen. Führung ist vielmehr eine komplexe Beziehungsgestaltung zwischen Führungsperson und Geführtem. Führung ist nicht nur eine individuelle, sondern wesentlich eine kollektive und prozesshafte Realität.[2] Der Einzelne kann sich zwar mit seiner Führungsrealität auseinandersetzen, aber immer nur aus der eigenen Sichtweise heraus. Wenn der Einzelne Neues erfährt, Einblicke gewinnt, sich vornimmt, anders über wiederkehrende Führungsdynamiken zu denken und sich anders zu verhalten – also wenn er oder sie lernt –, dann heisst das noch lange nicht, dass das Interaktionssystem lernt oder sich entwickelt. Erstens besteht kein zwingender Zusammenhang zwischen einer Erkenntnis oder einem Vorsatz und den konkret ausgeführten Handlungen. Denn wir tun nicht einfach das, was wir uns vornehmen, wie die Vorsätze zu Neujahr immer wieder belegen. Zweitens muss sich für eine Entwicklung das *aufeinander bezogene Handeln* ändern. In Führungskonstellationen müssen immer mindestens zwei Personen lernen und sich entwickeln, damit von Führungsentwicklung gesprochen werden kann. Dazu kommt noch, dass das Interaktionsgeschehen zwischen zwei oder mehreren Personen in einem organisationalen Kontext stattfindet. Formale Regeln, Leitsätze, die Organisationskultur oder die Selbstdarstellung der Organisation nach aussen wirken ebenfalls auf das konkrete Interaktionsgeschehen ein. In den Fallstudien sind diese Kontexte aus Platzgründen und im Sinne der Reduktion von Komplexität allerdings nur teilweise dargestellt.

Die Aufschlüsselung der verhaltensorientierten Fallstudien ist einerseits ein präziser, analytischer, anderseits aber auch ein kreativer und dynamischer Interpretationsvorgang. Dabei ist um die beste oder nachvollziehbarere Deutung in einem fairen, wertschätzenden und kollegialen Arbeitsklima zu ringen. So kann ein Lernen in Gang gesetzt, können neue Sichtweisen erarbeitet und das Handlungsrepertoire von Führungskräften erweitert werden. Dieses individuelle Lernen kann(!) sich dann „positiv" auf die Wahrnehmung und das Verhalten von Geführten auswirken und so können neue Führungswirklichkeiten gemeinsam geschaffen werden. Führungsfallstudien können über die Analyse eines anderen Falls und den erfolgreichen Transfer auf die eigene Situation zur Führungs- und Organisationsentwicklung und damit zu individuellen und kollektiven Lernprozessen beitragen.

Die Fallstudien sind trotzdem als *Entscheidungsfälle* einzelner Führungskräfte konzipiert. Die Entscheidungssituationen produzieren genau das, was Führungspersonen im Alltag häufig erleben: „Ich muss jetzt entscheiden", „wenn ich jetzt nicht entscheide, dann…". Dieser Entscheidungsdruck ist ganz real und verleitet immer wieder dazu, nach raschen Antworten zu suchen. Dies ist eine kleine Falle

---

[2] Burla, S., Alioth, A., Frei, F. & Müller, W. R. (1994). Die Erfindung von Führung. Vom Mythos der Machbarkeit in der Führungsausbildung. Zürich: vdf, S. 23 ff.

bei den Fallstudien. Die Fallbearbeitenden signalisieren scheinbar Handlungskompetenz, wenn sie auch in einer schwierigen Führungssituation sofort wissen, was als nächstes zu tun ist und was (aus ihrer Erfahrung heraus) am besten funktioniert. Ob die vorgeschlagene Lösung dann effektiv sinnvoll ist, ergibt sich aus der *gründlichen Deutung* des konkreten Falls. Damit wird auch ein didaktisches Grundanliegen deutlich: *Zuerst genau hinschauen und dann Handlungen vorschlagen.*

Theorie in die Praxis umsetzen

Führung ist ein weites Feld und manche Wissenschaftler räumen ein, dass Führung bis heute noch nicht besonders gut verstanden wird.[3] Bisher entwickelte Führungstheorien und -konzepte geben der einen oder anderen Führungskraft gewisse Anhaltspunkte bei der Bewältigung ihrer Führungsarbeit. Allerdings bieten sie kaum eine nachhaltige Orientierung bei konkreten Führungsentscheidungen. Führungspersonen entscheiden fortlaufend, wie sie sich verhalten und was sie kommunizieren. In diesen Alltagssituationen werden schwerlich abstrakte Erkenntnisse angewendet, wenn diese nicht in konkrete Führungssituationen „übersetzt" werden können. Angelesene Modelle helfen in der konkreten Situation kaum weiter und empfohlene oder antrainierte Verhaltensweisen wirken aufgesetzt, weil sie mit der Führungsperson nichts oder wenig zu tun haben.

Dabei ist *Authentizität* ein zentrales Thema für Führungskräfte.[4] Es geht nicht darum, irgendeine Rolle zu spielen oder deklarierten Rollenerwartungen zu entsprechen („eine gute Führungskraft ist...", „eine exzellente Führungskraft macht..."), sondern ganz man selbst zu sein. Die Erkenntnis aus den Fallstudien besteht nicht darin, beschriebenes Verhalten zu vermeiden oder einfach zu kopieren, sondern der Frage nachzugehen: Was entspricht mir und was passt in meiner Organisation?

Das entspricht nicht einem „anything goes". Führungshandeln ist nicht beliebig; es hat zumeist einen „Nutzen" (produktives Arbeitsklima, individuelle Genugtuung etc.), der daraus erwächst, aber ebenso „Kosten" (sanktioniert werden, Legitimation verlieren etc.), die zu „zahlen" sind. Diese gilt es in einem Reflexionsprozess miteinander abzuwägen – und bei dieser Reflexion helfen theoretische Begriffe und Konzepte.

Das Führungsgeschehen steuern

Führung ist, wie oben ausgeführt, als dynamisches Zusammenspiel zwischen den Akteuren zu verstehen, die am Führungsgeschehen beteiligt sind. Dies lässt sich

---

[3] Alvesson, M. & Sveningsson, S. (2003). The great disappearing act: difficulties in doing „leadership". The Leadership Quarterly, 14, S. 359–381.

[4] Endrissat, N., Müller, W. R. & Kaudela-Baum, S. (2007). En route to an empirically-based understanding of authentic leadership. European Management Journal, 25(3), S. 207–220.

anhand der Abb. 1 darstellen.⁵ Die Führungsperson A handelt vor dem Hintergrund ihres Führungsselbstverständnisses und wirkt so auf die Beziehung zwischen A und B ein. Mitarbeiterin B interpretiert die Handlung von A vor dem Hintergrund ihres (möglicherweise abweichenden) Führungsselbstverständnisses und wirkt ihrerseits mit ihrer Handlung auf die Beziehung ein. A interpretiert ihr Verhalten wieder vor dem Hintergrund seines Führungsselbstverständnisses usw.

Das Führungsselbstverständnis der jeweiligen Führungsperson (Ebene: Individuum) und die Führungskultur der jeweiligen Organisation (Ebene: Organisation) stellen die Grundlage für das Führungshandeln in der Organisation dar (vgl. Abb. 2). Das konkrete Führungshandeln wirkt dann auf das Führungsverständnis und die Führungskultur zurück, indem es beide bestätigt oder ihnen partiell widerspricht. Dieser Widerspruch kann zu Lernprozessen, aber genauso auch zu Konflikten füh-

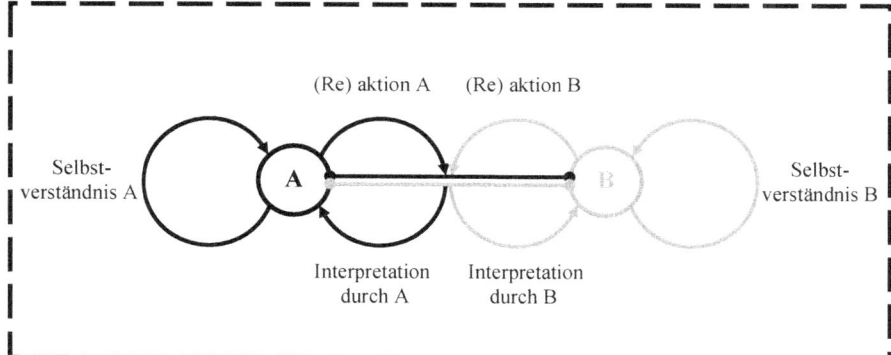

Kultureller Kontext – Kollektives Führungsverständnis

Abb. 1 Führung als Beziehungsgestaltung. (Vgl. Müller et al. 2006, S. 191; Endrissat 2007, S. 45)

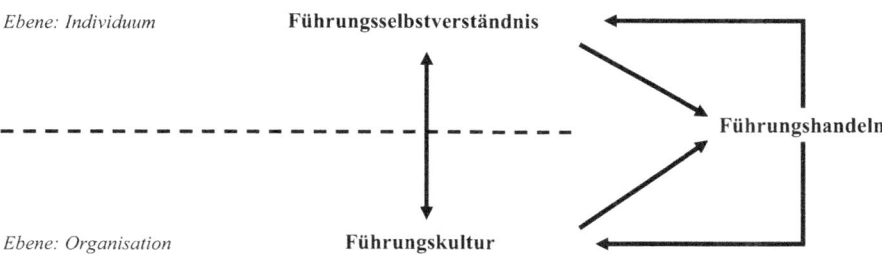

Abb. 2 Führungsselbstverständnis und Führungskultur

---

⁵ Müller, W. R., Nagel, E. & Zirkler, M. (2006). Organisationsberatung. Heimliche Bilder und ihre praktischen Konsequenzen. Wiesbaden: Gabler.
Endrissat, N. (2007). Connecting who we are with how we construct leadership. An identity-interactionist perspective on leadership in Swiss hospitals. Lengerich: Pabst.

ren. Führungsentwicklung greift demnach zu kurz, wenn versucht wird, isoliert eine Veränderung der Verhaltensweisen der Führungsperson herbeizuführen.

Führungsentwicklung

Führungsentwicklung bedeutet eine Auseinandersetzung sowohl mit den individuellen als auch den kollektiven Vorstellungen von Führung. Diese Vorstellungen können allerdings nicht einfach so abgefragt werden, denn in die Führungspraxis fliessen unbewusste Grundannahmen sowohl der Führungsperson als auch der Organisation ein.

Sie müssen nicht mehr begründet werden, weil sie weitgehend selbstverständlich sind: Man führt auf eine bestimmte Art und Weise, weil man es eben so macht. Die Führungskultur einer Organisation(seinheit), einer Branche oder eines Kulturraumes wird von einer Vielzahl ungeschriebener Regeln, Normen und Wertvorstellungen geprägt,[6] die häufig in sich widersprüchlich sind.

Führungsentwicklung bedeutet somit, dass sich die einzelne Führungsperson mit ihrem individuellen Führungsselbstverständnis und die Organisation mit ihrer Führungskultur auseinandersetzen. Führungsentwicklungsmassnahmen können nach der Zusammensetzung der Teilnehmerschaft unterschieden werden:

- *Fokus Führungsperson:* Setzt sich die Führungsperson mit ihrem eigenen Führungsselbstverständnis und -verhalten auseinander, geschieht dies in der Regel im Rahmen von Coachinggesprächen oder Führungsweiterbildungen.
- *Fokus Organisation:* Entscheidet sich ein Team, eine Abteilung, ein Departement oder eine ganze Organisation dazu, Führung zum Thema zu machen, arbeiten zahlreiche Personen im Führungsentwicklungsprozess mit, die eine Führungsaufgabe wahrnehmen. Zusätzlich können (und sollten) auch die Mitarbeitenden, die Führung erleben, einbezogen werden.

Die Bearbeitung von Fallstudien kann eine Auseinandersetzung mit der eigenen Führungsrealität fördern: Zwar handelt es sich nicht um die eigene Führungssituation, aber es handelt sich um Fälle mit Wiedererkennungseffekt. Doch was bedeutet nun Führungsentwicklung, wenn wir davon ausgehen, dass unter Führung die Gestaltung von Beziehungen verstanden wird? Führungshandeln kann das Bezweckte, das Gegenteil, gar nichts oder etwas anderes, unerwartetes bewirken. Versuche der Steuerung haben die Eigendynamik der Führungsbeziehung zu respektieren. Eine differenzierte individuelle Reflexion erlaubt es, ein anderes Licht auf Führungssituationen zu werfen und damit Blockaden zu beheben, aber auch Potenziale zu erkennen und zu fördern. In diesem Sinne leisten verhaltensorientierte Fallstudien

---

[6] Vgl. Nagel, E., Alioth, A. & Keller, T. (1999). Führungsentwicklung in der öffentlichen Verwaltung: die Erkundung der Führungslandschaft. In: R. Klimecki & W. R. Müller: Verwaltung im Aufbruch: Modernisierung als Lernprozess. Zürich: NZZ-Verlag, S. 242 ff.

und deren Reflexion einen Beitrag zur Führungs- und damit immer auch zur Organisationsentwicklung.

Empfehlungen zur Fallbearbeitung

Die meisten Fälle eignen sich für eine Bearbeitung in Gruppen. Es lohnt sich, die Fallbearbeitenden aufzufordern, die Diskussionen der Gruppe für alle sichtbar festzuhalten (Stichpunkte auf Flipchart), sich aber auch bildhafte Darstellungen der Situation und gegebenenfalls der Interpretation des Falls zu machen. Es lohnt sich beispielsweise, ein Organigramm aufzuzeichnen oder ein Soziogramm zu entwickeln, um den Fall zu strukturieren, aber auch um den Erkenntnisprozess zu unterstützen.

Im Folgenden sind die *vier Schritte der Fallbearbeitung* dargestellt:

1. Situation verstehen Da es sich teilweise um vielschichtige, komplexe Beziehungsfälle handelt, ist es wichtig, die Fälle langsam und genau zu lesen. Danach gilt es, sich wieder und wieder mit demselben Text zu befassen. Die Personen, die einen Fall gemeinsam bearbeiten, können sich den Fall gegenseitig wiedererzählen oder sich an der einfachen Leitfrage orientieren: Was fällt auf? Es geht darum, sich den Fall sowohl in all seinen Facetten und (manchmal nebensächlich erscheinenden) Details als auch in seiner Gesamtheit vor Augen zu führen. Neben der Erfassung formaler Informationen aus dem Fall (Teamgrösse und -zusammensetzung, Dauer der Führungstätigkeit, Qualifikationsniveau der Mitarbeitenden, Grösse der Organisation, Arbeitszeitmodelle, Zuständigkeiten usw.) geht es vor allem um die Beschreibung der Akteure mit ihrem Verhalten und ihren konkreten Aussagen.

In einem zweiten Schritt können eher analytische Fragen an den Fall gestellt werden, die eine erste Annäherung an die Selbst- und Führungsverständnisse der Akteure, aber auch an die Führungskultur erlauben:

- Wie sehen sich die Akteure selbst und welches Bild haben sie von den anderen (Selbst- und Fremdbilder)?
- Womit identifiziert man sich in dieser Organisation und womit nicht (Organisation als Ganzes, Tätigkeit, Status etc.)?
- Was ist das dominante Spiel, das in der Organisation gespielt wird (Machtspiel, Innovationsspiel, Routinespiel etc.)?
- Wie werden Führungshandlungen legitimiert (Einhaltung von Regeln, Fehlervermeidung, Risiko eingehen etc.)?
- Wann gilt Führung als erfolgreich (korrekte Anwendung von Regeln, sich durchgesetzt haben, etwas gemeinsam erreicht haben etc.)?
- Welche Qualität zeichnet die Führungsbeziehungen aus (sich gegenseitig ausspielen, gegenseitige Wertschätzung, anderen etwas ermöglichen etc.)?
- Was wird in der Organisation tabuisiert und welche Mechanismen wirken, damit die Tabufelder nicht berührt werden (nie den Vorgesetzten kritisieren, nie Probleme und Misserfolge ansprechen etc.)?

2. Probleme finden Die Fallstudien im vorliegenden Buch sind entweder Problemfindungsfälle oder Entscheidungsfälle oder eine Mischung aus beidem.[7] Die Fallstudien enthalten kaum Fakten, die eine rein sachbezogene (Management-)Entscheidung zulassen. Sie stellen vielmehr eine Führungssituation dar, bei welcher die zugrunde liegenden Probleme meistens auf den ersten Blick gar nicht zu erkennen sind. Die Hauptaufgabe liegt in diesen Fällen darin, die impliziten Probleme zu erkennen und zu benennen, um die Fallbearbeitung auf ein bestimmtes Ziel hin zu bearbeiten.

3. Fall interpretieren In den Fallstudien geht es um Probleme, die aufgrund mehr oder weniger erfolgreicher Entscheidungen, mehr oder weniger erfreulicher Begegnungen und/oder Gesprächen zustande gekommen sind. Die Probleme basieren auf Aktionen oder Reaktionen, die von den Führungskräften als mehr oder weniger angemessen empfunden werden.

Nun gilt es, genauer herauszufinden, welche Qualität die Führungsbeziehungen haben respektive wie sich die Qualität der Führungsbeziehungen entwickelt. Bei diesem Interpretationsschritt sind die impliziten Themen herauszuarbeiten, welche die Führungsbeziehungen prägen. Dabei wird auch häufig die Widersprüchlichkeit der Führungsrealitäten erkennbar.[8] Folgende Führungsthemen können als Anregung für diesen Deutungsprozesses verstanden werden:

- Nähe und Distanz,
- Macht und Ohnmacht,
- Wertschätzung und Abwertung,
- Selbständigkeit und Abhängigkeit,
- Einsamkeit und Gemeinschaft,
- Authentizität und Künstlichkeit,
- Selbststeuerung und Fremdsteuerung,
- Verbindlichkeit und Beliebigkeit,
- Vertrauen und Misstrauen,
- Sache und Beziehung und
- Gleichheit und Vielfalt.

Für die Fallinterpretation sind schliesslich passende Theorien beizuziehen. Theorien dienen dazu, im (Führungs-)Alltag relevante Perspektiven und Zusammenhänge besser zu verstehen. Theorien können in unterschiedlicher Hinsicht zur „Entschlüsselung" praktischer Fälle genutzt werden. Theorien

- können helfen, die Perspektiven und Einstellungen von Akteuren besser herauszuarbeiten. So liegt den institutionenökonomischen Ansätzen die Annahme zugrunde, dass der Mensch ein nutzenmaximierendes, tendenziell opportunistisches Wesen ist. Daraus folgt, dass entsprechende Kontroll-, aber auch Anreizsysteme aufgebaut werden müssen, um diese Verhaltensneigung in den Griff zu

---
[7] Heimerl, P. & Loisel, O. (2005). Lernen mit Fallstudien in der Organisations- und Personalentwicklung. Anwendungen, Fälle und Lösungshinweise. Wien: Linde.
[8] Müller, W. R. & Hurter, M. (1999). Führung als Schlüssel zur organisationalen Lernfähigkeit. In: G. Schreyögg & J. Sydow (Hrsg.). Managementforschung 9, Führung – anders gesehen. Berlin, New York: De Gruyter.

bekommen. Diese theoretische Perspektive ist in ihren Grundzügen gar nicht so theoretisch, sondern findet sich durchaus in den Sichtweisen der Akteure. Und diese sind wiederum wirksam in der Beziehungsgestaltung.
- erlauben es, systematisch Fragen an einen Fall zu stellen. So klärt die Attributionstheorie darüber auf, dass Menschen Ursachenzuschreibungen vornehmen, um das eigene Verhalten, das von anderen oder das Ergebnis von individuellem und kollektivem Handeln zu erklären. So begibt man sich nicht so rasch auf die Suche danach, was die vermeintlich wahre Ursache ist, sondern erkundet, welche Ursachenzuschreibungen (external oder internal) die Akteure vornehmen.
- lassen die Beziehungsdynamiken besser erkennen. Der von Robert K. Merton geprägte Begriff der sich selbst erfüllenden Prophezeiung („self-fulfilling prophecy")[9] lässt beispielsweise den folgenden Wirkungszusammenhang erkennen: Geht eine Führungskraft davon aus, dass „der Mensch" grundsätzlich faul ist, dann wird sie dazu neigen, ganz konkrete Vorgaben zu machen und die Mitarbeitenden zu kontrollieren. Dies fördert wiederum ein Verhalten, das auf Vorgaben wartet und auf die Vermeidung von Fehlern ausgerichtet ist, um eine Sanktionierung (und einen Grund für noch mehr Kontrolle) zu vermeiden. Diese dann durch die Führungskraft beobachtete Unselbständigkeit bestätigt wiederum (selbst erfüllend) die Prophezeiung, dass „der Mensch" faul ist.

Bei jedem Fall stehen drei bis fünf Theoriebezüge im Vordergrund.

4. Handlungsalternativen und -optionen finden Nachdem die Situation verstanden ist, die Probleme definiert und der Fall interpretiert wurden, sollten Überlegungen wie die folgenden angestellt werden:

- Wie hätten sich die Führungskraft, wie die Mitarbeitenden verhalten können, sodass … (z. B. der Konflikt nicht entstanden wäre oder die Kündigung wichtiger Mitarbeiter hätte vermieden werden können)?
- Was könnte die Führungskraft (in Kenntnis der Interpretationen und Erkenntnisse der auswertenden Gruppe) nun tun, um … (z. B. die Situation zu klären oder Konflikte offen anzusprechen und zu bereinigen)?
- Welche Haltung müsste die Führungskraft in Zukunft an den Tag legen, wie sollte sie sich auf das nächste Gespräch vorbereiten etc.?

Reflexion dient der Erkenntnis in Bezug auf ein spezifisches Ereignis, schult aber auch die Fähigkeit, in anderen Situationen valide Deutungen vorzunehmen. Die Entwicklung der Handlungskompetenz in der Führung impliziert, dass der Beitrag des Einzelnen zum Interaktionsgeschehen in der Führung variiert werden kann(!) und zu anderen Wirkungen führen kann(!). Das Denken in Alternativen lässt vermeintliche Sachzwänge verschwinden und erweitert die Möglichkeiten des Einzelnen, indem dieser sein Handlungsrepertoire kreativ erweitert und vor allem lernt, dass Führung immer gestaltbar bleibt. Im Fall selber müssen, wie dies auch im Führungsalltag nötig ist, hilfreiche, verständliche und angemessene Handlungsoptionen gefunden werden, die zur Situation, dem betrieblichen Kontext und zur Landes- und Organisationskultur passen und nicht als „verrückt" abgetan werden. Gesucht sind

---

[9] Merton, R. (1948). The self-fulfilling prophecy. Antioch Review, Jg. 8, S. 193–210.

Handlungsoptionen, die im vorliegenden Fall als mehr oder weniger sinnvoll erscheinen – nicht „richtige" oder „falsche" Lösungen.

In den Teaching Notes werden die Studierenden und Dozierenden auch explizit auf einzelne Führungsinstrumente verwiesen, die aus der Sicht der jeweiligen Autorinnen und Autoren einen möglichen Schlüssel zur Fallbearbeitung darstellen.

Die Logik der Fallbearbeitung

Fallbearbeitung verlangt eine hohe Sprach- und Interpretationskompetenz, da es sich zu einem erheblichen Teil um Textanalyse und -interpretationen handelt. Zusätzlich stellt sich die Frage: Kann man theoriefrei beobachten, oder folgt man unbewusst der Regel: Was du weisst und kennst, das siehst du auch? Das Verstehen eines Falls und die Definition des Problems erfolgen zwangsläufig aus der Perspektive des Beobachters. Ebenso fliessen bei der Generierung von Handlungsalternativen das Vorverständnis und die Überzeugungen der Akteure ein und beeinflussen den Bearbeitungsprozess. Das Prinzip der konsensualen Validierung bei der Falldeutung in einer Lerngruppe dient dazu, die Deutungsarbeiten gegenseitig kritisch zu überprüfen.

Sind bei der Fallbearbeitung die aufgeführten Schritte (1)–(4) in strikter Reihenfolge zu bearbeiten? Jein!

- Ja, es ist sinnvoll, zuerst den Fall zu verstehen und zu interpretieren, bevor man Handlungsalternativen entwickelt.
- Nein, denn es muss erlaubt sein, den zu bearbeitenden Fall immer wieder und auch unter einer neuen Perspektive zu lesen. So entsteht durch nochmalige Lektüre mit der Zeit (oder auch plötzlich) ein neues Bild.

Die Fallbearbeitung ist ein komplexer, anspruchsvoller, aber ebenso spannender und stellenweise unterhaltsamer Prozess. Die Erfahrung zeigt, dass Studierende dazu tendieren, das Verständnis für den Fall „abzukürzen", um rasch zu Lösungen und zur Demonstration von Handlungsfähigkeit zu gelangen. Der Beobachtung, Problemdefinition und Interpretation ist daher ausreichend Zeit zu widmen. „Sprünge" in der Bearbeitung können sich immer noch einstellen:

- Bei der Interpretation fällt auf, dass bestimmte Beobachtungen in der Rekonstruktion nicht benannt wurden und so auch keine Bedeutung zugewiesen bekamen. Die Situation wird neu aufgerollt.
- Beim Lesen eines Falls „springt" einen ein Thema regelrecht an, das sich dann bei der genaueren Fallbearbeitung bestätigt.
- Die Interpretation des Falls führt zur Erkenntnis, dass das Problem falsch benannt wurde und anders umformuliert werden muss.

Die Fallbearbeitung ist – dies zeigen die Beispiele – nicht nur ein inhaltlich kreativer Prozess, sondern auch ein Prozess, der nicht völlig linear verläuft und von der Unkenntnis bis zur „richtigen" Erkenntnis gesteuert werden kann. Das ist bei einem hermeneutischen Prozess auch nicht anders zu erwarten.

Kurzzusammenfassung der Fälle

Stephanie Kaudela-Baum

Bildlegende

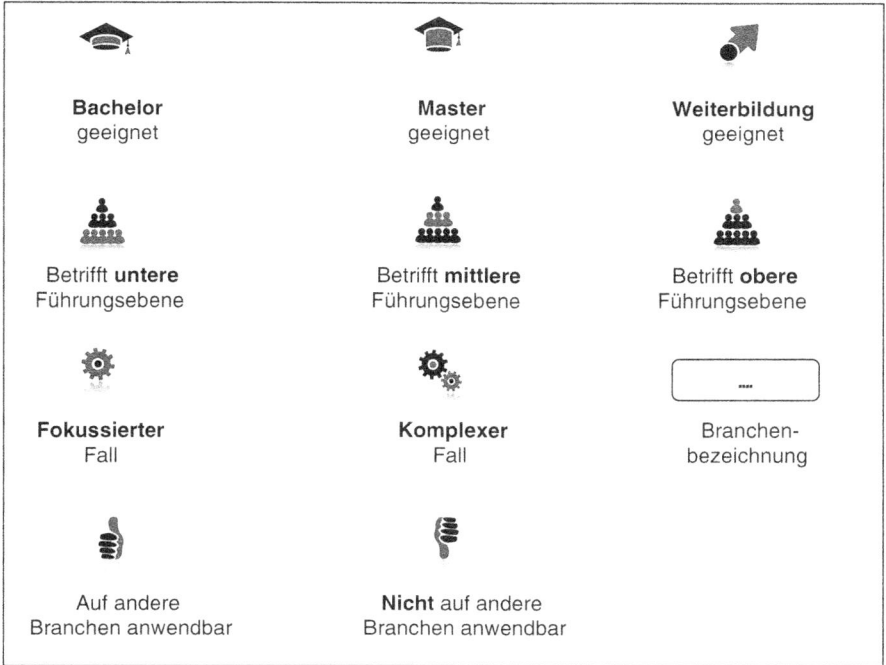

S. Kaudela-Baum (✉)
Institut für Betriebs- und Regionalökonomie IBR, Hochschule Luzern – Wirtschaft,
Zentralstraße 9, 6002 Luzern, Schweiz
E-Mail: stephanie.kaudela@hslu.ch

I. Führung der eigenen Person

Nr. 1 Der Absturz

Seit ihrem Wechsel von der Leitung des Kabinenpersonals zur Leitung des Bodenpersonals der Fluggesellschaft German Jet ist Marianne Lenz wie ausgewechselt. Aus der ehemals erfolgreichen und engagierten Führungskraft ist im Laufe der vergangenen vier Jahre eine verunsicherte Person geworden, die hinter ihren Leistungen und Potenzialen zurückbleibt. Mit ihrem Führungsverhalten provoziert sie bei ihren neuen Mitarbeitenden viel Widerstand. Ihre Anweisungen werden von diesen zunehmend unterlaufen. Ihr Chef ignoriert das Problem und von den Kollegen wird sie gemieden bzw. bei Entscheidungsprozessen nicht mehr mit einbezogen. Marianne Lenz kann so nicht mehr weiterarbeiten.

Nr. 2 Der Stellvertreter hat es satt

Lutz Meier ist frustriert. Er ist stellvertretender Leiter der Abteilung Gebäudeunterhalt für Tankstellenshops. Er muss für seine Leute und seinen Chef immer die Kastanien aus dem Feuer holen. Sein Chef und seine Mitarbeiter halten sich fein raus. Der Fall illustriert, wie aus einer unklaren Aufgabenverteilung ein dysfunktionales System entsteht. Dies führt zu einer hohen Arbeitsbelastung und Unzufriedenheit bei Lutz Meier. Die akuten Probleme werden gelöst, aber das System „Organisation" lernt nicht.

Nr. 3 Die Fäden im Griff behalten

Maja Herbst, Abteilungsleiterin bei einer Versicherungsgesellschaft, plagen grosse Sorgen. Während ihrer Abwesenheiten wird die Abteilung durch ihren Stellvertreter, Daniel Furrer, geführt. Mit dessen Leistung ist sie aber alles andere als zufrieden. Trotz mehrerer Anläufe schaffen sie es offensichtlich nicht, einen gemeinsamen Führungsansatz zu finden und eine Vertrauensbasis zu schaffen. Doch diese wäre dringend nötig. Die ständige Sorge während ihren Abwesenheiten, ob alles richtig läuft, wird zur grossen Belastung, die auch vor Maja Herbsts Gesundheit nicht Halt macht.

Nr. 4 Zwischen den Fronten

Seit Jasmin Zumbühl Chefin ist, ist alles anders. War sie früher bei ihren Kolleginnen und Kollegen beliebt, so wird ihr heute vorgeworfen, Chefallüren zu haben. Auch die Akzeptanz im Team scheint nur beschränkt vorhanden zu sein. Dies zeigt sich insbesondere in der Beziehung zu einem bestimmten Mitarbeitenden. Ihr direkter Vorgesetzter will von ihren Problemen nichts wissen. „Wenn sie der Situation nicht gewachsen sei, solle sie halt kündigen," so seine Haltung. Jasmin Zumbühl überkommen Selbstzweifel. Wie soll sie wieder Herrin der Situation werden?

Nr. 5 Vom Kollegen zum Vorgesetzen (Comic)

Der junge Ingenieur Marc Keller geniesst grosses Vertrauen im Team. Als sein Vorgesetzter, Herr Kunz, in Pension geht, übernimmt Marc Keller dessen Posten und wird zum neuen Geschäftsleiter ernannt. Der ehemalige Geschäftsleiter, Herr Kunz, pflegte einen sehr autoritären Führungsstil und das Team setzt nun grosse Hoffnungen in den Nachfolger. Mit seiner offenen und kollegialen Art kommt er bei seinen Mitarbeitenden gut an. Im Team herrscht unter der Führung von Marc Keller eine gute Stimmung, alle fühlen sich wohl. Jedoch mangelt es zunehmend an Disziplin und Verlässlichkeit. Der Teamplayer Marc Keller muss sich nun vom Kollegen zum Vorgesetzten wandeln.

II. Fordern, Fördern und Ziele vereinbaren

Nr. 6 Ein Mitarbeitendengespräch mit dramatischen Folgen

Der Gemeindeschreiber einer ländlichen Gemeinde steht gehörig unter Druck. Die ihm unterstellte 60-jährige Leiterin der Finanzabteilung, Anna K., ist zwar fachlich ausgezeichnet, ihre Führungs- und Sozialkompetenz lässt allerdings zu wünschen übrig, was sich unter anderem in einigen Kündigungen widerspiegelt. Ein weiteres unglücklich geführtes Mitarbeitendengespräch bringt das Fass zum Überlaufen. Der als Nachfolger für Anna K. vorgesehene Martin E. kündigt als Folge dieses Gesprächs. Anna K. soll bis zu ihrer Pensionierung in die Position der Stellvertreterin zurückversetzt werden, was diese jedoch ablehnt.

Nr. 7 Delegation ist Mangelware

Der eigenwillige Hans Rüegger leitet ein Team von Fachspezialisten. Wieder einmal ist Jahresende und Daniel Baumann, Hans Rüeggers Vorgesetzter, ist daran, die Jahresendgespräche durchzuführen. Im Gespräch wird deutlich, dass Hans Rüegger mit der Beurteilung seines Führungsverhaltens durch Daniel Baumann alles andere als einverstanden ist. Während er sich selbst einen partizipativen Führungsstil zuschreibt, sieht Daniel Baumann das ganz anders. Von „patriarchalisch", „sehr bestimmt" und „hoch emotional" ist die Rede. Hans Rüeggers Vorgesetzter ist der Meinung, dass diese Art von Führungsstil für Fachspezialisten der falsche Ansatz sei. Und die Tatsachen geben ihm Recht. Im Verlaufe der vergangenen zwei Jahre häuften sich die Kündigungen. Baumann fürchtet, dass weitere folgen, sollte sich nichts ändern.

Nr. 8 Die aufmüpfige Mitarbeiterin

Ein schwieriges Gespräch steht an. Lissy Keller, Leiterin der kantonalen Abteilung Asyl und Rückführung, hat seit ihrem Amtsantritt vor zwei Jahren sowohl fachliche als auch menschliche Differenzen mit der Mitarbeiterin Maria Lopez. Auch ein

Qualifikationsgespräch, zu dem Maria Lopez überraschenderweise Kellers Vorgesetzten eingeladen hat sowie eine anschliessende Beobachtung der Zusammenarbeit durch eine externe Beraterin ergeben keine Fortschritte. Eine Konfliktbegleitung durch die Beraterin wird von Maria Lopez abgelehnt. Nach einigen Wochen Ruhe zeigen sich bei Maria Lopez gesundheitliche Probleme, die Zusammenarbeit ist nicht besser geworden. Am Gespräch nehmen der Personalchef, Lissy Keller, Maria Lopez und ein Mediator teil.

Nr. 9 Der schwer führbare Mitarbeiter

Andrea Mohr ist Verkaufsleiterin und Mitglied der Geschäftsleitung der Antel AG, einer Informatikfirma mit 35 Mitarbeitenden. In ihrer Abteilung arbeitet Roger Kunz, der vor zwei Jahren als „Verkaufsprofi" eingestellt wurde. Nach anfänglichen Erfolgen haben sich bei Herrn Kunz die Kundenreklamationen gehäuft. Da er neben den Defiziten im direkten Kundenkontakt auch schwer zu führen ist, sieht Andrea Mohr sich gezwungen, ihn von der Front abzuziehen und ihn in die Telefonakquisition zu versetzen. Nach der Versetzung ist seine Leistung grundsätzlich gut, sein Verhalten jedoch weiterhin mangelhaft. Frau Mohr würde ihn am liebsten entlassen, zögert jedoch aufgrund seiner familiären Situation. Da sie nicht mehr weiter weiss, wendet sie sich an ihren Führungscoach.

Nr. 10 Feedback unerwünscht

Samuel Klaus leitet das Ressort zentrale Dienste einer Dienstleistungsunternehmung mit sechs Mitarbeitenden und legt grossen Wert auf eine gegenseitige Feedbackkultur mit seinen Mitarbeitenden. Eveline Völlmi arbeitet zu 80 % am Empfang und zu 20 % in der Kreditorenbuchhaltung und ist ihm direkt unterstellt. Frau Völlmi eckt aufgrund ihrer kühlen Art bei den anderen Mitarbeitenden an. Zudem zerredet sie jegliches Feedback und bleibt bei ihren Antworten immer vage. Herr Klaus hat dies bereits mehrmals mit Frau Völlmi im Rahmen der halbjährlichen Mitarbeiterinnengespräche thematisiert. Die Situation hat sich jedoch bis anhin nicht verbessert.

   Pharma

Nr. 11 Die Beurteilungskaskade

Das Kinderhaus Seestadt leistet sich ein aufwendiges Controllingsystem, welches auf einer teilweise kollektiven Gruppenleitung basiert. Die Führungsaufgaben sind auf verschiedene Personen und Gremien verteilt, je nachdem, ob es sich um fachliche oder administrative Themen handelt. Alle Beteiligten sind davon überzeugt, dass dieses aufwendige und komplexe System zur hohen Qualität der Arbeit beiträgt. Allerdings ist es auch ausgesprochen zeitintensiv. Kann das Controllingsystem vereinfacht werden, ohne dass die Qualität darunter leidet?

Nr. 12 Die vielseitige Jobanforderung

Der Präsident einer Kirchenpflege bereitet sich auf die anstehenden Mitarbeitendengespräche vor. Grundsätzlich sollten die Gespräche problemlos verlaufen, einzig ein Mitarbeiter macht ihm Sorgen. Die Ziele des letzten Mitarbeitendengesprächs wurden leider nicht erfüllt. Noch immer arbeitet der besagte Mitarbeiter schlampig und engagiert sich wenig in der Pfarrei. Auch das Feedback der Personen, die mit ihm zusammenarbeiten, ist zum grossen Teil negativ. Der Präsident der Kirchenpflege ist sich aber nicht sicher, ob er die Ziele auch präzise genug formuliert hat. Diesmal will er es besser machen und auch geeignete Fördermassnahmen bestimmen.

Nr. 13 Die ideenreiche Mitarbeiterin

Eine Gruppenleiterin in einer Behindertenwerkstatt erfüllt ihre Aufgabe als Gruppenleiterin sehr gut. Sie ist kreativ, innovativ, sehr wortgewandt und vertritt ihre Ansichten hartnäckig. Bei ihrer Gruppe und auch in der Abteilung ist sie beliebt. Hingegen gibt es auf gesamtbetrieblicher Ebene Probleme. Dort werden ihr mangelnder Integrationswille und Besserwisserei nachgesagt. Entsprechende Klagen gehen beim Abteilungsleiter und sogar beim Geschäftsleiter ein. Der Abteilungsleiter sieht sich gezwungen, eine Lösung zu finden, und versucht, in einem Standortgespräch Klarheit zu schaffen. Leider hat dieses nicht den gewünschten Effekt, sondern die Lage spitzt sich sogar noch zu. Eine Lösung drängt sich auf.

III. Kommunikation und Konfliktmanagement

Nr. 14 Die Bequeme

Der Sorgenfall „Beatrice Lüscher" liegt Katharina Kleinert schon länger auf dem Magen. Sie ist Gruppenleiterin eines Pflegeteams und die Übernahme von Führungsaufgaben bereitet ihr eigentlich keine Probleme, wäre da nicht dieser Fall Lüscher. Lüschers Leistungsbereitschaft ist mässig, ihre Kolleginnen und Kollegen unterstellen ihr Trittbrettfahrerei und ihre Rapporte werfen immer wieder Fragen auf. Katharina Kleinert muss davon ausgehen, dass Stundenrapporte oder abgerechnete Pflegeleistungen von Frau Lüscher nicht der Wahrheit entsprechen. Klare Beweise gibt es keine, aber das Vertrauen ist gestört. Katharina Kleinert hat inzwischen diverse Massnahmen ergriffen, z. B. intensive Gespräche geführt und Ziele mit Frau Lüscher vereinbart. Teilweise hat sich danach das Arbeitsverhalten von Frau Lüscher verbessert. Aber leider tauchen immer wieder Probleme auf und im Nachhinein überkommen die Gruppenleiterin Zweifel, ob die getroffenen Massnahmen wirklich richtig waren.

Nr. 15 Die eigenwillige Mitarbeiterin

Der Fall beschreibt eine konfliktbeladene Führungsbeziehung nach einem Vorgesetztenwechsel. Die neue hauptamtliche Gemeinderätin übernimmt die langjährige und fachlich kompetente Mitarbeiterin Frau Zehnder als Assistentin. Rasch wird klar, dass Frau Zehnder den Ansprüchen ihrer neuen Vorgesetzten an Sozialkompetenz und Kundenorientierung rundum nicht genügt. Sie ist ruppig zu Mitarbeitenden und Kunden und macht Leute und auch sie als Vorgesetzte vor anderen schlecht. Nach dem Führungswechsel werden alte Gewohnheiten infrage gestellt, es werden neue Spielregeln ausgehandelt. Die Situation spitzt sich zu und wird unhaltbar. Gibt es noch eine Chance zur Klärung oder muss die Gemeinderätin der langjährigen Mitarbeiterin kündigen?

Nr. 16 Die Sekretariatsleiterin

Durch die Fusion von drei Teilschulen Kunst und Design, Architektur und Technik in eine Gesamtschule wurden auch die drei ehemals eigenständigen Sekretariate zusammengelegt. Mit der Leitung des Sekretariats wurde die bisherige Leiterin des Sekretariats der Hochschule für Kunst, Jana Lacher, betraut. Im Rahmen der Reorganisation wurde auch die Schulleitung neu gebildet. Die Zusammenarbeit des neuen Führungsgremiums verläuft aber nicht optimal. Die Kommunikation ist sehr schlecht, was zu einem erheblichen Mehraufwand im Sekretariat führt. Aber auch die Zusammenarbeit zwischen dem Sekretariat und einzelnen Schulleitungsmitgliedern verläuft äusserst mühselig. Jana Lacher spielt mit dem Gedanken zu kündigen.

Nr. 17 Die Überstunden von Frau Sommer

Frau Sommer ist ein Workaholic. Ihr Überstundensaldo bei ihrem Arbeitgeber, der Hilfsorganisation HELP, platzt aus allen Nähten. Sie leitet mehrere Projekte in verschiedenen Ländern gleichzeitig. Die Situation spitzt sich zu, als sie notfallmässig ein weiteres Projekt übernimmt. Von ihren bisherigen Aufgaben will sie aber nichts abgeben. Sie identifiziert sich stark mit ihrer Organisation und ihren Aufgaben. Schliesslich kommt es, wie es kommen musste: Frau Sommer fällt für drei Monate aus. Die Stellvertretung übernimmt Frau Lange, ihre Vorgesetzte. Was sie in dieser Funktion über Frau Sommer zu hören bekommt, beunruhigt sie nachhaltig. Die Zusammenarbeit zwischen Frau Sommer und ihren Mitarbeitenden sowie Kunden war konfliktbeladen und schwierig. Nach und nach muss Frau Lange nun die verschiedenen Konflikt- und Problemfelder lösen sowie ein Mitarbeitendengespräch mit Frau Sommer vorbereiten.

Nr. 18 Die Widerspenstigen

Reto Meyer, Bereichsleiter eines grossen Universitätsspitals, weiss nicht mehr weiter. Seine Aufgabe ist es, eine Gruppe von Chefärzten zu führen und den Bereich effizienter zu gestalten. Doch trotz grosser Anstrengungen und seinen Bemühungen, die Unterstützung der Chefärzte für seine Vorhaben zu gewinnen, reagieren diese mit Ablehnung. Um sich Respekt zu verschaffen, hat Reto Meyer daraufhin härtere Massnahmen durchgesetzt, doch auch diese zeigen wenig Erfolg. Die Chefärzte sind einfach nicht bereit, sich führen zu lassen und Reto Meyer sieht kaum mehr Möglichkeiten, die verfahrene Situation zu lösen.

Nr. 19 Der Uneinsichtige

Herr Wiedmer wird als neuer Abteilungsleiter für ein Bauunternehmen rekrutiert. Schon nach kurzer Zeit wird deutlich, dass seine Mitarbeitenden unzufrieden sind, da er sich lieber um konkrete Projekte als um die Leitungsaufgaben kümmert. Auch organisatorische Anpassungen führen nicht zum gewünschten Erfolg, bis Herrn Wiedmer die Leitungsfunktion entzogen wird. Aber auch als Projektleiter erbringt Herr Wiedmer nicht die gewünschten Leistungen. Sein Vorgesetzter stellt sich die Frage, wie es weitergehen soll.

Nr. 20 Führung im Tandem

Eine Musik- und Kunstschule wird von zwei Personen im Tandem geführt. Obwohl es in weiten Teilen ganz gut klappt, bestehen in einigen Bereichen grössere Differenzen. Die beiden sind sich insbesondere nicht einig, ob neue, computergestützte Kommunikationsformen eingeführt werden sollen.

   Bildungswesen

Nr. 21 Der Mobbingvorwurf

Herr Müller ist Abteilungsleiter in einem Sicherheitsunternehmen. In seiner Abteilung gibt es einen Konflikt zwischen einem Teamleiter, Herrn Lutz, und einer Mitarbeiterin, Frau Martin, welcher bereits seit einem Jahr andauert. Die Mitarbeiterin bezichtigt ihren Vorgesetzten immer wieder, sie zu mobben. Die Situation ist kompliziert, da Frau Martins Lebenspartner ebenfalls Teamleiter in Herrn Müllers Abteilung ist. Trotz einer Aussprache zwischen Herrn Lutz und Frau Martin hat sich die Situation in letzter Zeit wieder verschlechtert. Herr Müller weiss nicht mehr weiter, da Frau Martin alle seine Vorschläge zur Konfliktlösung ablehnt und er *ihre* Vorwürfe teilweise nicht nachvollziehen kann. Deshalb wendet er sich an seine nächsthöhere Vorgesetzte, um die Situation mit ihr zu besprechen und ihren Rat einzuholen.

    Sicherheitsdienst

Nr. 22 Die unangenehme Nachricht

Im Zuge einer Reorganisation wurde in der Engineering AG eine neue Abteilung geschaffen. Für diese wird nun ein Leiter gesucht. Favoriten sind zum einen der bisherige Stellvertreter des Abteilungsleiters, Urs Schwitter. Urs Schwitter ist ein Mann mit Karriereabsichten, der die Firma wie auch die Abteilung bestens kennt. Zum anderen Alain Dubois, ein erfahrener Mitarbeiter, der im Team grossen Rückhalt geniesst. Die Wahl fällt schlussendlich auf Dubois. Überbringer der Nachricht ist Klaus Lüscher, der unsicher ist, wie er diesen Entscheid kommunizieren soll.

     Industrie

Nr. 23 Mitarbeiterinformation: von der Pflicht zur Kür

Peter Moser ist zuständig für die interne Kommunikation eines mittleren Produktions- und Handelsunternehmens. Jedes halbe Jahr führt er eine Veranstaltung für alle Mitarbeitenden durch, damit diese sich kennenlernen und die Strategie direkt von der Geschäftsleitung erfahren. Diese Veranstaltungen werden aber zunehmend als Pflichtübung mit Standardpräsentationen erlebt. Peter Moser sucht daher nach neuen Formen der Kommunikation.

     Industrie

IV. Mitarbeitende entwickeln

Nr. 24 Das ungute Gefühl

Vor neun Monaten hat die Personalchefin einen Softwareentwickler eingestellt – schon damals mit einem unguten Gefühl. Sie hat ihm deshalb bloss einen befristeten Arbeitsvertrag angeboten. Und ihr Gefühl hat sie nicht getäuscht. Von Teamintegration ist wenig zu spüren; Aufträge werden nicht termingerecht abgeliefert. Verständlich, dass die Personalchefin den Vertrag eigentlich nicht erneuern will. Wären da nicht die Gewissensbisse…

    Informatikdienste

Nr. 25 Der Farbtupfer unter Opportunismusverdacht

Mike Lauber ist der „Farbtupfer" in der Redaktion einer Tageszeitung und wird menschlich von allen im Team geschätzt. Er ist hoch talentiert und sein Vorgesetzter, Markus Kleinert, ist mit seinen Leistungen sehr zufrieden. Allerdings nimmt sich sein Toptalent so einiges an Freiheiten heraus. Er kommt und geht, wann er will. Er macht mehr Pausen als andere Teammitglieder, er erledigt private Einkäufe während der Arbeitszeit und baut neben seiner 80 %-Tätigkeit bei der Tageszeitung noch eine eigene PR-Firma auf. Dieses Verhalten ärgert seine Teamkolleginnen und -kollegen und ist vielen ein Dorn im Auge. Es steht ein Gespräch zwischen Markus Kleinert und Mike Lauber an, um die schwelenden Probleme zu analysieren und mögliche Lösungswege zu besprechen. Der Chef von Mike Lauber will sein Talent auf keinen Fall verlieren, so ist also Fingerspitzengefühl angesagt.

     Unterhaltung, Kultur, Sport

Nr. 26 Der talentierte Querulant

Die E-Solutions AG macht gerade schwere Zeiten durch. Dies hatte gewisse Umstrukturierungen in der Firma zur Folge. Konkret wurden zwei Teams zusammengelegt. Neuer Teamleiter ist Stefan Rohner. Eigentlich klappt die Zusammenlegung recht gut, wäre da nicht Karl Hilb. Hilb ist zwar ein äusserst talentierter Programmierer, aber auch ein Eigenbrötler. Er pflegt seine eigene Arbeitsweise und befolgt Anweisungen nicht, was bei vielen nicht auf Anklang stösst. Rohner ist klar: Er muss im „Fall Hilb" etwas unternehmen – nur was? Die Firma kann auf so einen talentierten Mann nicht verzichten.

    Informatikdienste

Nr. 27 Der Teilzeitassistent

Marco Geiser ist Wirtschaftsprüfer in einer Treuhandgesellschaft. Er stellt auf Empfehlung seines Vorgesetzten den 21-jährigen Jan Tauber mit einem 70 %-Pensum ein. Der junge Mann hatte gerade eine kaufmännische Ausbildung absolviert und suchte einen Einstiegsjob bei einem Wirtschaftsprüfer. Eigentlich passte alles wunderbar. Jan Tauber war lernwillig und bemühte sich, sich in die teilweise sehr komplizierten Aufgaben einzuarbeiten. Die restlichen 30 % absolvierte er an einer Abendschule die Berufsmatura und bereitete sich für ein berufsbegleitendes BWL-Studium an der Fachhochschule vor. Mit der Zeit stellt sich heraus, dass Jan Tauber überfordert ist, ihm das nötige Fachwissen und auch das Engagement fehlen, seine Aufgaben zufriedenstellend zu erledigen. Auch kommuniziert Jan Tauber seine Aus- und Weiterbildungsziele neben seinem 70 %-Pensum nicht klar. Herr Geiser ist sich unsicher, was er von seinem jungen Teilzeitmitarbeitenden einfordern kann und es steht ein Mitarbeitendengespräch an.

     Consulting

Kurzzusammenfassung der Fälle 27

Nr. 28 Der vermeidlich schlechte Lernende

Als Assistent der Geschäftsleitung einer Treuhandgesellschaft mit 65 Mitarbeitenden ist Michael Ziegler für die Betreuung der vier Lernenden zuständig. Ein Lernender, Patrick Stauffer, macht Ziegler Sorgen. Einerseits sind seine Schulnoten schlecht, andererseits erhält Ziegler immer wieder Reklamationen u. a. von einer Teamleiterin und Patricks Vorgesetztem, die den Lernenden schlecht beurteilen. Ziegler ist sich jedoch nicht sicher, inwiefern die Vorwürfe zutreffen. Er möchte den Gründen für die Vorwürfe auf die Spur kommen und dem Lernenden helfen.

     Consulting

Nr. 29 Kurz vor der Sonne

Caro Huber war kurz vor dem Ziel: Leiterin der Abteilung Marketing. Doch wie sagt schon ein altes Sprichwort: Erstens kommt es anders und zweitens als man denkt. Statt Caro Huber die Leitung zu übergeben, fiel die Wahl auf jemand anders. Dabei wurde Caro Huber der Job mehr oder weniger versprochen. Begründet wurde der Entscheid mit mangelnder Führungserfahrung. Dabei hatte sie im Vorfeld extra einen Führungslehrgang besucht. Caro Huber denkt inzwischen darüber nach, einen neuen Job zu suchen.

   NPO

V. Kommunikation und Konfliktmanagement

Nr. 30 Die heterogene Gruppe

Boris Maurer ist Leiter eines Betreuungsteams einer Wohngruppe in einem Heim für geistig behinderte und psychisch kranke Menschen. Das Betreuungsteam umfasst sechs Mitglieder unterschiedlichster Erfahrungsfelder. Der Teamleiter hat Probleme, die Sitzungen im Team effizient zu gestalten. Die Diskussionen im Hinblick auf die medizinische Versorgung oder Krankheitsbilder von betreuten Personen verlaufen jeweils schleppend. Die Gruppe tut sich schwer, Teamentscheide zu fällen und die ständigen Diskussionen über die unterschiedlichen Ansichten lähmen die Zusammenarbeit im Team. In der Gruppe ist kein gemeinsamer Teamspirit spürbar, Boris Maurer fühlt sich als Führungsperson unter Einzelkämpfern, die alle ihre Ansichten „durchbringen" und verteidigen wollen. Letztendlich ist er für die Qualität der Teamarbeit und die Akzeptanz der Teamentscheide verantwortlich. Dafür muss er nun geeignete Rahmenbedingungen schaffen und Gespräche führen.

     Gesundheit- und Sozialwesen

Nr. 31 Die Plaudertaschen

Lara Blum ist Leiterin eines Pflegeteams in einem Spital. Mirka Vasic, ihre Stellvertreterin, schneit in ihr Büro. Im Gespräch berichtet sie Lara Blum, dass ihr eine Gruppe von Mitarbeiterinnen im Pflegeteam Sorgen bereitet, da sich diese vermehrt vom Gesamtteam abspaltet, besonders an informellen Teamanlässen. Die Gruppenmitglieder haben mittlerweile den Spitznamen „Plaudertaschen" erhalten. Zu Laras Führungsverständnis gehört, dass sie das Wir-Gefühl in der Gruppe stärken und die Kooperation unter den Gruppenmitgliedern steigern möchte. Sie überlegt sich nun, wie sie ihre Bedenken zur Sprache bringen kann.

     Gesundheit- und Sozialwesen

Nr. 32 Ein Experte übernimmt die Führung

Ein kantonaler Fachexperte für Finanzfragen wird vom Gemeindepräsidenten hinzugezogen, um in einem Konflikt zwischen dem Gemeinderat und der Finanzkommission klärend zu wirken und einen Beitrag zu einer Lösungsfindung zu leisten. Es findet eine Sitzung des Gemeinderates und der Finanzkommission unter Teilnahme des Fachexperten statt, und der Konflikt eskaliert gleich zu Beginn. Trotz turbulentem Start gelingt es, die Sitzung in ruhige Bahnen zu lenken und zu einem sachlich sinnvollen Ergebnis zu gelangen.

    Öffentliche Verwaltung

Nr. 33 Hatte ich nicht doch recht?

Eveline Roth ist Gemeinderätin und hat sich umfassende Kenntnisse im Bildungsbereich erarbeitet. Im durch die Kantonsregierung lancierten Projekt „Schule für Alle" sollen Eltern aktiv einbezogen werden. Gegen den Willen von Eveline Roth wird entschieden, dass Arbeitsgruppen gebildet werden, in den ausschliesslich Eltern Einsitz nehmen. Eveline Roth hätte gerne bildungs- und führungserfahrene Personen im Gremium gehabt. Es kam, wie es kommen musste. Auch nach einem Jahr liegen keine Resultate vor.

Nr. 34 Unternehmertum im Teilzeitteam

Eine Ladenkette für Fair-Trade-Produkte hat eine neue Filiale eröffnet. Geführt wird die Filiale von drei jungen Frauen, allesamt im Teilzeitpensum. Anfänglich wurde der Laden tadellos geführt, doch nach einigen Monaten wurde das Team nachlässig. Dieser merkliche Engagementverlust machte sich nicht nur in den Umsätzen bemerkbar, auch der optische Eindruck des Ladens liess zu Wünschen übrig. Ein klärendes Gespräch brachte Unerwartetes an den Tag: Nach einem unfallbedingten Teilausfall eines Teammitgliedes wurden Aushilfen mit wechselnden Pensen angestellt. Die Aushilfen und die Teammitglieder sind verunsichert; die Aushilfen beklagen die Jobunsicherheit; und auch die Rolle der Länderverantwortlichen Schweiz, welche die Oberaufsicht über die sechs Filialen in der Schweiz ausübt, ist ihnen nicht klar.

VI. Personalmanagement und Personalethik

Nr. 35 Es brodelt in der Lohnküche

Die AdvoSoft entwickelt seit acht Jahren erfolgreich Software für kleinere und mittlere Anwaltskanzleien. In den vergangenen Jahren ist die Firma stark gewachsen. Um neue Informatikfachleute zu rekrutieren, bezahlte die Firma bisweilen auch Löhne über dem Marktniveau. Vor drei Jahren lagerte die AdvoSoft zudem einen

Teil der Programmierung in die Tschechische Republik aus. Da das dortige Lohnniveau viel tiefer ist, diskutiert die Geschäftsleitung einen Ausbau des Geschäfts in Tschechien. In letzter Zeit hat die Unzufriedenheit über das undurchsichtige Lohnsystem unter den Mitarbeitenden zugenommen. Spekulationen und Gerüchte breiten sich aus.

Nr. 36 Was ist los mit Frau Schaub

Tanja Schweizer ist Leiterin der Abteilung Buchhaltung in einem mittelgrossen Produktionsbetrieb. Ihre neue und erfahrene Mitarbeiterin, Brigitte Schaub, bereitet ihr zunehmend Kopfzerbrechen. Nach einem absolut erfreulichen Start und einem sehr guten Leistungsausweis häufen sich die Fehlzeiten von Frau Schaub. Auch die Qualität ihrer Arbeit nimmt ab und schlussendlich fällt sie für längere Zeit aus. Die Diagnose lautet: Burn-out. Brigitte Schaub ist nach ihrer Rückkehr nur noch zu 50 % arbeitsfähig und kann das Team nur noch halbtags unterstützen. Tanja Schweizer bekommt keine Ersatzstelle genehmigt und Frau Schaub möchte ihr Pensum nicht reduzieren. Der Fall macht die Leiterin der Buchhaltungsabteilung nachdenklich. Hat sie irgendetwas versäumt? Hat sie gewisse Signale von Frau Schaub oder dem Team übersehen?

Nr. 37 George Nauer ist Schuld

Die Kommunikationsagentur Business Communication AG hatte den Grossauftrag an Land gezogen, ein Kommunikationskonzept für einen grossen Krankenversicherer zu erstellen. Mit der Projektleitung wurde George Nauer betraut. Dieser führte den Auftrag alles andere als zufriedenstellend aus und das Projekt scheiterte. George Nauer wurde entlassen. Unklar ist aber, wer die Schuld am Misserfolg trägt: George Nauer, der Kunde oder gar der Vorgesetzte von George Nauer?

     Consulting

Nr. 38 Typisch: eine führungsschwache Frau

Anita Rast leitet seit sechs Monaten die Kommunikationsabteilung der Tourismusorganisation „Tour-In" und möchte am liebsten nur noch kündigen, da sie von Anfang an von ihrem Team ignoriert und geschnitten wurde. Die Situation hat sich bis anhin nicht verbessert. Besonders Fabian Koller, welcher ursprünglich für ihre Stelle vorgesehen war, verhält sich ihr gegenüber feindlich. Die Anfeindungen haben ihr zugesetzt, sodass ihr in letzter Zeit ungewöhnlich viele Fehler passiert sind. Dies hat ihren Vorgesetzten, Kuno Felder, dazu veranlasst, ihr Hauptprojekt an Fabian Koller zu übergeben. Zudem erklärt sich Felder die Situation zunehmend mit Rasts Führungsschwäche. Als Anita Rast nach einer krankheitsbedingten Absenz zurückkehrt, eskaliert die Situation.

Nr. 39 Die Neue (Comic)

Siehe Fallstudie Nr. 38.

Nr. 40 Die Entlassung

Das Pharmaunternehmen Vivafit befindet sich in der Krise. Aufgrund des schlechten Marktumfelds konnten die Ziele der Unternehmung nicht erreicht werden. Dieser Umstand hat eine Personalentlassungswelle zur Folge. Nicht nur das Topmanagement wird ausgewechselt, die Welle macht auch vor den unteren Positionen nicht Halt. So trifft es auch Hugo Birchler, einen langjähriger Mitarbeiter, der „kalt" abserviert wird.

VII. Organisation und Change Management

Nr. 41 Das neue Beratungsangebot

Xaver Salvisberg, Geschäftsleitungsmitglied einer mittelgrossen Bank, beauftragt einen Teamleiter, eine vielversprechende Idee für ein neues Beratungsangebot gemeinsam mit seinem Team zu einem marktreifen Produkt zu entwickeln. Die Idee wurde vom Team freudig aufgegriffen und innerhalb von zwei Monaten war das Projekt abgeschlossen und der Geschäftsleitung konnte ein ausgefeiltes, neues Beratungsangebot präsentiert werden. Diese erteilte dem Produkt rasch grünes Licht. Das Angebot wurde in die Gesamtstrategie der Bank aufgenommen. Die Vermarktung konnte beginnen. Diese gestaltete sich jedoch schwieriger als gedacht. Nach einer euphorischen Startphase macht sich Ernüchterung breit. Vor allem interne Widerstände machen dem „Innovationsteam" zu schaffen.

 Finanzdienstleistung

Nr. 42 Der verführerische Grossauftrag

Ein mittelständisches Beratungsunternehmen hat ein Grossprojekt akquiriert. Als Projektleiter wurde ein erfahrener Wirtschaftsprüfer bestimmt. Da das bestehende Team für ein Projekt dieses Umfangs zu klein ist, wurde ein zusätzlicher Mitarbeiterpool gebildet. Mitarbeitende aus diesem Pool sollen das mit dem Auftrag betraute Projektteam unterstützen. Diese Projektorganisation ist alles andere als optimal. Durch die mangelnde Einbindung der Poolmitarbeitenden passieren viele Fehler. Dies führt zu Frust bei den Stammteammitgliedern, da diese die Fehler schlussendlich korrigieren müssen. Die Situation hat sich so weit zugespitzt, dass bereits zwei Mitarbeitende ihre Kündigung eingereicht haben.

 Consulting

Nr. 43 Dauernd am Limit

Jonas Gubser leitet ein Informatikteam mit sechs Personen. In Folge einer Fehlplanung ist die fristgerechte Abwicklung von mehreren Projekten gefährdet. Deshalb hat die Geschäftsleitung eine Task-Force eingesetzt, die sich um die gefährdeten Projekte kümmern muss. Die Task-Force wird von Gubser geleitet und besteht aus 14 Personen, welche alle ihre angestammten Projekte weiter bearbeiten müssen. Gubser ist ein Team-Player und führt seine Mitarbeitenden kollegial. Aufgrund einer Bandscheibenoperation fällt Gubser sieben Wochen aus. Nach seiner Rückkehr stellt er fest, dass ein Grossteil der Task-Force aufgrund der grossen Arbeitsbelastung gekündigt hat. Die verbleibenden Mitarbeitenden sind unzufrieden und sein Stellvertreter hat versagt. Die Arbeitsbelastung ist enorm und alle seine Vorschläge zur Umorganisation der Task-Force werden von der Geschäftsleitung kategorisch abgelehnt.

Nr. 44 California Dreaming

Das Pharmaunternehmen Gamma-Pharm hat in letzter Zeit deutlich Marktanteile verloren. Der neu engagierte Marketingleiter aus den USA soll die Marktorientierung des mittelständischen Unternehmens steigern. Er geht rasch und unzimperlich ans Werk, definiert neue Leistungskriterien, entlässt Mitarbeiter und wechselt Geschäftspartner aus. Der erhoffte Erfolg stellt sich jedoch nicht so rasch wie gewünscht ein. Gamma-Pharm lässt sich wohl nicht so schnell umkrempeln.

Nr. 45 Die Bürokratiefalle schnappt zu

Eine kantonale Verwaltung entschliesst sich, neue Managementmethoden („New Public Management") einzuführen. Es werden Projektleitungsstrukturen geschaffen und Pilotämter definiert. Das mit Euphorie gestartete Grossprojekt gerät rasch in die Krise, Lethargie macht sie breit. Eine Restrukturierung der Projektorganisation ruft starken Widerstand hervor. Nach einer ersten langen Durststrecke wird dank eines Beraters endlich klar, was gemacht werden muss, um das Projekt rechtzeitig abzuschliessen. Aber aufgrund des immer dichter werdenden Zeitplans geraten die Pilotamtsleiter unter Druck und wieder entsteht massiver Widerstand gegen das

Projekt. Der Projektleiter wird versetzt, die Pilotamtsleiter übernehmen selber die Projektverantwortung.

    Öffentliche Verwaltung

Nr. 46 Die übernommene Firma führen

Die Schönwohn AG, ein Unternehmen, das Möbel für den Wohnbereich produziert, hat mit der Licht AG einen Produzenten von Beleuchtungssystemen aufgekauft. Nun gilt es, diese in die Schönwohn AG zu integrieren, was sich als äusserst schwierig herausstellt. Das mangelnde Vertrauen und unterschiedliche Vorstellungen über die Zukunft der Licht AG bremsen den Prozess. Obwohl sich der neue Geschäftsführer stark bemüht, eine Vertrauensbasis aufzubauen, werden teilweise Entscheide trotz ausführlicher Begründung angezweifelt und nur schwerfällig umgesetzt. Das Resultat: Nach nun mehr als einem halben Jahr steht der Prozess noch immer ganz am Anfang.

     Industrie

Nr. 47 Vom Hörensagen

Daniel Merz ist erst seit kurzem Leiter der Regionalpolizei Mitte, welche sich in einer Neuorganisation befindet und in den Monaten vor Merz' Stellenantritt ad interim geführt wurde. Die Unsicherheit bei den Mitarbeitenden ist gross, da nur wenige Details der geplanten Umstrukturierung bekannt sind und so Gerüchte Hochkonjunktur haben. Im Gespräch macht ihn sein Vizekommandant auf die Situation aufmerksam und fordert eine rasche und vollständige Information der Mitarbeitenden. Merz verweigert dies, da er seinem Vorgesetzten nicht zuvorkommen und gleichzeitig mit den anderen Korps kommunizieren möchte. Es zeigt sich aber auch, dass Merz' Passivität zur Klärung der Situation nicht beträgt.

   Öffentliche Verwaltung

Kurzzusammenfassung der Fälle 35

Nr. 48 Der autoritäre Chef

Im Eichwiler, einem Heim für verhaltensauffällige Kinder, herrscht dicke Luft. Obwohl die Mitarbeitenden bestrebt sind, das Angebot laufend zu verbessern, werden Verbesserungsvorschläge seitens der Mitarbeitenden vom Heimleiter mit fadenscheinigen Begründungen abgelehnt. „Was dem Chef nicht passt, wird nicht gemacht", lautet der Tenor in der Unternehmung. So war es auch dieses Mal wieder. Ein Antrag auf Einführung von Supervision wurde „aus organisatorischen Gründen" abgelehnt. Unter den Angestellten machen sich Ohnmachtsgefühle und auch Demotivation bemerkbar.

VIII. Führung im interkulturellen Kontext

Nr. 49 Eine interkulturelle Traumhochzeit?

Lohne Soderstrom, Projektleiterin und Human Capital Managerin eines dänischen Unternehmens, wurde von ihrem Vorgesetzten, dem CEO Peter Landberg, beauftragt, die Fusion mit einem schweizerischen Unternehmen zum Erfolg zu führen. Die zurückliegenden Wochen der Diskussion mit dem Schweizer Beat Siegrist, ihrem neuen Kollegen und Counterpart auf der Schweizer Seite, hinterlassen bei Lohne Soderstrom ein Gefühl der Hilflosigkeit. Sie hat die ewigen Diskussionen und Auseinandersetzungen satt und niemand scheint ihre Sorgen zu verstehen. Die Vorgesetzten von Lohne Soderstrom und Beat Siegrist haben ihnen zu verstehen gegeben, dass sie nun binnen Wochenfrist mit Lösungen aufzuwarten haben. Der Fall fokussiert das Thema Führung im interkulturellen Kontext im Zusammenhang mit einer länderübergreifenden Fusion.

Nr. 50 Innovationsagenda Futura

Die Fallstudie schildert eine Projektsituation aus der Sicht des Deutschen Hans Baumann, des Italieners Roberto Cello, der Engländerin Joanne Brown sowie des

Schweizers Beat Schäli. Obwohl alle die gleiche Situation erlebt haben, wird diese von den vier Protagonisten verschieden wahrgenommen. Die Ursache liegt in den kulturellen Unterschieden der jeweiligen Nationalitäten.

     Industrie

IX. Wissensmanagement

Nr. 51 Herbert kann nicht loslassen

Kaspar Klein, der Inhaber eines kleinen Architekturbüros, hat einen neuen Mitarbeitenden eingestellt; dieser soll die Stelle von Herbert Müller, einem langjährigen und geschätzten Projektleiter übernehmen, denn dieser geht nach 30 Jahren in Pension. Herbert Müller weigert sich nun, seinen Nachfolger richtig einzuführen und das Archiv, welches er seit 30 Jahren in einem kreativen Chaos führt, aufzuräumen und zu strukturieren. Zudem verhindert er die Übergabe der laufenden Projekte. Kaspar Klein ist ratlos und vertraut sich seinem Freund Emil Wüthrich an.

     Baugewerbe

Nr. 52 Das Wissensmanagement neben der Linie

Ein Projektleiter eines internen Beratungsteams schildert seine Erfahrungen in einem Projekt zur Optimierung des Wissensmanagements bei einem Automobilhersteller. Es sollen sogenannte Communities of Practice etabliert werden. Im Projektteam arbeiten Mitarbeiter aus diversen Fertigungsbereichen. Die im Projekt investierte Arbeitszeit fehlt nun aber den Abteilungen. Die Abteilungsleiter sind denn auch nicht wirklich vom Projekt begeistert. Der Auftrag für das Projekt kommt zwar von der Geschäftsleitung, aber der interne Berater hat keine Weisungsbefugnis gegenüber den an der Umsetzung beteiligten Bereichen. Doch das sind noch lange nicht alle Probleme, mit denen das Projekt zu kämpfen hat.

    Industrie

I. Führung der eigenen Person

Martin Sprenger, Nada Endrissat, Christoph Fischer (Bilder),
Dominik Godat, Stephanie Kaudela-Baum, Julia K. Kuark,
Seraina Mohr und Werner R. Müller

Nr. 1 Der Absturz

Nada Endrissat und Werner R. Müller

„Ich weiss nicht mehr weiter" – mit diesen Worten begrüsst Marianne Lenz ihre ehemalige Kollegin Bettina Staufer vom Kabinenpersonal der Fluggesellschaft German Jet. Sie haben sich seit Mariannes Wechsel von der Leitung des Kabinenpersonals zur Leitung des Bodenpersonals vor vier Jahren nur wenige Male gesehen. Letzte Woche hat Bettina Staufer dann völlig überraschend einen Anruf von Marianne Lenz erhalten, mit der Bitte, sich treffen zu können. Sie haben sich immer gut verstanden und Bettina kommt der Bitte ihrer ehemaligen Kollegin daher gerne nach. Auf dem Weg zum vereinbarten Treffpunkt erinnert sich Bettina Staufer zurück: Sie hatte Marianne Lenz immer bewundert und als eine mutige Führungskraft wahrgenommen, die gerade in schwierigen Zeiten Rückgrat gezeigt hatte und sich mit ihren klaren Positionen den Respekt der Mitarbeitenden und der Direktion erworben hatte. Sie hatte immer den Mut gehabt, „hinzustehen", auch schwierige Botschaften zu vermitteln und dabei zu bleiben. Als vor sechs Jahren ein Teilverkauf der Fluggesellschaft zur Diskussion stand, war es Marianne Lenz, die den Sozialplan ausarbeitete und durch die Einführung flexibler Arbeitszeitmodelle eine grosse Zahl von Entlassungen vermeiden konnte. Marianne Lenz war für Bettina immer ein Vorbild gewesen. Voller Energie, ausgeglichen und konsequent, wurde sie von ihren Mitarbeitenden aufgrund ihrer direkten Art, ihrer Klarheit und Geradlinigkeit geachtet. Umso erschrockener war Bettina Staufer daher von dem Anblick, der sich ihr nun im Mitarbeitercafe beim Wiedersehen mit Marianne Lenz bot: Marianne war sehr dünn geworden, sah matt und entmutigt aus, hatte kein Funkeln in den Augen und nur ein gequältes Lächeln auf den Lippen. Was war passiert?

M. Sprenger (✉)
Institut für Betriebs- und Regionalökonomie IBR, Hochschule Luzern – Wirtschaft,
Zentralstraße 9, 6002 Luzern, Schweiz
E-Mail: martin.sprenger@hslu.ch

Marianne Lenz legt eine Hand nervös auf die Stirn und stützt sich mit der anderen auf dem Tisch ab: „Weißt Du noch damals, als ich mich zu dem Wechsel vom Kabinenpersonal zum Bodenpersonal entschlossen habe?" Bettina Stauffer erinnert sich sehr gut daran. Sie alle waren über diese Entscheidung von Marianne Lenz überrascht gewesen. „Ich war damals der Überzeugung, meine langjährige Erfahrung aus der Kabine gewinnbringend in die Abläufe des Bodenpersonals einbringen zu können. Ich war voller Energie und hatte viele Ideen, wie man die Arbeitsabläufe verändern und die schwierige Beziehung zwischen dem fliegenden Personal und dem Bodenpersonal verbessern könnte. Du weißt ja, das Bodenpersonal hatte immer das Gefühl, die Fliegenden schauten auf sie herab. Den dadurch entstandenen Grabenkampf zwischen den beiden Personalgruppen sah ich als eines der grössten Probleme für die Servicequalität und die Mitarbeiterzufriedenheit. Ich wollte dieses „Abteilungsdenken" und den Grabenkampf daher rasch angehen. Aber nun weiss ich, dass ich Fehler gemacht habe. Rückblickend ist einiges schief gelaufen in dieser Zeit und das hat mich alles viel Kraft gekostet." „Wieso denn?", fragt Bettina Stauffer etwas irritiert zurück. Dass Marianne Lenz einmal ernsthaft Probleme bei der Arbeit haben könnte, wäre ihr im Traum nicht eingefallen.

„Meine neuen Kollegen und Mitarbeitenden waren mir gegenüber von Anfang an sehr skeptisch eingestellt. Zum Teil habe ich das ja auch verstanden. Da komme ich als Quereinsteigerin von den Fliegenden zum Bodenpersonal. Ich wurde als arrogante Besserwisserin wahrgenommen, als eine, die von Tuten und Blasen keine Ahnung hat und die die Kultur von ‚dort drüben' einführen will. Ich spürte den Widerstand der neuen Mitarbeitenden gegenüber meinen Ideen sofort – er eilte mir gewissermassen schon voraus. Deshalb ergriff ich die Flucht nach vorn und fuhr relativ forsch ein – ich wollte ja vieles verändern. Und du kennst mich ja: Ich warte nicht lange, sondern packe die Dinge gerne zackig an. Ich habe die neuen Ideen, die ich als Leiterin des Kabinenpersonals entwickelt hatte, daher rasch präsentiert. Und ich kommunizierte wie immer direkt: Ich sprach die Themen klar, offen und schnell an – ohne langes Hin und Her. Wenn ich darüber nachdenke – und in letzter Zeit habe ich sehr viel darüber nachgedacht – dann glaube ich, dass hier der Hund begraben liegt. Ich wollte mich vielleicht auch schützen vor zu viel Beziehungstamtam. Aber ich bin eigentlich mit der etwas kühleren und sachlichen Schiene immer ganz gut gefahren und brauchte die Abgrenzung auch, um effizient arbeiten zu können.

Aber zurück zu meinem eigentlichen Problem: Meine Sachlichkeit und mein zielorientiertes Vorgehen kommen nicht gut an. Meine Entscheidungen werden immer öfter unterlaufen und ich bin verunsichert, wem ich noch trauen kann. Ich habe das Gefühl, dass ich es nicht mehr im Griff habe. Meine Leistung ist schlecht und die Projekte, für die ich verantwortlich bin, kommen nicht in Gang. Ich bin müde und am liebsten würde ich am Morgen im Bett liegen bleiben und gar nicht mehr aufstehen. Nicht, dass ich gravierende Fehlentscheide gefällt hätte oder dass mir das Budget aus dem Ruder gelaufen wäre. Aber ich merke zunehmend, dass man mich nicht mehr mit einbezieht, dass Entscheide gefällt werden, für die eigentlich ich zuständig bin. Also eigentlich Ignorierung und Entmachtung." „Und was ist mit deinem Vorgesetzten?", fragt Bettina Staufer nach, „ich hatte immer den Eindruck, dass ihr ein gutes Verhältnis zueinander habt und er dich sehr schätzt." „Ja, das stimmt auch", antwortet Marianne Lenz, „aber aus irgendeinem Grund hat er mich bisher nicht angesprochen und das, obwohl er ganz sicher spürt, dass etwas nicht stimmt mit mir. Er konfrontiert mich auch nicht damit, dass meine Leistung schlecht ist. Einerseits bin ich ja froh darüber. Ich fühle mich plötzlich unsicher und habe wirklich Angst, meinen Job zu verlieren. Andererseits warte ich regelrecht darauf, dass er sich erkundigt, ob ich mich überfordert fühle, ob ich Hilfe benötige etc. Aber das ist bisher nicht passiert. Es passiert nichts und es ist niemand für mich da.

Alles nimmt irgendwie seinen Lauf, und ich bin – ganz entgegen meiner Erfahrung und meiner eigenen Philosophie – nicht in der Lage, meine Probleme auf den Tisch zu legen und mit ihm zu reden." „Ich glaube, ich verstehe deine Situation nun ganz gut", sagt Bettina Stauffer. „Hast du denn bisher irgendetwas unternommen, um mit deinen Mitarbeitenden ins Gespräch zu kommen?", erkundigt sie sich weiter. „Nein, im letzten Monat hat sich die Situation sogar weiter verschärft. Ich habe mich komplett in mein Schneckenhaus zurückgezogen. Ich bin nur noch in meinem Büro, spreche kaum mehr mit den Leuten. Ich habe auch das Gefühl, dass ich nicht mehr wahrgenommen werde. Und das ist schlimm. Ich will das nicht, aber im Moment fühle ich mich wie in einem Vakuum. Ich bin nicht fähig, etwas zu unternehmen und fühle mich einsam. Ich habe in letzter Zeit auch stark abgenommen und fühle mich körperlich nicht mehr gut. Wie soll das nur weitergehen?"

✎ Teaching Notes

Stichwörter: Selbstregulation • Burn-out • Beziehungsaufbau (Nähe und Distanz) • Emotionen • Coaching • Führungsselbstverständnis • Unternehmenskultur

In dem Fall geht es vornehmlich darum, die Selbstreflexion zu schärfen und die Konsequenzen des eigenen Führungsverständnisses zu reflektieren. Führungsverständnis, Beziehungs- und Konfliktdynamik müssen analysiert und Lösungen müssen gefunden werden. Der Fall kann auch genutzt werden, um die Möglichkeiten des Führungskräftecoachings vorzustellen und zu vertiefen. Möglichkeiten zur Fallbearbeitung:

a) Gruppenarbeit/Gruppendiskussion (inkl. Bearbeitung der Fragen) ca. 45–60 min und
b) Rollenspiel: Marianne Lenz und Coach (Lösungssuche im Beratungsgespräch).

Mögliche Fragen zur Fallbearbeitung

a) Welches sind aus Ihrer Sicht die Hauptprobleme bei diesem Fall?
b) Welchen Einfluss haben dabei der Vorgesetzte, welchen das „Abteilungsdenken" und welchen das Führungsselbstverständnis von Marianne Lenz?
c) Welche Dynamik hat das Führungsselbstverständnis von Marianne Lenz beim Bodenpersonal ausgelöst?
d) Wie könnte die Situation aus Ihrer Sicht verbessert werden? Zu welchen Massnahmen würden Sie Marianne Lenz raten?
e) Ist das Problem von Marianne Lenz ein „typisch weibliches" Problem?

I. Führung der eigenen Person

Nr. 2 Der Stellvertreter hat es satt

Martin Sprenger und Stephanie Kaudela-Baum

Lutz Meier ist stellvertretender Leiter des Teams Gebäudeunterhalt für eine Schweizer Tankstellenshopkette. Die Kette verfügt über ca. 20 Filialen in der gesamten Deutschschweiz. Die Romandie (französische Schweiz) wird von der Firma nicht bearbeitet. Mangelnde Sprachkenntnisse, aber auch logistische Schwierigkeiten haben zu diesem Entschluss geführt. Das Team Gebäudeunterhalt ist dafür verantwortlich, dass das technische Equipment in den Filialen reibungslos funktioniert. Zum technischen Equipment werden auch die Heizungen, die Beleuchtungsanlagen und die Kühlanlagen gezählt.

Neben Lutz Meiers Chef, Marco Zollinger, und Lutz Meier selbst zählen drei Facharbeiter zum Team. Marco Zollinger besorgt die Materialbestellungen, erstellt die Einsatzpläne und ist Ansprechperson bei allfälligen Beschwerden. Lutz Meier steht ihm unterstützend zur Seite. Zusätzlich ist Meier für den Gebäudeunterhalt des Hauptsitzes verantwortlich. Die drei Facharbeiter sind für den reibungslosen Ablauf in den Filialen vor Ort tätig. Diese sind in drei Regionen aufgeteilt; jeder Facharbeiter ist für eine Region zuständig. Hat eine Filiale technische Probleme, muss sie den Hauptsitz bzw. Marco Zollinger informieren. Dieser entsendet dann den zuständigen Facharbeiter, der allfällige Reparaturen vornimmt oder bei Schäden die nötigen Schritte einleitet. Wenn Not am Mann ist, kann ein Facharbeiter auch in der Region eines Kollegen eingesetzt werden. Alle Facharbeiter unternehmen regelmässige Kontrolltouren und warten das Equipment.

Die Geschäftsleitung legt grossen Wert auf eine gute technische Betreuung der Filialen. Die einwandfreie Funktion der Anlagen in den Betrieben ist ein sehr wichtiges Qualitätskriterium. Eine defekte Kühlanlage kann beispielsweise zur Folge haben, dass Waren ungenügend gekühlt und folglich vernichtet werden müssen. Aber auch aus gesundheitsrechtlichen Gründen ist die reibungslose Funktion der Anlagen wichtig. Eine falsche Kühlung kann zur Fäulnisbildung der Lebensmittel – insbesondere des Fleisches – führen. Dies wiederum führt zu Lebensmittelvergiftungen. Ein solches Vorkommnis wäre für den Betrieb verheerend.

An einem Dienstagmorgen sitzt Lutz Meier in seinem Büro, als das Telefon klingelt. Lutz Meier nimmt ab. „Meier am Apparat, was kann ich für Sie tun?" „Hallo Herr Meier", meldet sich der Leiter des Tankstellenshops Huebeli: „Wir möchten uns bei Ihnen über einen Ihrer Mitarbeiter beschweren. Und zwar ist das Mark Waldmann. Er war da, um bei uns die Heizung zu reparieren. Er hat zwar zwei Stunden lang irgendetwas gemacht, ich habe aber festgestellt, dass die Heizung immer noch nicht rund läuft", so der empörte Leiter. „Ich verlange von Ihnen, dass das Problem nun endlich behoben wird." „Ich kümmere mich darum", entgegnet der etwas verdutzte Lutz Meier. „Aber bitte heute noch. Wir stehen beinahe schon mit Handschuhen hinter der Ladentheke", antwortet die Stimme am anderen Telefon, bevor der Hörer aufgelegt wird. „Uff, was für ein Telefonat", stöhnt Meier, der ebenfalls den Hörer auflegt. „Das ist jetzt schon die zweite Beschwerde über Mark Waldmann in diesem Monat." Lutz Meier erhebt sich von seinem Stuhl und macht sich auf den Weg zur Kaffeemaschine: „Jetzt brauche ich erst einmal einen Kaffee. Dann mache ich mich auf den Weg in die Filiale, um nach dem Rechten zu sehen."

Telefonate wie dieses sind kein Einzelfall. Seit einiger Zeit läuft es beim Gebäudeunterhalt nicht rund. In regelmässigen Abständen treffen bei Lutz Meier Beschwerden ein, dass der Unterhalt wie auch die Reparaturen nicht sachgemäss durchgeführt werden. Alle Beschwerden landen zurzeit auf seinem Schreibtisch, obwohl eigentlich sein Chef dafür zuständig wäre. Meier ist schon lange in der Firma und kennt die meisten Mitarbeiter in den Filialen persönlich. Er geniesst deshalb bei ihnen grosses Vertrauen. Insbesondere Kunden aus dem Bereich von Mark Waldmann beschweren sich auffallend häufig über die vom Gebäudeunterhalt geleistete Arbeit. Mark Waldmann steht den Beschwerden jeweils sehr gelassen gegenüber. Ein typischer Kommentar von Mark lautet etwa so: „Na, wenn der Schaden nun wieder behoben ist, ist ja alles in Ordnung. Die sollen sich nicht so anstellen."

Um grossen Wind zu vermeiden, erledigt Lutz Meier die Beschwerden häufig selbst. So kommt es oft vor, dass er – wie in diesem Fall – persönlich in der Filiale den Schaden bereinigt. „Die Geschäftsleitung darf davon nichts mitbekommen", denkt er sich, „sonst ist Feuer im Dach." Meier belasten aber diese Spezialeinsätze zunehmend – schon deshalb, weil solche Einsätze vor Ort nicht zu seinem Aufgabenbereich gehören und er sonst schon mehr als genug ausgelastet ist. Auch will er nicht ständig als Blitzableiter dienen. Das Beschwerdemanagement ist schliesslich der Aufgabenbereich von Marco Zollinger.

Marco Zollinger ist über die Beschwerden informiert. Auch über Lutz Meiers „Spezialeinsätze" ist er unterrichtet. Trotzdem sieht Marco Zollinger keinen Handlungsbedarf. „Wieso sollten wir etwas unternehmen? Läuft doch alles rund. Im Übrigen bist du mein Stellvertreter. Es ist also auch deine Aufgabe, dafür zu sorgen, dass alles reibungslos funktioniert." Meier sieht das aber etwas anders. Er ist der Auffassung, dass er nur stellvertretender Leiter des Teams ist. Die Verantwortung liegt also bei Marco Zollinger und nicht bei ihm. Zollingers Haltung ärgert ihn zunehmend. „Es kann doch nicht sein, dass ich als Stellvertreter für meinen Chef die Kastanien aus dem Feuer hole, während er Däumchen dreht. Kein Wunder, dass er vor der Geschäftsleitung immer gut dasteht, wenn ich alles erledige und die Beschwerden gar nicht zur Geschäftsleitung durchlasse. Soll ich Zollinger mal ins offene Messer laufen lassen und einfach nichts unternehmen?", denkt er sich. „Mal sehen, ob dann etwas passiert."

I. Führung der eigenen Person

✐ Teaching Notes

Stichwörter: Aufgabenteilung • Verantwortung • Delegation • Selbstmanagement • Kundenorientierung • Rollenklärung • organisationales Lernen

Der Fall illustriert, wie aus einer unklaren Aufgabenverteilung ein dysfunktionales System entsteht. Dies führt zu einer hohen Arbeitsbelastung und Unzufriedenheit bei Lutz Meier. Die akuten Probleme werden gelöst, aber das System „Organisation" lernt nicht.

Empfohlen wird eine Gruppenarbeit (maximal 30 min) mit anschliessender Diskussion. Bei studentischen Arbeitsgruppen auf Bachelorstufe sollten zuvor einige inhaltliche Inputs zur Thematik gegeben werden. Vor der Durchführung des Falles sollten die Merkmale einer Stelle charakterisiert sowie das Konzept der Delegation entfaltet werden. Mögliche weitere Themen zur Fokussierung der Falldiskussion: Arbeitszufriedenheit, Selbstmanagement, Führungsrolle, Führung des Chefs und Kundenorientierung. Bei Praktikerinnen und Praktikern kann nach der Festlegung der Problemstellung sofort in die Falldiskussion eingestiegen werden. Die Präsentation der Gruppenergebnisse sollte dann von den Dozierenden im Plenum aufgegriffen und an die theoretischen Führungskonzepte rückgebunden werden. Möglich wäre auch ein Rollenspiel: Zuerst führt Lutz Meier ein Gespräch mit seinem Vorgesetzen, Marc Zollinger. Im Rahmen dieses Gespräches werden die Zuständigkeiten und das weitere Vorgehen geklärt. Danach könnte eine Fortführung des Rollenspiels in verschiedenen Konstellationen stattfinden.

Mögliche Fragen zur Fallbearbeitung

a) Beschreiben Sie die Führungssituation.
b) Wie kommt es dazu, dass Lutz Meier nun ein Problem empfindet?
c) Wer trägt zu diesem Problem bei?
d) Versetzen Sie sich in die Lage von Meier. Was sollte er als nächstes tun?
e) Versuchen Sie für die Führungssituation Metaphern/Rollenbezeichnungen zu finden!

Nr. 3 Die Fäden im Griff behalten

Dominik Godat und Martin Sprenger

Maja Herbst ist seit vier Jahren Leiterin der Abteilung Krankentaggeld- und Lebensversicherung in einer Regionalvertretung einer grossen Versicherungsgesellschaft. Die Versicherungsfachfrau mit eidg. FA verfügt über viel Erfahrung in der Versicherungsbranche. Schon ihre Lehrzeit hat sie in einem Versicherungsunternehmen absolviert, und seither ist sie dem Bereich Versicherungen treu geblieben. Organisatorisch ist Maja Herbsts Abteilung in drei Teams aufgeteilt. Zwei Teams sind für die Bearbeitung von Versicherungsfällen im Bereich „Krankentaggeld" zuständig, ein Team bearbeitet den Bereich „Lebensversicherung".

Maja Herbst steht kurz vor ihren wohlverdienten Ferien. Ihre Stellvertretung nimmt seit einem Jahr Daniel Furrer wahr. Auch Furrer arbeitet seit längerer Zeit in der Versicherungsbranche, jedoch ausschliesslich im Bereich Lebensversicherungen. Auf dem Gebiet der Krankentaggeldversicherung fehlt es ihm an Erfahrung.

Obwohl Maja Herbst von ihren Mitarbeitenden sehr geschätzt wird, ist sie mit dem sensiblen Daniel Furrer nicht ganz auf derselben Wellenlänge. Insbesondere die mangelnde Kritikfähigkeit bereitet Maja Herbst Mühe, pflegt sie doch eine eher direkte Art, die Dinge anzusprechen. Furrer reagiert in solchen Situationen jeweils äusserst beleidigt und fühlt sich zu unrecht angegriffen. Die Aufgabe als Stellvertreter gefällt ihm hingegen, schliesslich ist sie mit einem gewissen Ansehen verbunden. Herbst sähe es aber lieber, wenn Furrer seine Prestigegelüste beiseite legen und stattdessen seine Funktion gewissenhaft und nach ihren Anweisungen ausführen würde. Schon mehrfach hat sie bemerkt, dass sich bei Absenzen ihrerseits in der Abteilung ein gewisses Eigenleben bemerkbar macht. So stellte sie beispielsweise zu ihrem Leidwesen fest, dass die von ihr eingeführten wöchentlichen Sitzungen nur selten durchführt werden. Dabei legt Herbst viel Wert auf diese Sitzungen. Ihrer Ansicht nach sind die Gespräche ein wichtiger Beitrag zur Know-how-Förderung der Mitarbeitenden. An diesen Terminen werden nämlich, nebst dem allgemeinen Informationsaustausch, auch nicht alltägliche Fälle besprochen, was den Erfahrungsschatz der Mitarbeitenden positiv beeinflusst.

Kurz vor ihrer Abreise hat Maja Herbst mit Daniel Furrer einen Termin vereinbart, bei dem sie Furrer nochmals ins Gewissen reden will: „Also", begann Maja Herbst, „ich wollte mit dir die Zeit während meiner Ferienabwesenheit besprechen. Ich wäre froh, wenn du während meines Urlaubs als Ansprechperson für die drei Teams fungieren könntest." „Aber Maja, du weisst doch, dass ich auf den Bereich Lebensversicherungen spezialisiert bin. Krankentaggeldversicherungen sind nicht mein Fachgebiet. Die jeweiligen Teammitglieder sind mir fachlich bei Weitem überlegen. Ich kann da nur bedingt als Ansprechpartner walten, weil ich fachlich wenig Unterstützung bieten kann," antwortete Furrer. „Das wird schon klappen. Komplizierte Fälle können warten. Und noch etwas: Du musst die wöchentlichen Sitzungen regelmässig durchführen, die sind verbindlich", erwiderte Maja Herbst. „Ja ja ja", antwortete Daniel Furrer in einem abschätzigen Unterton. Das brachte das Fass zum Überlaufen. „Also hör mal", rief Maja Herbst, „Stellvertreter sein ist mit einer hohen Verantwortung verbunden, ich glaube, das ist dir nicht ganz bewusst. Für meinen Geschmack nimmst du die Sache etwas zu locker. Ach, und übrigens: Wenn ich dir ein Weisung oder Informationen gebe, erwarte ich von dir, dass du zuhörst und diese befolgst. Bei dir fehlt mir grundsätzlich ein wenig das ‚sich verpflichtet fühlen'". „Das ist ja unerhört! Das lasse ich nicht auf mir sitzen", fauchte Daniel Furrer und verliess aufgebracht das Büro.

Das Gespräch mit Furrer liess Maja Herbst keine Ruhe. Eine Stunde später rief sie deshalb Daniel Furrer an, mit der Bitte, sich nochmals mit ihr zu treffen. Furrer hatte sich in der Zwischenzeit ein wenig beruhigt und leistete ihrer Bitte Folge.

„Ich wollte dir nicht an den Karren fahren", entschuldigte sich Maja Herbst zu Beginn bei ihrem Kollegen. „Ich denke, uns beiden sind einfach die Sicherungen durchgebrannt." „Schon in Ordnung", meinte Furrer, „aber lass uns doch mal darüber reden, wie denn meine Rolle als Stellvertreter eigentlich aussehen soll." Ein vernünftiger Ansatz, befand Herbst, und begann: „Also, ich erwarte von dir, dass du deine Rolle und deine Aufgaben ernst nimmst. Wie ich bereits erwähnt habe, ist das keine reine Prestigeaufgabe, sondern mit viel Verantwortung verbunden. Ich schlage zuerst einmal vor, dass wir die Kommunikation zwischen uns verbessern. Wir halten deshalb wöchentliche Stellvertretermeetings ab. Mir geht es dabei weniger um die fachliche Diskussion, sondern vielmehr darum, eine gemeinsame Kommunikationsbasis zu schaffen. Wir können das auch gerne als Mittagessen durchführen." „Einverstanden", antwortete Furrer, „wir gehen jeweils am Montag miteinander Mittag essen." „Sehr gut", meinte Herbst, „wir werden das Kind schon schaukeln."

Inzwischen ist ein halbes Jahr vergangen. Das Stellvertreterproblem hat sich leider noch nicht gelöst. Noch immer führt Furrer seine Aufgabe als Stellvertreter schlampig aus. Sitzungen werden vergessen, Weisungen nicht befolgt und die Informationen von Frau Herbst werden ebenfalls nicht ausreichend verarbeitet. Zwar finden die wöchentlichen Mittagessen zwischen ihr und Daniel Furrer statt, in diesen geht es aber ausschliesslich um fachliche Themen und weniger um die Schaffung einer gemeinsamen Führungs- und Kommunikationsbasis.

Für Maja Herbst wird die Situation zunehmend zur Belastung. „Klar, ich kann nur schwer Verantwortung abgeben", denkt sie sich, „aber lieber erledige ich die Dinge selbst, dann weiss ich, woran ich bin." Auch während ihren Abwesenheiten ist sie ständig besorgt, ob alles rund läuft. Ihr Vertrauen in Daniel Furrer ist auf den Nullpunkt gesunken. Der enorme Druck und der damit verbundene Aufwand setzen ihr aber ziemlich zu. Auch gesundheitlich ist sie aufgrund der hohen Belastung angeschlagen. „Sie müssen aufpassen, kein Burn-out zu erleiden", hat ihr der Arzt beim letzen Besuch mit auf den Weg geben. Maja Herbst ist sich natürlich bewusst, dass sie etwas ändern muss, aber was?

✎ Teaching Notes

Stichwörter: Emotionen • Feedback • Kommunikation • Stellvertretung/Delegation • Führungsstil • Freiraum/Kontrolle • Vertrauen

Dieser Fall eignet sich für eine 30–45-minütige Diskussion im Rahmen der Weiterbildung zur Vertiefung der Themen Vertrauen, Delegation und Kontrolle. Nebst den vorgeschlagenen Fragestellungen könnte auch generell diskutiert werden, wie Stellvertreterprobleme gelöst werden können. Aber auch das sich hier abzeichnende Problem, nichts abgeben zu können, ist ein Anknüpfungspunkt für weitere Diskussionen. Der Fall kann dabei im Plenum diskutiert werden, aber auch in Gruppen mit anschliessender Präsentation der Lösungsvorschläge.

Mögliche Fragen zur Fallbearbeitung

a) Wie würden Sie die Situation beschreiben? Wo sehen Sie die Probleme?
b) Sehen Sie Möglichkeiten zur Verbesserung der Stellvertretersituation?
c) Wie könnte Maja Herbst die Stellvertretung in die Verantwortung nehmen?
d) Wie könnte Maja Herbst ihre Ressourcen zeit- bzw. energieschonender einsetzen?

Nr. 4 Zwischen den Fronten

Julia K. Kuark und Seraina Mohr

Jasmin Zumbühl (32) ist seit einigen Monaten als Leiterin eines Marketingteams bei einer Versicherung. Nach dem Gymnasium absolvierte sie ein Internship bei einem grossen Versicherungskonzern. Sie bekam Einblick in unterschiedliche Tätigkeitsbereiche. Hängen geblieben ist sie schlussendlich in der Marketingabteilung. Insbesondere die angenehme Atmosphäre in der Marketingabteilung gefiel ihr, das junge Team, die vielseitigen Aufgaben und der stete Kontakt mit Agenturen und internen Stellen. Berufsbegleitend absolvierte sie die Ausbildung zur Marketingplanerin. Diese schloss sie mit guten Noten ab, und es gelang ihr auch, eine Stelle im Marketingteam einer grossen Krankenversicherung zu finden.

Schnell war sie im Team integriert und geschätzt. Dank ihrer speditiven und zuverlässigen Arbeitsweise erhielt sie bald auch die Verantwortung für grössere Projekte. So konnte sie viel von dem, was sie gelernt hatte, direkt umsetzen und wertvolle Erfahrungen sammeln. Die Arbeit im Team klappte ausgezeichnet. Gemeinsame Mittagessen und Apéros gehörten zum Alltag, genauso wie das Jammern über die hohe Arbeitsbelastung. Auch mit Alex Saxer, ihrem Vorgesetzten, verstand sie sich sehr gut. Er schätzte ihre Arbeit und ihr hohes Engagement für die Firma.

Nach zwei Jahren Arbeit im Team und der erfolgreichen Einführung eines neuen Produktes, für die sie die Hauptverantwortung trug, bot Alex Saxer Jasmin Zumbühl die Stelle als Teamleiterin und damit seine Nachfolge an. Er selber wurde zum Leiter des Gesamtmarketings befördert. In dieser Rolle wäre ihm Jasmin Zumbühl auch künftig direkt unterstellt. Die Anfrage als Teamleiterin freute sie einerseits, andererseits verspürte sie eine innere Anspannung. Die Leitung eines Teams und auch der Schritt auf der Karriereleiter war immer ihr Ziel gewesen. Sie hatte allerdings gedacht, dass dies in zwei, drei Jahren fällig wäre. Ihre Kollegin und inzwischen gute Freundin Nicole Gut ermunterte Jasmin Zumbühl aber, die Stelle anzunehmen. Sie würde sich freuen, wenn sie den Job machen würde. Jasmin Zumbühl hatte aber grossen Respekt vor der Aufgabe und zweifelte, ob sie ihr gewachsen war. Die Führung eines sechsköpfigen Teams sah sie als Herausforderung. Insbesondere ihre zwei Kollegen bereiteten ihr Kopfzerbrechen. Bei ihnen war sie sich ganz und gar nicht sicher, ob die sie als Leiterin akzeptieren oder gar das Team verlassen würden. In einem offenen Gespräch ermunterte sie Alex Saxer aber: „Du kennst die Aufgaben gut und hast bereits erfolgreich Projekte geleitet. Auch im Team bist du beliebt und akzeptiert. Ausserdem bleib ich ja dein Vorgesetzter. Du kannst dich jederzeit an mich wenden", argumentierte er. Schliesslich entschied sich Jasmin Zumbühl dazu, den Schritt zu wagen und die Position als Teamleiterin zu übernehmen.

Ein Kollege hatte sich ebenfalls für die Leitung interessiert. Dies hatte er auch transparent gemacht. Innerhalb des Teams führte die Beförderung deshalb zu einigen Diskussionen. Der vier Jahre ältere Jan Keller, Familienvater und seit vier Jahren im Betrieb, hatte sich gute Chancen ausgerechnet und war entsprechend enttäuscht. Alex Saxer hatte die Wahl von Jasmin Zumbühl ihm gegenüber mit der hohen Leistungsbereitschaft und der fachlichen Kompetenz begründet. Zudem erhoffe er sich durch die Wahl von Jasmin Zumbühl frischen Wind im Team.

So hat also Jasmin Zumbühl die Stelle angetreten. Um sich ja keine Blösse zu geben, bereitete sie sich akribisch auf Sitzungen und Gespräche vor. Zeit für gemeinsame Mittagessen und Apéros fand sie kaum noch, denn ihre Arbeitstage dauerten häufig zehn Stunden oder noch länger. Ihr Vorgesetzter, Alex Saxer, versuchte Jasmin Zumbühl in ihrer neuen Aufgabe nach Möglichkeit zu unterstützen. Da er aber mit der Organisation seiner Abteilung stark absorbiert war, blieb für die Anliegen von Jasmin Zumbühl nur wenig Zeit.

Einige Wochen, nachdem Jasmin Zumbühl die Stelle angetreten hatte, offenbarte Alex Saxer ihr, dass er sich selbständig machen und die Firma verlassen werde. So hat ein neuer Leiter Saxers Position übernommen. Und dieser Leiter hatte ein forsches Auftreten. Bereits in der ersten Woche ging er Abteilung für Abteilung durch und liess sich alle Zahlen präsentieren. Zwischenmenschliche Aspekte interessierten ihn wenig. Von der Belegschaft wurde er deshalb nur „General" genannt. Auch für die Anliegen seiner Mitarbeitenden hatte er nur wenig Verständnis. Das musste Jasmin Zumbühl am eigenen Leib erfahren: Das Verhältnis zwischen Jan Keller und Jasmin Zumbühl war nach wie vor alles andere als entspannt. Offensichtlich hatte Jan Keller die Niederlage gegen Jasmin Zumbühl noch immer nicht verkraftet. Als Jasmin Zumbühl sich bei ihrem neuen Vorgesetzten einen Rat für den Umgang mit Jan Keller holen wollte, reagierte der recht unwirsch: „Lösen Sie Ihre Probleme selber! Sie sind bezahlt für die Führung ihrer Abteilung, wenn Sie mit dem Druck nicht umgehen können, dann lassen Sie es sein", so seine Antwort.

Die Leitung der wöchentlichen Teamsitzung empfand Jasmin Zumbühl auch nach einem Jahr als spezielle Herausforderung. Sie bemühte sich, möglichst alle zu Wort kommen zu lassen und niemanden vor den Kopf zu stossen. Insbesondere Jan Keller räumte sie immer viel Redezeit ein, weil sie ihn als erfahrenen Mitarbeiter schätzte. Entsprechend lange dauerten die Sitzungen.

Um die Sitzungen effizienter zu gestalten, beschloss Jasmin Zumbühl schliesslich, künftig noch gezielter zu planen und auch im Vorfeld Aufträge zu erteilen. So bat Sie Jan Keller, für die nächste Sitzung die bereits getätigten Werbeausgaben aufzubereiten und zu präsentieren. Diese Zahlen waren wichtig, denn es stand gerade eine neue Werbekampagne an. Als Entscheidungsgrundlage sollten diese Zahlen dienen. An der besagten Sitzung hatte Jan Keller allerdings nichts zu präsentieren. „Ich habe keinen klaren Auftrag erhalten", begründete dieser seine Unterlassung. Entsprechend gelang es wieder nicht, längst fällige Entscheidungen zu der geplanten Werbekampagne zu treffen. Jetzt platzte Jasmin Zumbühl der Kragen. „Was soll das heissen, keinen klaren Auftrag erhalten. Willst du mich verschaukeln? Morgen um dieselbe Zeit wiederholen wir die Sitzung… und du lieferst dann die Zahlen."

Im Anschluss an die Sitzung kam ihre Kollegin Nicole Gut zu ihr ins Büro. Sie beklagte sich: „Du kümmerst dich nur noch um deinen Job und hast keine Zeit mehr für deine ehemaligen Kolleginnen. Hängst du jetzt so richtig die Chefin raus? Wie du heute Jan angefahren hast… dieses aggressive Auftreten passt gar nicht zu dir. Du bist es doch, die uns mit ihrer Unentschlossenheit zur Verzweiflung treibt."

Sie liess eine an sich selbst zweifelnde Jasmin Zumbühl zurück, die keine Ahnung hatte, wie sie wieder Herrin der Situation werden sollte.

I. Führung der eigenen Person

✎ *Teaching Notes*

Stichwörter: Rollenkonflikt • Führungsstil • Kommunikation • Selbst- und Fremdwahrnehmung • Gender • Selbstmanagement

Die Bearbeitung des Falles kann verschiedene Themenbereiche beinhalten, so z. B. geschlechtsspezifische Wahrnehmung von Führungskräften, Double-Bind-Situationen, geschlechtsspezifische Kommunikationsstile. Nachfolgend ein paar Anregungen:

Spörri (2002, S. 17) gibt einen Überblick über die wissenschaftlichen Modelle zum Führungsverhalten von Frauen und Männern: Neutralität, Gerechtigkeit, Differenzansatz, Unvereinbarkeitshypothese, Token-woman-Phänomen und Doing-Gender. In diesem Fall ist die Unvereinbarkeitshypothese das Hauptthema. Dies kommt deutlich zum Ausdruck, weil Frau Zumbühl in eine sogenannte Double-Bind-Situation gerät. Durch widersprüchliche Erwartungen können Erfolg in der Führungsposition und Geschlechtsrolle nicht vereinbart werden. Wenn sie den partizipativen Entscheidungsstil beibehalten will, wird sie der Führungsrolle nicht gerecht. Wenn sie autoritärer wird, wird sie ihrem Selbstbild als Frau nicht gerecht und dies wird insbesondere durch ihre Kolleginnen bemängelt.

Sczesny und Bosak (2007, S. 43) weisen darauf hin, dass die Unterscheidung von aufgaben- und personenorientierten Führungseigenschaften mit geschlechtsstereotypen Vorstellungen über die Eigenschaften von Frauen und Männern korrespondiert. Dies bestätigt das „Think Manager – Think Male"-Phänomen.

Die indirekte Sprechweise, die ausgleichend und beziehungsorientiert ist und damit mit dem Stereotyp der Führungskraft kollidiert, wird insbesondere bei Litosseliti (2006, S. 123–148) im Kontext der Kommunikation am Arbeitsplatz beschrieben.

Die Führungsstile, wie sie in Kälin und Müri (2005) beschrieben werden, können auch hilfreich sein: Laisser-faire, karitatives, autoritäres und kooperatives Führungsverhalten kommen hier verschiedentlich zum Ausdruck. Die verschiedenen Stile können in verschiedenen Situationen sehr wohl angemessen sein. Es gibt keinen „richtigen" Stil.

Mögliche Fragen zur Fallbearbeitung

a) Welche Möglichkeiten hat Jasmin Zumbühl, auf das Gespräch zu reagieren?
b) Welche Spannungsfelder werden in dieser Führungssituation ersichtlich? Inwiefern spielt das Geschlecht von Jasmin Zumbühl eine Rolle?
c) Welchen Bezug sehen Sie zur Selbst- und Fremdwahrnehmung?
d) Welche Führungsstile und -verhalten sind hier angesprochen? Welche Rolle spielen verschiedene Kommunikationsarten?

Nr. 5 Vom Kollegen zum Vorgesetzten (Comic)

Stephanie Kaudela-Baum und Christoph Fischer (Bilder)

I. Führung der eigenen Person 51

I. Führung der eigenen Person

II. Fordern, fördern und Ziele vereinbaren

Martin Sprenger, Paul Bürkler, Verena Glanzmann, Dominik Godat, und Stephanie Kaudela-Baum

Nr. 6 Ein Mitarbeitendengespräch mit dramatischen Folgen

Paul Bürkler

Ich bin Gemeindeschreiber in unserer ländlichen Gemeinde mit knapp 4.000 Einwohnerinnen und Einwohnern. In unserer Gemeindeverwaltung arbeiten zwölf Personen in vier sehr selbständigen Abteilungen (Gemeindekanzlei, Finanzabteilung, Bauamt und Sozialamt), die je von einem Abteilungsleiter oder einer Abteilungsleiterin geführt werden. Diese wiederum sind mir unterstellt. Ich selber bin dem Gemeinderat unterstellt und führe die Gemeindekanzlei. In dieser Funktion habe ich auch die Funktion des Personalchefs inne.

Jeweils im November und Dezember werden die ordentlichen Mitarbeitendengespräche (MAG) durchgeführt. Diese bilden unter anderem die Grundlage dafür, ob einem Mitarbeiter oder einer Mitarbeiterin ein Stufenanstieg zusteht. Die MAG werden in der Regel abteilungsweise vom entsprechenden Abteilungsleiter geführt. Als Personalchef führe ich die MAG mit den Abteilungsleitern und den mir direkt unterstellten Mitarbeitern der Gemeindekanzlei. Alternierend nehme ich auch an einzelnen MAG der anderen Abteilungen teil.

Im Rahmen eines solchen MAG ist es nun in der Finanzabteilung zu einem Konflikt zwischen der Vorsteherin der Finanzabteilung (Anna K., 60-jährig) und ihrem Stellvertreter (Martin E., 32-jährig) gekommen. Anna K. nahm das Mitarbeitendengespräch zum Anlass, ihrem Stellvertreter Martin E. eine ganze Palette an Vorwürfen zu präsentieren. In einem Dossier fein säuberlich gesammelt, hielt sie Martin E. die Fehler des abgelaufenen Jahres vor. Sie warf Martin E. vor, dieses und jenes falsch zu erledigen und sich beim übrigen Personal als Wichtigtuer aufzuführen. Martin E. – als regelmässiger Fitnessstudiobesucher sehr muskulös und immer

---

M. Sprenger (✉)
Institut für Betriebs- und Regionalökonomie IBR, Hochschule Luzern – Wirtschaft,
Zentralstraße 9, 6002 Luzern, Schweiz
E-Mail: martin.sprenger@hslu.ch

braun gebrannt – wurde in diesem Zusammenhang sogar auf seine ausgeprägten Oberarmmuskeln und seinen Solariumteint angesprochen. Das MAG eskalierte, als sich Martin E. wiederum nicht mit Kritik an seiner Vorgesetzten zurückhielt. Die Leistungen von Martin E. wurden mit der relativ schlechten Qualifikation C[1] bewertet, welche nicht zu einem Lohnstufenanstieg berechtigt.

Kurz nach dem MAG hat Martin E. die Kündigung eingereicht. Anzumerken ist, dass Martin E. bei unserer Gemeinde die Lehre absolviert und diese hervorragend abgeschlossen hat. Nach der Lehre wechselte er in die Privatwirtschaft, wo er während einiger Jahre als Finanzberater tätig war. Nach seinem Wiedereintritt in die Gemeindeverwaltung bildete er sich im Finanzbereich weiter, mit der klaren Option, die Nachfolge von Anna K. anzutreten.

Bei der Kündigung von Martin E. handelt es sich um die dritte Kündigung in der Finanzabteilung innerhalb von gut zwei Jahren. Hauptgrund für diese Kündigungen waren Konflikte mit der Abteilungsleiterin Anna K., über die aber nicht gesprochen wurde. Bei diesen Kündigungen stellte ich fest, dass die Mitarbeitenden bei ihrem Austritt unter gesundheitlichen Beeinträchtigungen litten. Bei den Austrittsgesprächen wurden auch immer wieder Vorwürfe betreffend Mobbing geäussert.

Anna K. ist bekannt dafür, dass sie sich emotional vielfach nicht unter Kontrolle hat, was auch schon zu Reklamationen von Einwohnerinnen und Einwohnern geführt hat. Fachlich leistet sie sehr gute Arbeit. Die Gemeindebuchhaltung hat sie perfekt im Griff, was ihr einen gewissen Respekt verschafft. Als sie vor sieben Jahren ihre Stelle als Leiterin der Abteilung Finanzen antrat, musste sie zuerst die Gemeindebuchhaltung sanieren. Ihr Vorgänger war wegen eines Veruntreuungsfalls fristlos entlassen worden. Es war daher nicht ganz einfach, eine Nachfolgerin bzw. einen Nachfolger zu finden. Anna K. kannte aufgrund ihrer früheren Tätigkeit die Situation in unserer Gemeinde und war bereit, diese Aufgabe zu übernehmen.

Für mich und für den Gemeinderat ist es offensichtlich, dass Anna K. durch ihren Umgang mit den Mitarbeitenden wesentlich dazu beigetragen hat, dass sich die Kündigungen in so kurzer Zeit gehäuft haben. Auch ihre private Situation ist konfliktträchtig. Sie hat eine Beziehung mit einem Kollegen in einer anderen Abteilung unserer Verwaltung. Bekanntlich hat diese Konstellation einer Partnerschaft im gleichen Betrieb schon oft zu Konflikten geführt. Diese Beziehung dürfte auch zu ihrer kürzlich ausgesprochenen Scheidung von ihrem Ehemann geführt haben.

Anna K. war bereits bei früheren Besprechungen auf ihren Führungsstil und ihr Verhalten gegenüber der Einwohnerschaft angesprochen worden. Anna K. wurde daher nach diesem missglückten MAG und der danach erfolgten Kündigung von Martin E. sofort zitiert. Sie hat die Vorwürfe von Martin E. relativiert und teilweise zurückgewiesen. Immerhin hat sie auch eigene Fehler bei diesem MAG eingestanden. Für den Gemeinderat und für mich war klar, dass die Situation grundlegend geändert werden muss: Die Stelle der Abteilungsleiterin muss neu besetzt werden.

Wir haben daher Anna K. bei diesem Gespräch zwei Varianten vorgeschlagen: Anna K. lässt sich vorzeitig pensionieren und verlässt die Gemeindeverwaltung;

---

[1] Kategorie A: übertrifft Erwartungen; B: erfüllt Erwartungen; C: Erwartungen werden nicht immer erfüllt; D: Erwartungen werden oft nicht erfüllt.

II. Fordern, fördern und Ziele vereinbaren

oder sie kann die restliche Zeit bis zu ihrer Pensionierung als Stellvertreterin der Abteilungsleiterin bzw. des Abteilungsleiters, evtl. mit einem Teilzeitpensum, tätig sein. Anna K. gab klar zu verstehen, dass sie sich die erste Variante mit einer Frühpensionierung wegen der kürzlich erfolgten Scheidung finanziell nicht leisten könne. Die zweite Variante als Stellvertreterin könnte sie sich durchaus vorstellen. Gestützt auf diese erste Einschätzung von Anna K. wurde mit ihr ein zweiter Termin vereinbart.

Einen Tag nach dem ersten Gespräch teilte Anna K. dem Gemeinderat schriftlich mit, dass für sie auch die zweite Variante als Stellvertreterin nicht infrage komme. Würde sie diesem Vorgehen zustimmen, wäre dies ein Eingeständnis, dass sie zur Leitung der Finanzabteilung nicht fähig sei.

✎ *Teaching Notes*

Stichwörter: Nachfolgeplanung • Fach- vs. Sozialkompetenz • Mitarbeitendenbeurteilung • Feedback • Gerüchte • Umgang mit Konflikten • Respektierung der persönlichen Sphäre

Der Fall eignet sich zur Diskussion in mehreren Gruppen, die ausgehend von Frage a) (siehe unten) unterschiedliche Lösungen bzw. Entscheide des Gemeinderates mit möglichen Folgen entwickeln und begründen.

Wenn Martin E. zum Rückzug seiner Kündigung („mit seinem Fachwissen ist er für den Betrieb sehr wertvoll") bewogen wird, kann ein kulturelles Muster in dieser Gemeinde analysiert werden: In der Finanzabteilung (nur in dieser?) muss der Arbeitgeber die Führungskräfte fast „beknien", dass sie kommen bzw. bleiben.

Eine wichtige Thematik in der öffentlichen Verwaltung ist das Verhältnis von Fach- und Führungskompetenz. Problematisch kann die Dominanz der Fachkompetenz oft bei langjährigen Mitarbeitenden werden, die ihre Sozial- und Führungskompetenz nicht weiter entwickelt haben, aber dennoch aufgrund ihrer Erfahrung und ihrer Fachkompetenz Führungsaufgaben übernommen haben. Eine langfristige Personalstrategie kann sich dieser Thematik annehmen, aber auch der Frage, wie die Nachwuchsplanung für Führungskräfte gestaltet wird.

Der Fall enthält eine Vermischung zwischen Vermutungen und Fakten. Der Fall kann auch methodisch zur Sensibilisierung dieser Unterscheidung eingesetzt werden.

Ein weiterer Anknüpfungspunkt wäre die Führung von Mitarbeitendengesprächen, Folgen von schlecht geführten Mitarbeitendengesprächen und Feedbacktraining.

Das Mitarbeitendengespräch zwischen Anna K. und Martin E. kann auch als Rollenspiel durchgeführt werden, insbesondere als Übung von besserer Gesprächsführung bzw. Feedbacktraining.

Mögliche Fragen zur Fallbearbeitung

a) Nennen Sie die wesentlichen Ereignisse, die zum Konflikt beigetragen haben.
b) Formulieren Sie Hypothesen, wie es zu dieser Konfliktsituation und den dramatischen Folgen kommen konnte.
c) Wie könnte die Geschichte mit Anna K. weitergehen? Was wären die Folgen?
d) Wie könnte Martin E. zum Rückzug seiner Kündigung bewegt werden? Mit seinem grossen Fachwissen im Finanzbereich ist er für den Betrieb sehr wertvoll.
e) Was kann der Gemeindeschreiber aus der Geschichte lernen?

II. Fordern, fördern und Ziele vereinbaren

Nr. 7 Delegation ist Mangelware

Martin Sprenger und Stephanie Kaudela-Baum

„Haben Sie zu diesem Punkt noch Fragen oder Anmerkungen?", fragt Daniel Baumann. „Nein, keine Anmerkungen", erwidert Hans Rüegger. „Gut, dann kommen wir zum Punkt ‚Führungsverhalten'", fährt Baumann fort. „Hier steht: ‚Entwickelt einen partizipativen Führungsstil. Lässt seinen Mitarbeitenden den nötigen Freiraum, um das Potenzial und das Mitdenken der Teammitglieder zu fördern und zu nutzen'. Aus meiner Sicht haben Sie diesen Punkt nicht erfüllt." Hans Rüegger sieht seinen Vorgesetzten ungläubig an: „Was heisst hier nicht erfüllt. Natürlich habe ich dieses Ziel erreicht." „Nein, haben Sie nicht", antwortet Daniel Baumann. „Aus meiner Sicht ist Ihr Führungsstil nach wie vor patriarchalisch, sehr bestimmt, teilweise aufbrausend und vor allem hoch emotional. Das müssen wir unbedingt ändern!"

Es ist wieder einmal Dezember, und Daniel Baumann ist dabei, die Jahresendgespräche durchzuführen. Baumann leitet eine Abteilung in einem grossen Industriebetrieb, der in der Entwicklung und Herstellung von Präzisionswerkzeug tätig ist. Das Unternehmen ist sehr erfolgreich, konnte es doch in den vergangenen Jahren ein konstantes Wachstum verzeichnen. Grossen Anteil an diesem Erfolg haben die Mitarbeitenden, die mit viel Engagement und Ideenreichtum das Unternehmen stetig vorantreiben. Zurzeit sitzt Baumann gerade mit Hans Rüegger im Büro und geht mit ihm die Zielvereinbarungen durch. Hans Rüegger ist 52 Jahre alt und seit 15 Jahren im Betrieb. Angefangen hat er als Industriemechaniker. Durch seine steten Weiterbildungen ist er inzwischen zum Leiter eines Teams von fünf Personen aufgestiegen. Die Teammitglieder sind allesamt Spezialisten in ihrem Bereich (Elektromechaniker, CNC-Spezialist, Polymechaniker) und verfügen über einige Jahre Berufserfahrung in der Herstellung von Präzisionswerkzeugen.

Hans Rüegger ist grundsätzlich ein guter Mitarbeiter. Er ist sehr erfahren und arbeitet zuverlässig und präzise. Einzig an seinen Führungsqualitäten zweifelt Baumann. Aus seiner Sicht pflegt Hans Rüegger einen ausgeprägt patriarchalischen Führungsstil. Er sieht sich als „väterliche Figur", die zwar ein offenes Ohr für seine Mitarbeitenden hat, aber allein entscheidet. Dabei legt er Wert auf Gehorsam und hat wenig Verständnis für Ausreisser. Baumann ist dieser Führungsstil ein Dorn im Auge. Er ist der Überzeugung, dass diese Art von Führungsstil für Fachspezialisten der falsche Ansatz ist. Fachspezialisten brauchen Freiraum, um sich zu entfalten und ihre Ideen einzubringen. Rüeggers Führungsverhalten erstickt jede Art von neuen Lösungen im Keim. Was Rüegger nicht gut findet oder nicht versteht, wird nicht gemacht. Schon manche gute Idee wurde so zugrunde gerichtet. Es versteht sich von selbst, dass dies für die motivierten und kreativen Mitarbeitenden von Rüegger jeweils ein arger Dämpfer ist.

Einen weiteren Mangel sieht Baumann in Hans Rüeggers unzureichender Delegationsbereitschaft. Rüegger vertraut sich selbst am meisten und gibt Aufgaben nur im Ausnahmefall ab. Die Teammitglieder fühlen sich dadurch bevormundet und eingeschränkt. „Wie soll ich mich weiterentwickeln, wenn der Alte alles selber macht", tönt es vonseiten seiner Angestellten. „Wir sind doch keine kleinen Kinder." Auch seine Angewohnheit, immer alles bis ins Detail wissen zu wollen, behindert die Teammitglieder in ihrer Arbeitsweise. Bedingt durch die zunehmende Komplexität der Arbeiten stösst Rüegger zunehmend an die Grenzen seines Fachverständnisses – schliesslich ist nicht Rüegger der Spezialist, sondern seine Mitarbeitenden sind es. Dieses Verhalten schränkt die Teammitglieder nicht nur in ihrer Eigenständigkeit stark ein, es kostet das Unternehmen auch wertvolle Zeit, da der Produktionsprozess dadurch verzögert wird.

Das Team hat bereits auf Rüeggers Art zu führen reagiert. Im Verlauf der vergangenen zwei Jahre haben drei Mitarbeitende ihre Kündigung eingereicht. Ersatz zu finden ist keinesfalls eine einfache Aufgabe. Der Arbeitsmarkt für diese Art von Fachspezialisten ist nahezu ausgetrocknet. Daniel Baumann befürchtet weitere Abgänge, wenn sich Hans Rüeggers Verhalten nicht grundlegend ändert. Er hat Hans Rüegger deshalb bereits einige Male darauf angesprochen. In solchen Unterredungen zeigte sich Hans Rüegger jedoch immer uneinsichtig und reagierte stark emotional. Obwohl auch ihm die schlechte Stimmung im Team nicht entgangen war, suchte er die Ursachen dafür stets ausserhalb seiner Person. Trotzdem wich Baumann nicht von seinem Kurs ab. Er hielt die Situation im letztjährigen Mitarbeitendengespräch fest und traf auch die Zielvereinbarung mit ihm, künftig partizipativ zu führen und den Mitarbeitenden mehr Freiraum zu lassen. Leider wurde diese verfehlt.

Daniel Baumann steht nun unter Zugzwang. Bereits ist durchgesickert, dass einige Teammitglieder von Rüegger über eine Kündigung nachdenken. Wenn er nicht bald eine Lösung findet, steht Baumann vor grösseren Problemen. Er setzt deshalb grosse Hoffnungen in das heutige Gespräch und hofft, zusammen mit Hans Rüegger eine Einigung zu finden.

II. Fordern, fördern und Ziele vereinbaren

✎ *Teaching Notes*

Stichwörter: Führung von Experten • Führungsstil • Führungsentwicklung • Mitarbeiterzufriedenheit • Motivation • Führung durch Zielvereinbarung (MbO)

Der Fall beinhaltet grundsätzlich zwei Themenbereiche. Zum einen kann die Diskussion in Richtung Führungsstile gehen:

a) Welchen Führungsstil halten Sie hier für angebracht und weshalb?
b) Worin liegt der Unterschied in der Führung von Experten und beispielsweise Fertigungsmitarbeitenden oder Sachbearbeitenden. Gibt es einen Unterschied?

Zum anderen kann anhand des Falles auch auf die Thematik des Management by Objectives (MbO) oder Führen durch Zielvereinbarung eingegangen werden. Fragen, die sich hier stellen, sind:

a) Wie würden Sie an der Stelle von Daniel Baumann eine Zielvereinbarung formulieren und wie lässt sich diese überprüfen?
b) Wie kann Daniel Baumann Hans Rüegger dazu bringen, sein Führungsverhalten zu hinterfragen?

Die Fragen können sowohl im Plenum als auch in Gruppen mit anschliessender Präsentation der Ergebnisse im Plenum bearbeitet werden.

Mögliche Fragen zur Fallbearbeitung

a) Beschreiben Sie die Führungssituation präzise und fassen Sie die aus Ihrer Sicht wichtigen Problemfelder zusammen.
b) Was sollte Daniel Baumann kurz- und mittelfristig unternehmen, um die Probleme zu lösen?
c) Welche Möglichkeiten bieten sich Daniel Baumann über das Führungsinstrument „Zielvereinbarungsgespräch" hinaus an?

Nr. 8 Die aufmüpfige Mitarbeiterin

Martin Sprenger und Verena Glanzmann

Lissy Keller ist seit zwei Jahren Leiterin der Abteilung Asyl und Rückführung des kantonalen Amts für Migration. Zusammen mit acht Mitarbeitenden betreut sie Asylbewerberinnen und Asylbewerber aus mehr als 40 Ländern. Die Abteilung ist verantwortlich für das Zuteilen von Unterkünften sowie für die generelle Betreuung und Beratung der Asylbewerbenden. Zu Lissy Kellers Team zählt auch Maria Lopez. Die 52-jährige Maria Lopez ist Südamerikanerin und vor 25 Jahren in die Schweiz gekommen. Sie ist nicht verheiratet und hat keine Kinder. Da Maria Lopez sich sehr für Themen interessiert, die das Sozial- und Asylwesen betreffen, hat sie sich vor nunmehr fünf Jahren für eine frei gewordene Stelle beim Amt für Migration, Abteilung Asyl und Rückführung, beworben. Obwohl sie über keine spezielle Ausbildung im Sozialwesen verfügt, wurde sie für die Position eingestellt. Sie erhielt allerdings die Auflage, eine betreffende Ausbildung nachzuholen.

Die Geschichte nahm ihren Anfang, als Lissy Keller ihre Stelle antrat. Um ihre Mitarbeitenden besser kennenzulernen, führte sie mit ihnen in der ersten Arbeitswoche Einzelgespräche. Ziel war es, mehr über den Hintergrund der jeweiligen Mitarbeitenden zu erfahren, aber auch ihre Wünsche und Erwartungen herauszuspüren. Natürlich nutzte Lissy Keller auch die Gelegenheit, um allfällige Probleme innerhalb der Abteilung zu erkennen. Im Verlaufe dieser Gespräche wurde sie mehrmals mit der Aussage konfrontiert, Maria Lopez habe mit Lissy Kellers Vorgänger eine über das Arbeitsverhältnis hinaus gehende, freundschaftliche Beziehung gepflegt. In der Wahrnehmung der restlichen Mitarbeitenden war sie deshalb erheblich privilegiert worden. So konnte sie ihre Fälle jeweils auswählen, während den anderen die Flüchtlinge zugeteilt wurden. Aber auch personelle Angelegenheiten wurden offensichtlich im Privaten besprochen. Maria Lopez war stets über die internen Probleme informiert, was einigen Mitarbeitenden äusserst unangenehm war. Verständlich, dass sich dies negativ auf die Stimmung im Team auswirkte. Um es auf den Punkt zu bringen: Maria Lopez war nicht allzu beliebt. Es war deshalb nicht verwunderlich, dass Maria Lopez seit jeher versuchte, die neu eintretenden Mitarbeitenden für sich zu gewinnen (seit Kellers Stellenantritt waren es zwei an der Zahl). In der Wahrnehmung von Lissy Keller bemühte sie sich fast zwanghaft, bei den neuen Arbeitskolleginnen und Arbeitskollegen ganz oben auf der Beliebtheitsskala zu stehen. So lud sie diese im privaten Rahmen zum Essen ein, verbrachte mit ihnen stets die Mittagspause oder überraschte sie mit kleinen Geschenken. Lopez setzte alles daran, mit den Neulingen eine persönliche Beziehung aufzubauen. Dieses Verhalten wirkte auf Lissy Keller und ihre Mitarbeitenden befremdend, rein objektiv war aber dagegen nichts einzuwenden. Lissy Keller selber liess gegenüber Maria Lopez immer eine gewisse Distanz walten.

Seit Lissy Kellers Stellenantritt ist ein Jahr vergangen. Inzwischen hat Maria Lopez den vertraglich vereinbarten Abschluss in Sozialarbeit erlangt. Seither versucht sie, den Betrieb nach ihrem Know-how umzustellen. „Das haben wir in der Schule aber anders gelernt. Ich mache es so, wie es mir vermittelt wurde", sind Einwände, die nahezu in jeder Sitzung zu hören sind. Nicht nur für Lissy Keller ist diese Art und Weise nervenaufreibend, auch Lopez' Arbeitskolleginnen und -kollegen reagieren darauf mit Missgunst und Ärger. Vor allem die „besserwisserische" Art wird von vielen als Affront aufgefasst.

Es sind aber nicht nur fachliche Differenzen, die Lissy Keller zum Nachdenken bewegen. Auch Maria Lopez' sprachliche Fähigkeiten weisen grosse Schwächen auf. Sie kann sich zwar sehr gut im Dialekt verständigen, die Schriftsprache beherrscht sich jedoch nur mangelhaft. Die Mitarbeiterin ist nicht in der Lage, einen Bericht, eine einsprachefähige Verfügung oder komplexe Korrespondenz abzufassen. Auch die Aktenführung wird von Maria Lopez stark vernachlässigt. Während einer längeren, krankheitsbedingten Abwesenheit war es ihrer Stellvertreterin nicht möglich, die von ihr bearbeiteten Fälle aufgrund der Akten nachzuvollziehen. Lissy Keller hat deshalb Maria Lopez aufgefordert, die Akten bis zu einem vereinbarten Zeitpunkt aufzuarbeiten. Leider liess Maria Lopez diese Frist ungenutzt verstreichen. Keller blieb nichts anderes übrig, als eine Verwarnung auszusprechen und eine Nachfrist anzusetzen: Bis in sechs Monaten müssen die Akten vollständig korrigiert und nachgeführt sein. Widerwillig nahm Maria Lopez diesen Auftrag entgegen.

Das jährliche Qualifikationsgespräch fiel unglücklicherweise direkt in den Zeitraum, in dem Maria Lopez die Akten bereinigen sollte. Es versteht sich von selbst, dass dieses mit gewissen Spannungen behaftet war. Maria Lopez lud deshalb, ohne das Wissen von Lissy Keller, Kellers Vorgesetzten zum Gespräch ein. Dieser nahm die Einladung an, ebenfalls ohne Lissy Keller zu informieren. Laut dem Personalgesetz ist dies zulässig, sofern Indizien für einen nicht korrekten Ablauf des Qualifikationsgesprächs bestehen. Nach Abschluss des Gesprächs konnte der Vorgesetzte aber festhalten, dass das Gespräch zu keinerlei Beanstandungen Anlass gebe. Maria Lopez liess aber nicht locker und wandte sich für eine Aussprache an den Personalchef, welchem auch der kantonale Sozialdienst angegliedert ist. An diesem Gespräch nahmen Maria Lopez, Lissy Keller sowie der Personalchef teil. In dieser Unterredung wurde Lissy Keller mit schweren Vorwürfen konfrontiert. „Schon vom ersten Tag an, als Lissy Keller die Stelle antrat, bin ich mit Beleidigungen, Vorwürfen und Demütigungen konfrontiert worden", so die Aussagen von Maria Lopez. „Auch anderen Kolleginnen und Kollegen geht es nicht besser. Sie werden ebenfalls von Frau Keller schikaniert. Ich beantrage, dass die Arbeit von Frau Keller von einer externen, neutralen Stelle beurteilt wird", führte Lopez weiter aus. Der Personalchef gab Lopez' Antrag statt.

Während zwei Monaten wurde die Zusammenarbeit in der Abteilung Asyl und Rückführung von einer erfahrenen Beraterin beobachtet. Ihrem Abschlussbericht konnte der Personalchef entnehmen: „Die von Maria Lopez vorgebrachten Anschuldingungen kann ich nicht bestätigen. Während des Beobachtungszeitraums fanden weder Demütigungen noch beleidigende Äusserungen seitens Frau Keller statt. Auch von den besagten Vorwürfen war in diesem Zeitraum nichts zu sehen. Was ich hingegen festgestellt habe, sind sehr grosse Spannungen zwischen Lissy Keller und Maria Lopez. Ich empfehle ihnen diesbezüglich Massnahmen zu ergreifen."

Ohne zu zögern, erteilte der Personalchef der Beraterin ein Mandat zur Begleitung der Konfliktsituation. Dieses konnte sie allerdings nicht wahrnehmen, zu heftig waren Maria Lopez' Proteste. „Die ist doch nicht mehr neutral. Ich bin mir sicher, sie wird Position für Lissy Keller beziehen", argumentierte sie. So wurde auf den Beizug der Beraterin verzichtet. Lissy Keller war darüber verständlicherweise sehr verärgert: „Immer wieder wird auf Lopez' Forderungen eingegangen", dachte sie, „das ist ungerecht."

Damit war der Konflikt zwischen Maria Lopez und Lissy Keller noch immer nicht gelöst. Obwohl seit einigen Wochen Ruhe zwischen den beiden herrschte, wurde Lissy Keller das Gefühl nicht los, dass dies bloss die „Ruhe vor dem Sturm" ist. Auch die sprachlichen Defizite konnten nicht ausgemerzt werden. Lopez war jahrelang im Glauben gelassen worden, sie sei für die Stelle bestens geeignet. Hierfür trägt nach Ansicht von Lissy Keller die Institution eine erhebliche Mitschuld. Entweder ihr Vorgänger oder dessen Vorgesetzter hätten schon längst reagieren müssen. Auch gesundheitlich ist Maria Lopez angeschlagen. Sie befindet sich seit einiger Zeit wegen Bluthochdruck und häufigen Kopfschmerzen in ärztlicher Behandlung. Lissy Keller vermutet, dass dies mit ihrem Konflikt in Zusammenhang steht. Ein Indiz dafür, welche Wut Maria Lopez im Bauch hat.

Die Probleme sind auch dem Personalchef nicht entgangen. Er drängt auf eine Lösung und hat deshalb ein Gespräch am grünen Tisch angeordert. Daran teilnehmen werden Lissy Keller, Maria Lopez, ein Mediator und der Personalchef selbst. Letzterer will sich allerdings nicht zur Situation äussern, sondern lediglich der Unterredung beiwohnen.

Lissy Keller ist nun dabei, sich auf das Gespräch vorzubereiten.

II. Fordern, fördern und Ziele vereinbaren

✎ Teaching Notes

Stichwörter: MbO • Teamkonflikt • Führungsstil • Interkulturelles Management

Der Fall eignet sich zur Diskussion in Unterricht wie auch zur Diskussion in Gruppen mit anschliessender Präsentation der Lösungsvorschläge. Zur Vorbereitung kann ein Organigramm erarbeitet werden, aus dem ersichtlich ist, welche Personen involviert sind. Die Rollen und Verhaltensweisen der beteiligten Personen sind herauszuarbeiten. Der Fall kann unter Umständen auch aus interkultureller Sicht diskutiert werden. Dazu wäre wünschbar, dass die Studierenden einen theoretischen Input zu interkulturellem Management erhalten.

Mögliche Fragen zur Fallstudie

a) Versuche Sie, die Situation vollständig zu erfassen.
b) Welche Haltung soll Lissy Keller einnehmen? Was soll sie fordern und welche Vorschläge soll sie allenfalls machen?

Nr. 9 Der schwer führbare Mitarbeiter

Martin Sprenger, Stephanie Kaudela-Baum und Dominik Godat

Schon seit mehr als zehn Jahren arbeitet Andrea Mohr bei der Antel AG, einer Informatikfirma, die sich auf den Verkauf von Soft- und Hardware spezialisiert hat – und das äusserst erfolgreich. Andrea Mohr ist inzwischen Mitglied der Geschäftsleitung und hat die Position der Verkaufsleiterin inne. Im Verlauf der Jahre gab es immer wieder mal Probleme mit einzelnen Mitarbeitenden aus ihrem Team. Diese hat die erfahrene Verkaufsleiterin bisher gut gemeistert. Nun aber steht sie vor einem Problem, das für sie eine grössere Herausforderung darstellt:

Die Antel AG beschäftigt mittlerweile 35 Mitarbeitende, hauptsächlich im Bereich Verkauf. Die Produkte werden sowohl in zwei Antel-Shops als auch über das Internet und via Telefon (Telemarketing) vertrieben. Die Firma bietet Systemlösungen, d. h. massgeschneiderte Produkte und Servicekonzepte für ihre Kunden an. Die Entwicklungsabteilung und ein Kundenservicecenter garantieren eine hohe Flexibilität und Kundenorientierung. Das Verkaufsteam der Antel AG umfasst 18 Mitarbeitende. Dazu zählt auch der eigenwillige Roger Kunz. Kunz ist 38 Jahre alt und als Quereinsteiger vor rund zwei Jahren zu einem der Verkaufsteams in einem Antel-Shop gestossen. Eigentlich ist er in der Telekommunikationsbranche gross geworden und war dort während mehreren Jahren vor allem mit dem Verkauf von Festnetzabonnementen betraut. Kunz wurde von der Antel AG mit dem Ziel eingestellt, selbstständig Kundinnen und Kunden zu gewinnen: vom Erstkontakt bis zum erfolgreichen Vertragsabschluss. In diesem Zusammenhang wurde anfangs auch eine Bonusregelung mit dazugehörigen Umsatzzielen vereinbart. Während der Einarbeitungsphase besuchte Kunz zahlreiche Produktschulungen, die ihm das inhaltliche Know-how vermittelten. Zudem wurden Verkaufstrainings durchgeführt und ihm die nötigen Kommunikationstechniken nähergebracht. Herr Kunz absolvierte die Schulungen erfolgreich und Frau Mohr setzte grosse Hoffnungen in ihren neuen Mitarbeiter.

Schon nach den ersten Kundenkontakten traten aber mit Kunz Probleme auf. Nicht nur Andrea Mohr bemerkte das, auch ein weiteres Geschäftsleitungsmitglied sprach sie darauf an. Besonders ärgerlich war ein Vorfall vor zwei Wochen: Eine junge Dame kam in einen der Antel-Shops, mit dem Wunsch, ein neues Apple-Notebook zu kaufen. Da sie sich mit Computern wenig auskannte, wandte sie sich an Kunz, der sie beraten sollte. Da Kunz jedoch alles andere als überzeugt von Apple-Notebooks ist, riet er ihr – und das äusserst überheblich und belehrend – von dem Kauf ab. Stattdessen versuchte er ihr wortgewaltig ein Gerät eines anderen Herstellers schmackhaft zu machen. Entnervt und wohlgemerkt ohne Notebook verliess die Kundin den Laden.

Dies blieb kein Einzelfall. Bei Roger Kunz offenbarten sich im Kundenkontakt grundlegende Defizite. Einzelne Kunden beschweren sich sogar bei der Geschäftsleitung über ihn. Kunz wurde als unfreundlich und patzig beschrieben und soll einzelne Kunden zum Kauf einzelner Produkte regelrecht gedrängt haben. Andere

Kunden beklagten sich über mangelhafte Beratung. Für Andrea Mohr steht fest, dass Kunz für den Fronteinsatz auf Dauer nicht geeignet ist. Auch geht ihr durch den Kopf, dass ein 38-jähriger Mann sein Verhalten wohl auch nicht mehr so einfach ändern wird. Dabei hatte sie so grosse Hoffnungen in den „Verkaufsexperten" gesetzt.

Nebst der offenkundig mangelhaften Leistung in diversen Beratungsgesprächen weist Kunz auch Verhaltensweisen auf, die die Führung des Mitarbeiters erschweren. So hat er Mühe, sich unterzuordnen. Andrea Mohrs Anweisungen nimmt er mehr zur Kenntnis, als dass er sie befolgen würde. Anstatt Kunden zu beraten, widmet er sich lieber anderen Arbeiten am Computer. Die Kundschaft steht wartend daneben, während er nach Informationen im elektronischen Produktkatalog sucht oder Lagerbestände abfragt. Das hat nicht nur unzufriedene Kunden zur Folge, sondern auch, dass er seine Arbeitszeit nicht zielgerichtet einsetzt, sodass er die ursprünglich vereinbarten Verkaufsziele dieses Jahr wahrscheinlich nicht erreichen wird.

Die „Ausrutscher" von Roger Kunz wurden für Frau Mohr inzwischen absolut untragbar. Der Konkurrenzkampf in der Branche ist gross und entsprechend versucht die Antel AG, sich mit einer besonders professionellen Beratung von der Konkurrenz abzuheben. Die aussergewöhnlich hohe Kundenorientierung ist fest im Leitbild der Antel AG verankert. Gerade als Kleinanbieter ist die Antel AG auf eine gute Beratungsleistung ihrer Angestellten angewiesen, gilt sie doch als Abgrenzung zu den grossen Warenhäusern. Zudem können damit auch die etwas höheren Preise begründet werden. Für Frau Mohr stand daher fest, dass sie Roger Kunz erst einmal vom persönlichen Kundenkontakt abzieht und im Bereich der Telefonakquisition einsetzt.

Frau Mohr hat im Zuge des Stellenwechsels von Herrn Kunz seine Aufgaben und damit auch die Zielvereinbarung angepasst. Er ist nun hauptsächlich in der Telefonakquisition (Telemarketing) tätig. Die Qualität seiner Arbeit ist im Grossen und Ganzen gut, jedoch hat Roger Kunz immer noch Probleme, sich unterzuordnen und Kritik anzunehmen. Die Vereinbarung von Zielen respektive deren konsequente Verfolgung scheinen für ihn nicht verbindlich zu sein. Er empfindet Zielvereinbarungsgespräche als reine „Papierübung" und wirkt genervt, wenn Frau Mohr ihn als Vorgesetzte auf problematische Verhaltensweisen aufmerksam macht.

Andrea Mohr würde Roger Kunz am liebsten entlassen, zögert aber aufgrund seiner privaten Situation. Er ist Vater von zwei Kindern und alleinerziehend. Seine Frau hat ihn vor zwei Jahren verlassen und lebt nun im Ausland. Frau Mohr hat seine Angespanntheit und Gereiztheit daher immer ein bisschen seiner privaten Situation zugeschrieben. Ihr ist aber klar, dass sie nun handeln muss. Andrea Mohr wendet sich an ihren ehemaligen Führungscoach, den sie aus ihrer Führungsweiterbildung kennt, die sie vor zwei Jahren an der Hochschule abgeschlossen hat.

✒ Teaching Notes

Stichwörter: MbO • schwierige Mitarbeitendengespräche führen • Coaching • Personalentlassung

Dieser Fall eignet sich sowohl für eine 30–45-minütige Diskussion im Unterricht als auch zur Diskussion in Gruppen mit anschliessender Präsentation der Lösungsvorschläge. Dabei kann der Fokus sowohl auf die Frage der Zielformulierung gelegt werden als auch auf die grundsätzliche Frage, ob es sinnvoll ist, solche Mitarbeiter weiter zu beschäftigen. In einem weiteren Schritt kann darüber diskutiert werden, welche Massnahmen zur Verfügung stehen.

Im Rahmen dieser Fallstudie kann die Vorbereitung und Durchführung von schwierigen Mitarbeitendengesprächen in Rollenspielen geübt werden. So kann sich jene Person, die die Rolle von Andrea Mohr inne hat, für eine Massnahme entscheiden und diese Roger Kunz darlegen.

Mögliche Fragen zur Fallbearbeitung

a) Erfassen Sie die Situation. Diskutieren Sie die Spannungsfelder und deren Konsequenzen.
b) Welche Beweggründe könnte Herr Kunz haben, sich so zu verhalten?
c) Versetzen Sie sich in die Rolle des Führungscoaches: Wie kann das Verhalten dieses Mitarbeiters durch Zielvereinbarungen im Sinne der Unternehmensziele der Antel AG beeinflusst werden? Wie sollten die Ziele formuliert sein?
d) Welche anderen Möglichkeiten sehen Sie, um mit diesem schwierigen Mitarbeiter umzugehen? Welche Personalentwicklungsmassnahmen könnten eventuell sinnvoll sein?
e) Bereiten Sie ein Mitarbeitendengespräch mit Herrn Kunz vor, um die Situation zu klären.

Nr. 10 Feedback unerwünscht

Martin Sprenger und Dominik Godat

Samuel Klaus ist Leiter des Ressorts Zentrale Dienste einer Dienstleistungsunternehmung mit rund 370 Mitarbeitenden. Dieses Ressort umfasst zurzeit sechs Mitarbeitende sowie eine Lernende. Eveline Völlmi ist zu 80 % am Empfang und zu 20 % in der Kreditorenbuchhaltung beschäftigt. Hanni Peter arbeitet Teilzeit und erledigt die restlichen 20 % der Empfangsarbeit. Die restlichen Mitarbeitenden sind mit der Finanzbuchhaltung, der Lohnbuchhaltung sowie der Debitorenbuchhaltung betraut. Daniela Meier, die Lernende, arbeitet abwechslungsweise in allen Bereichen mit.

Samuel Klaus pflegt eine offene Feedbackkultur in seiner täglichen Arbeit. Für ihn gehören positive, aber auch negative Rückmeldungen zu einem professionellen Umgang im Berufsalltag. Samuel Klaus bildet sich regelmässig in Bezug auf Führungsthemen weiter, und für ihn steht fest: Ein offenes Betriebsklima und viel Austausch tragen massgeblich zur Steigerung der Arbeitsqualität bei.

Mit Eveline Völlmi klappt die gewünschte Feedbackkultur nicht. Erhält sie eine Rückmeldung, so reagiert Völlmi umgehend mit ausschweifenden Hinweisen, Argumenten und Begründungen oder wechselt rasch das Thema. In den meisten Fällen ist es nicht möglich, ihr ohne Unterbrechung eine Rückmeldung zu ihrer Arbeit zu geben. Sie zerredet jegliche Art von Feedback. Die Antworten von ihr sind meist vage. Ein Beispiel dafür ist: „Das finde ich gut, aber…". Auch unverbindliche Rückmeldungen wie „doch, doch, damit bin ich schon einverstanden", sind an der Tagesordnung. Dieses Verhalten führt dazu, dass Samuel Klaus keine Lust mehr hat, mit ihr zu reden. Kleinere Missstände, aber auch kleinere Erfolge werden nicht mehr angesprochen. Das entspricht allerdings nicht seinem Verständnis eines guten Kommunikationsflusses und Qualitätsmanagements.

Samuel Klaus ist mit den Leistungen von Eveline Völlmi grundsätzlich zufrieden. Auch die Zusammenarbeit läuft eigentlich gut, jedoch ist Frau Völlmi für ihn schwer fassbar. Die Zusammenarbeit zwischen Eveline Völlmi und dem restlichen Team verläuft nicht besonders harmonisch. Die Teamkolleginnen und -kollegen arbeiten mit Frau Völlmi nur zusammen, weil sie eben müssen. Die Gespräche zwischen den Teammitgliedern und ihr sind eher kühl denn kollegial. Die Kolleginnen und Kollegen von Eveline Völlmi äussern sich dahingehend, dass es aufgrund ihrer sachlichen Art schwierig sei, mit ihr zusammenzuarbeiten.

Um diesem unbefriedigenden Zustand entgegenzuwirken, hat Samuel Klaus verschiedene persönliche Gespräche mit Eveline Völlmi geführt. Auch im Rahmen von zwei Mitarbeiterinnengesprächen, welche halbjährlich stattfinden, hat er dieses Thema angesprochen. Insbesondere hat er ihr erläutert, wie er die Kommunikation mit ihr empfindet. Eveline Völlmi war über diese Rückmeldung überrascht und meinte, sie sei sich dessen nicht bewusst gewesen. Einsichtig hat sie mit Samuel Klaus vereinbart, dass er sie sofort mit einem Codewort unterbricht, wenn sie nach dem bisherigen Muster auf ein Feedback reagiert. Er hat dies zwar ein paar Mal angewendet, der gewünschte Erfolg blieb aber mehrheitlich aus. Schon nach kurzer

Zeit sind die beiden zum gewohnten Verhalten zurückgekehrt. Klaus hat seither nicht mehr interveniert.

Auch beim letzten Mitarbeiterinnengespräch hat Samuel Klaus das Thema nochmals kurz angesprochen. In der Beurteilung des Arbeitsverhältnisses hat er diesen Punkt als verbesserungswürdig aufgeführt. Im Verlauf der Unterhaltung hat sich gezeigt, dass sie einfach nicht nachvollziehen kann, warum ein gesunder Umgang mit Kritik und eine regelmässige Rückspiegelung von Fremdbeobachtungen so wichtig für die Unternehmung sind. Aufgrund dessen hat er vorgeschlagen, das Gespräch in einer Woche fortzusetzen. In diesem Gespräch soll genau definiert werden, was unter Kritikfähigkeit bzw. einer offenen Feedbackkultur zu verstehen ist und wie diese umgesetzt werden sollen.

II. Fordern, fördern und Ziele vereinbaren

✒ Teaching Notes

Stichwörter: Führungskultur • Führungsstil • Kommunikation • Feedback • Führung durch Zielvereinbarung (MbO)

Dieser Fall eignet sich für eine 30–45-minütige Gruppenarbeit im Rahmen der Weiterbildung. Die Gruppe könnte sich die Frage stellen, wo denn das Problem von Samuel Klaus zu verorten ist. Dieser Fall illustriert eine nicht seltene Situation eines allgemeinen Unbehagens in der Zusammenarbeit, ohne dass gravierende Probleme festgestellt werden können. Anhand dieses Falles kann man sich die Frage stellen, welche Erwartungen Führungspersonen an die kulturelle Konformität ihrer Mitarbeitenden stellen dürfen. Auch könnte darüber nachgedacht werden, inwiefern Samuel Klaus selber in der Lage ist, eine Führungsbeziehung einzugehen. Das Verhalten von Samuel Klaus könnte auch als ein sehr sozialtechnisches Verständnis von Kulturgestaltung und Mitarbeiterführung interpretiert werden. Zudem kann im Rahmen dieser Fallstudie die anschliessende Aussprache in Form eines Rollenspiels vorbereitet und durchgeführt werden.

Mögliche Fragen zur Fallbearbeitung

a) Was könnte Herr Klaus tun, damit die von ihm angestrebte Führungskultur auch von Frau Völlmi gelebt wird?
b) Herr Klaus überlegt sich nun, wie er sein Ziel, die Realisierung einer offenen Feedbackkultur, verständlich und klar formulieren kann, damit die Zielerreichung bei Frau Völlmi überprüfbar ist. Wie würden Sie das Ziel formulieren?
c) Wie soll Herr Klaus im Mitarbeiterinnengespräch mit Frau Völlmi vorgehen? Auf was muss er dabei achten?
d) Welche Möglichkeiten sehen Sie, das kühle Verhältnis zwischen dem Team und Frau Völlmi zu verbessern?
e) Welche Möglichkeiten sehen Sie zusätzlich zum Gespräch, um die Situation zu verbessern?

Nr. 11 Die Beurteilungskaskade

Paul Bürkler

In einer Vorortgemeinde mit 15.000 Einwohnerinnen und Einwohnern befindet sich das Kinderhaus Seestadt, ein Wohnheim für verhaltensauffällige Kinder. Total bietet es Platz für 35 Personen im Alter zwischen 5 und 20 Jahren. Diese leben in einer der vier sozialpädagogischen Wohngruppen. Jede dieser Gruppen wird durch 3–4 diplomierte Sozialpädagoginnen oder Sozialpädagogen sowie 2–3 Mitarbeitende in Ausbildung betreut. Administrativ werden je zwei Gruppen von einem Bereichsleiter geführt. Diese beiden Bereichsleitungen bilden zusammen mit den Leitungen der Bereiche Ausbildung und Hauswirtschaft, der Stabsmitarbeiterin Administration sowie dem Gesamtleiter die Geschäftsleitung des Kinderhauses. Einer dieser beiden Bereichsleiter ist Peter Winiker. Nebst der Bereichsleitung ist er als pädagogischer Leiter verantwortlich für die pädagogische Ausrichtung des gesamten Kinderhauses. Abbildung 1 zeigt das Organigramm es Kinderhauses Seestadt.

Zentrales Führungsinstrument im Kinderhaus Seestadt ist ein differenziertes System zur Zielvereinbarung und Beurteilung der Zielerreichung der Mitarbeiterinnen und Mitarbeiter. Dieses Führungs- und Mitarbeiterbeurteilungssystem hat sich seit mehreren Jahren bewährt. Peter Winiker findet das System allerdings sehr zeitaufwendig.

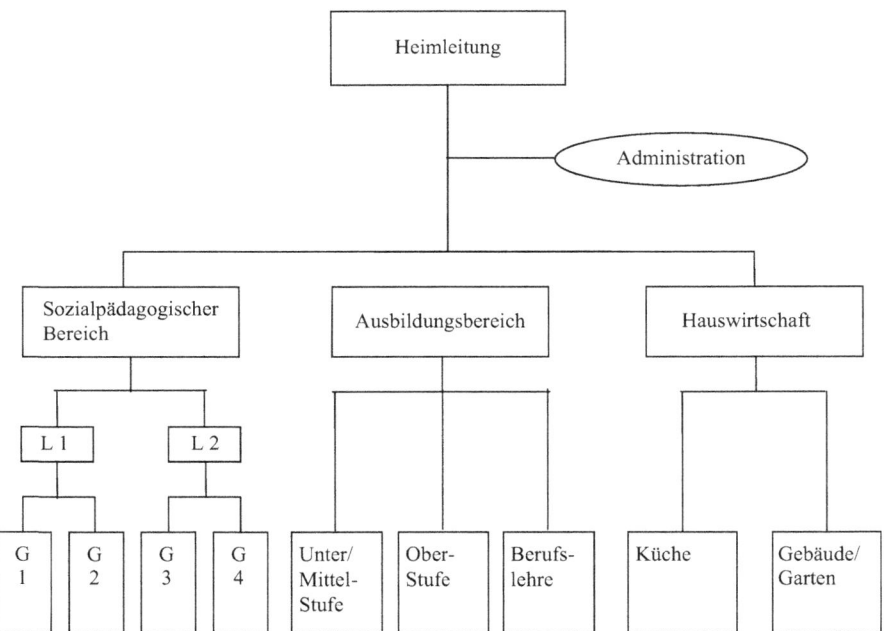

Abb. 1 Organigramm des Kinderhauses Seestadt

II. Fordern, fördern und Ziele vereinbaren

Das Führungssystem im Kinderhaus baut auf drei Controllingkreisläufen auf:
Der erste Kreislauf befasst sich mit dem Primärauftrag des Kinderhauses. Dieser beinhaltet die Arbeit mit den Kindern und Jugendlichen im Heim. Die fachliche Verantwortung für die pädagogische Arbeit trägt, wie erwähnt, Peter Winiker.
Der zweite Kreislauf umfasst die organisatorische und administrative Führung der vier Wohngruppen. Die sozialpädagogischen Teams der Wohngruppen leiten ihre Einheit als teilautonome Teams mit gleichberechtigten Mitarbeiterinnen und Mitarbeitern. Die organisatorisch-administrativen Aufgaben (z. B. Dienstpläne, Infrastruktur) sind als Ressort einzelnen Teammitgliedern zugeteilt. Jedes Teammitglied leitet das Team in seinem Ressort vollverantwortlich, wird aber gleichzeitig vom ganzen Team kontrolliert.
Der dritte Controllingkreislauf umfasst die Teambeurteilung, also die Leistung der sozialpädagogischen Teams als Ganze. Jedes Team setzt sich Entwicklungsziele wie Teamentwicklung, Ressourcennutzung, Personalschlüssel und Beziehung des Teams zu den Kindern und Jugendlichen. Für die Leistungsbeurteilung sind jeweils die Bereichsleiter für ihre beiden zugeteilten Teams zuständig.
Das Controllingsystem hat eine Vielzahl von Beurteilungs- und Fördergesprächen zur Folge. Diese lassen sich in vier Hauptkategorien aufteilen:

1. *Mitarbeitendengespräch – Team und Ressortverantwortliche:*
Jedes Team führt mit jedem Mitarbeiter und jeder Mitarbeiterin, der oder die ein Ressort innerhalb des Teams inne hat, ein jährliches Mitarbeitendengespräch. An diesen Unterredungen werden die Zielerreichung des vergangenen Jahres beurteilt sowie die Ziele für das nächste Jahr festgelegt. Bei diesem Gespräch ist Peter Winiker nicht dabei. Er erhält eine Kopie der Zielvereinbarungen.
2. *Pädagogisches Zielvereinbarungsgespräch – Bereichsleiter und Mitarbeiterin oder Mitarbeiter:*
Zweimal jährlich führt Peter Winiker mit jedem Mitarbeiter und jeder Mitarbeiterin ein pädagogisches Zielvereinbarungsgespräch. Inhalt dieser Gespräche ist vor allem die Arbeit mit den Bewohnern aus pädagogischer Sicht.
3. *Gesamtbeurteilung – Bereichsleiter, Mitarbeiterin oder Mitarbeiter und Team:*
Peter Winiker gibt einmal jährlich jedem Mitarbeiter und jeder Mitarbeiterin zusammen mit dem ganzen Team eine sogenannte Gesamtbeurteilung. In diesen Gesprächsrunden werden die Zielerreichung im Zusammenhang mit der Führung der jeweiligen Ressorts und die Ziele aus den pädagogischen Zielvereinbarungsgesprächen besprochen. Peter Winiker leitet diese Gesamtbeurteilungen. Pro Mitarbeiterin oder Mitarbeiter braucht das ganze Team in etwa zwei Stunden.
4. *Teamentwicklungsziele – Bereichsleiter und Team:*
Die Entwicklungsziele auf Teamebene werden in drei Teamsitzungen pro Jahr bearbeitet. An diesen Teamsitzungen sind die Teammitglieder und der zuständige Bereichsleiter anwesend. Anfang des Jahres werden die neuen Ziele vereinbart. Mitte des Jahres erfolgt eine Zwischenauswertung. Am Jahresende wird schliesslich die Leistung des Teams nochmals gesamthaft beurteilt.

Die zahlreichen und zeitintensiven Zielvereinbarungsgespräche werden zunehmend zum Problem. So klagen die Teams über knappe Zeitressourcen. Sie begrüssen zwar die intensive Begleitung des Zielvereinbarungsprozesses und die regelmässigen Auswertungen, denn in den Augen der Teams sind diese ein wichtiger Bestandteil zur Sicherstellung der Qualität der Arbeit des Kinderhauses. Dennoch ist allen klar, dass es eine stärkere Bündelung der zeitlichen Ressourcen auf das Kerngeschäft braucht. Die zahlreichen Gespräche sollen reduziert werden, damit die Zeit für das eigentliche Kerngeschäft – die Betreuung und Förderung der Kinder und Jugendlichen – eingesetzt werden kann. Peter Winiker sieht dies ähnlich. Auch sein Überstundensaldo ist durch die Vielzahl von Gesprächsteilnahmen auf eine beachtliche Grösse angewachsen. Eine Reduktion der Gespräche wäre auch bei ihm eine willkommene Massnahme, jedoch soll die Qualität der Arbeit nicht darunter leiden.

Auch die Geschäftsleitung als Ganze hat das Problem erkannt. Seit einiger Zeit beschäftigt sie sich damit, wie die Controllingkreisläufe vereinfacht werden könnten. Dies scheint jedoch nicht ganz einfach zu sein. Die Geschäftsleitung ist davon überzeugt, dass der umfangreiche Prozess in erheblichem Ausmass zur Qualität der Arbeit beträgt. Es fällt folglich allen schwer, den bisherigen Qualitätsstandard herunterzuschrauben. Hinzu kommt, dass vor einigen Monaten ein neuer Heimleiter die Arbeit in der Institution aufgenommen hat. Da er sich noch in der Einarbeitungsphase befindet, will er nicht zu schnell handeln, sondern zuerst noch mehr Einblick in die Gesamtstruktur erhalten.

Wieder einmal sitzt die Geschäftsleitung beisammen und brütet über Lösungsmöglichkeiten. Anders ist diesmal allerdings, dass ein externer Berater hinzugezogen wurde. Die Geschäftsleitung erhofft sich von ihm Unterstützung, wie man das Problem angehen könnte.

II. Fordern, fördern und Ziele vereinbaren

✎ *Teaching Notes*

Stichwörter: Qualitätsmanagement • Personalcontrolling • Mitarbeitendengespräch • Führen durch Zielvereinbarungen (MbO) • Kollektive Teamleitung • Kulturwandel

Der Fall eignet sich zur Diskussion in mehreren Gruppen, die unterschiedliche Lösungen zu den Fragen entwickeln können. Er eignet sich zur Bearbeitung in branchenspezifischen Unterrichtseinheiten, gewährt er doch einen Einblick in die speziellen Voraussetzungen der Führung im sozialen und sozialpädagogischen Bereich. Weiter können Themen der Organisationslehre (kollektive Teamleitung) diskutiert werden. Um diese vertiefenden Aspekte zu bearbeiten, sollte die Lehrperson erste Kenntnisse darüber haben, wie pädagogische Arbeit in einem Heim gestaltet wird.

Mögliche Fragen zur Fallbearbeitung

Versetzen Sie sich in die Rolle des externen Beraters. Die Behandlung der folgenden Fragen bietet sich an:

a) Wo sehen Sie „Verschlankungsmöglichkeiten" in den Personalcontrollingkreisläufen?
b) Wie beurteilen Sie die Befürchtungen von Peter Winiker und seinen Geschäftsleitungskolleginnen und -kollegen, dass die Qualität sinkt, wenn die Controllingkreisläufe vereinfacht werden?
c) Leiten Sie Empfehlungen zur Gestaltung des (kulturellen) Wandels ab, wenn die Geschäftsleitung eine starke Vereinfachung der Controllingkreisläufe beschliesst.

Nr. 12 Die vielseitige Jobanforderung

Martin Sprenger und Stephanie Kaudela-Baum

Lothar Ganter ist Präsident der Kirchenpflege in einer katholischen Pfarrei. Ihm ist auch das Ressort Personal zugeteilt. Die Pfarrei hat rund 5.000 Mitglieder, aufgeteilt auf die verschiedenen Quartiere der Stadt. Die Aufgaben der Institution sind vielfältig. Nebst den sonntäglichen Gottesdiensten gestaltet sie den Religionsunterricht in den städtischen Schulen und nimmt die Quartierseelsorge wahr. Ebenfalls wird die örtliche Pfadfindergruppe von ihr unterstützt. So werden vielfältige organisatorische Belange von der Pfarrei wahrgenommen. Die Pfarrei muss zudem auf die Bedürfnisse und Anforderungen zahlreicher Anspruchsgruppen eingehen und den Kontakt zu diesen pflegen. Gesamthaft sind zehn Mitarbeitende hauptamtlich in verschiedenen Funktionen (Sekretariat, Pfarrer, Siegrist, Seelsorger etc.) für die Pfarrei tätig. Ein grosser Teil der Arbeit wird aber von ehrenamtlichen Mitarbeitenden ausgeführt, die sich der Pfarrei sehr verbunden fühlen.

In zwei Wochen stehen in der Pfarrei wieder Mitarbeitendengespräche an. Lothar Ganter ist gerade dabei, sich auf die jeweiligen Gespräche vorzubereiten. Grundsätzlich sollten die Gespräche mit den Mitarbeitenden problemlos verlaufen. Er ist mit den Leistungen der Angestellten mehrheitlich sehr zufrieden. Einzig David Schwaller macht ihm Sorgen. David Schwaller arbeitet seit zwei Jahren in der Pfarrei mit einem 65 %-Pensum. Dabei ist er in viele Bereiche der Kirche eingebunden und daher mit umfangreichen Aufgaben betraut. In der restlichen Zeit arbeitet er in einem christlichen Verlag als Journalist. Schwaller wird von Ganter als sehr belesen und hochintelligent eingeschätzt. Auch sein Fachwissen ist über jeden Zweifel erhaben. Jedoch lässt seine Leistung in verschiedenen Bereichen seines Aufgabenfeldes eher zu wünschen übrig.

Fein säuberlich bereitet Ganter die Beurteilungsbogen für die Gespräche vor. „So, wer fehlt noch", murmelt Ganter vor sich hin, „David Schwaller." Er zückt eine Akte, welche Notizen und Briefe von diversen Personen beinhaltet, mit denen Schwaller zusammenarbeitet. Schon das erste Blatt verheisst nichts Gutes. „Unzuverlässig. Drückt sich vor organisatorischen Aufgaben. Der Kurs verliert an Popularität. Schwindende Teilnehmerzahlen", liest Ganter auf dem Blatt, das ihm der Pfarrer zukommen liess. Mit ihm führt Schwaller die besagten Kurse durch. „Stimmt", denkt sich Ganter, „mir fällt auch auf, dass er keine Projekte innerhalb der Pfarrei leiten, sondern mehr im Hintergrund arbeiten will." Ganter macht sich dazu eine Notiz. „Kommen wir zum nächsten Bereich", denkt Ganter sich. „Gottesdienste abhalten." Ganter überlegt. „Gut vorbereitet ist er jeweils auf die Messen. Aber irgendwie fehlt die Überzeugungskraft in seinen öffentlichen Auftritten. Er ist unsicher, spricht undeutlich und seine äussere Erscheinung macht jeweils auch nicht den gepflegtesten Eindruck. Er führt auch keine Taufen und Hochzeiten durch. Offensichtlich wenden sich die Leute nicht an ihn." Auch hierzu macht sich Ganter eine Notiz und zieht anschliessend ein weiteres Mäppchen hervor. „Religionsunterricht in der Schule. Mal schauen, was der Rektor zu seinen Leistungen schreibt." Ganter

II. Fordern, fördern und Ziele vereinbaren 77

liest im Brief des Rektors: „Der Religionsunterricht wird von Herrn Schwaller in sehr guter Art und Weise durchgeführt. Er gestaltet die Lektionen spannend und abwechslungsreich. Die Schüler berichten mir, dass sie seinen Unterricht gerne besuchen. Auch im Lehrerkollegium geniesst Herr Schwaller grosse Wertschätzung. Die zeigt sich auch darin, dass er oft für Schulfahrten als Begleitperson angefragt wird. Zusammenfassend kann ich festhalten, dass wir mit Herrn Schwaller sehr zufrieden sind." „Klingt doch ganz gut", sagt sich Ganter und steckt den Brief zurück in das Mäppchen. Der nächste Aufgabenbereich von Schwaller, zu dem sich der Präsident ein Bild machen will, ist die Seelsorge. Er nimmt dazu den Brief des Leiters des Seelsorgeteams zur Hand. Ganter entnimmt daraus folgende Ausführungen: „Die Quartiersarbeit wird durch Herrn Schwaller schlecht ausgeführt. Bewohner berichten mir, dass er die wenigen Aktionen, die er durchführt, schlampig organisiert. Die Quartiersarbeit ist in meinen Augen völlig verflacht. Es sind spürbar weniger Menschen aus seinem Quartier, die sich mit der Pfarrei identifizieren und mitwirken. Einzelne vom Team übernehmen schon Aufgaben von ihm, damit wir uns Peinlichkeiten ersparen können." „Das ist alles andere als gut", murmelt Ganter und legt den Brief nachdenklich zurück in die Akte. Nach kurzem Überlegen macht er auch zu diesem Punkt einen Vermerk. „Was macht Schwaller noch… Ach ja: Leitung der Pfadfindergruppe. Nun ja, mein Sohn sagt, er stelle sich recht gut an. Bei ihm könnten sie machen, was sie wollen. ‚Hoher Spassfaktor' nennt das. Aber die Pfadis kämpfen ja immer etwas mit dem Leiterproblem. Die sind froh, wenn sich jemand meldet", denkt sich Ganter und macht auch hierzu einen Vermerk.

Ganter betrachtet sein fertiges Notizblatt mit den Bemerkungen zu Schwallers Arbeitsleistung. „Was mach ich bloss mit David." Ganter ist etwas ratlos. „Dabei haben wir im Dezember bereits ein Gespräch geführt und Schwerpunkte und Zielsetzungen ausformuliert, damit sich die Situation etwas bessert. Schon damals haben sich gewisse Personen negativ über ihn geäussert. Allerdings muss ich mir selber eingestehen: Die Ziele waren wohl etwas zu wenig konkret. Wahrscheinlich ist deshalb nicht allzu viel passiert. Das muss ich dieses Mal unbedingt besser machen", ist Ganter fest entschlossen. „Dieses Mal machen wir Nägel mit Köpfen. Jawohl!" Ganter nimmt ein Blatt Papier und einen Stift hervor und will sich Ziele für das kommende Gespräch überlegen. „Hmm, gar nicht so einfach. Ich möchte ihn auf jeden Fall weiter beschäftigen. Aber wie kann ich ihn fördern, dass er mit seinen Qualitäten die Aufträge überzeugend erfüllt, und vor allem, wie komme ich zu kontrollierbaren Zielen?"

✎ Teaching Notes

Stichwörter: Führen durch Zielvereinbarung (MbO) • Konfliktmanagement • Aufbauorganisation • Stellenbildung • Personalentwicklung

Dieser Fall eignet sich für eine 45-minütige Gruppenarbeit zur Vertiefung der Themen Management by Objectives und Stellenbildung im Rahmen der Aufbauorganisation. Der Fall bietet sich aber auch als Einzelarbeit an. Die Lösungsansätze können anschliessend im Plenum diskutiert werden. Erstens könnte eine Liste mit konkreten Zielen inklusive Messgrössen sowie dazugehörige Fördermassnahmen erstellt werden. Zweitens könnte das Stellenprofil kritisch reflektiert werden.

Mögliche Fragen zur Fallbearbeitung

a) Erfassen Sie die Situation. Was fällt positiv auf, was negativ?
b) Welche Fördermassnahmen würden Sie basierend auf Frage a) an Ganters Stelle initiieren?
c) Wie kann Ganter David Schwaller dazu bringen, die Aufgaben überzeugend zu erfüllen?
d) Wie lassen sich die formulierten Ziele schlussendlich überprüfen? Machen Sie dazu konkrete Vorschläge (Ziel und Überprüfung).
e) Wie beurteilen Sie die Zuordnung von Teilaufgaben auf die Stelle von David Schwaller?

Nr. 13 Die ideenreiche Mitarbeiterin

Martin Sprenger und Dominik Godat

Markus Böhm ist Abteilungsleiter in einer Behindertenwerkstatt. Unter anderem ist ihm Beata Rüegger unterstellt, welche seit bald zwei Jahren in der Behindertenwerkstatt arbeitet. Ihre Aufgabe als Gruppenleiterin meistert sie vorbildlich. Innerhalb der Abteilung wird sie von den anderen Gruppenleiterinnen und Gruppenleitern geschätzt – sowohl wegen ihrer fachlichen Kompetenz als auch wegen ihres Humors und ihrer neuen Ideen. Frau Rüegger hat eine sehr kreative Ader. Sie versteht es, ihre Meinungen stichhaltig zu vertreten. Allerdings berichten ihre Kolleginnen und Kollegen auch, dass sie stur auf ihrer Meinung beharren kann und keinerlei Spielraum für andere Ansichten offen lässt. Bei Mitarbeitenden ausserhalb der Abteilung eckt sie mit ihrer Art oft an. Ihr wird nachgesagt, eine „Besserwisserin" zu sein. Aufgrund dieses Umstandes verzichtet Frau Rüegger inzwischen darauf, an Unternehmensanlässen teilzunehmen. Auch bei der Vorbereitung von Events (Weihnachtsfeier, Sommerfest etc.) ist sie nicht (mehr) bereit, mit anzupacken. Beata Rüegger begründet dies damit, dass ihre Meinung sowieso nicht gefragt sei und es sie wütend mache, wenn sie nichts verändern und aktiv mitgestalten kann. Ihrer Meinung nach ist es keine Besserwisserei, die sie an den Tag legt, sondern vielmehr sind es neue Ideen und Verbesserungsvorschläge. Es liege ihr halt im Blut, Altes zu erneuern und Routinen zu hinterfragen.

Bei einigen Kolleginnen und Kollegen ausserhalb ihrer Abteilung ist Frau Rüegger ganz und gar unbeliebt. Ihr Verhalten wird als mangelnder Integrationswille und „Wichtigmacherei" ausgelegt. Diese Kolleginnen und Kollegen haben sich auch schon in informellen Gesprächen bei Markus Böhm, aber auch beim Geschäftsführer über Beata Rüegger beschwert, im Sinne von: „Das ist wieder typisch Rüegger" oder „Das war wieder ein Fehler von der Rüegger". Über den genauen Inhalt der Gespräche ist nichts bekannt. Auffallend ist jedoch, dass es sich bei den sich beschwerenden Personen nur um einen kleinen Kreis von Meinungsmacherinnen und -machern handelt. Trotzdem sieht Böhm in dieser Angelegenheit nun dringenden Handlungsbedarf.

Wie immer im Dezember stehen Standortgespräche an. Böhm will die Gelegenheit nutzen, das Thema der mangelnden Integration im Gesamtbetrieb sowie Rüeggers dominante Art anzusprechen. „So, Frau Rüegger, kommen wir zu den Punkten, die es zu verbessern gilt. Wie ich bereits beim letzten Standortgespräch und auch in einem Zwischengespräch im Sommer erwähnt habe, muss man Toleranz üben, wenn man sie von den anderen erwartet. Diesbezüglich sehe ich noch Verbesserungspotenzial bei Ihnen." „Wie kann ich Toleranz üben, wenn gewisse Leute auf meine Meinung pfeifen? Meine Ideen werden ja im Vorhinein abgeschmettert!" „Dann fragen Sie doch jeweils nach, warum Ihre Ideen nicht als nützlich empfunden werden. Sie sind ja sonst auch nicht auf den Mund gefallen. Zudem erwarte ich, dass Sie sich besser in unser Team integrieren." „Wie jetzt?" „Melden Sie sich doch beispielsweise freiwillig für die Mitarbeit an einer gemeinsamen Veranstaltung bei uns im Betrieb. In zwei Wochen steht die Weihnachtsfeier an. Das wäre doch eine gute Gelegenheit." „Hören Sie mal, ich bin doch mit dem Personal hier nicht verheiratet.

Ich leiste gute Arbeit an meinem Arbeitsplatz. Das haben Sie zumindest gerade vorhin bestätigt. Das muss ausreichen. Zudem gibt es noch andere, die sich nie für eine freiwillige Arbeit melden. Das stimmt doch, oder?" „Ja, da haben Sie Recht. Trotzdem will ich eine Verbesserung in Bezug auf die Integration im Gesamtbetrieb und damit auch in Ihrem weiteren Arbeitsumfeld in Ihrem Beurteilungsbogen festhalten. Hier müssen Sie noch unterschreiben." „Ich unterschreibe nur unter Protest!" „Sie können gerne auf dem Bogen vermerken, dass Sie das mit der Integration anders sehen." „Das werde ich auch", antwortete Frau Rüegger, machte unter der Bemerkung bezüglich Integration eine Notiz und verliess verärgert das Büro.

Seit dem Gespräch zwischen Frau Rüegger und Herrn Böhm sind einige Wochen vergangen. Erneut sind mehrere Reklamationen bezüglich des Verhaltens von Frau Rüegger bei Böhm eingetroffen. Auch der Geschäftsführer hat vor kurzem noch einmal das Gespräch mit ihm über den „Fall Rüegger" gesucht. Die Sache scheint sich nicht zu beruhigen und belastet Herrn Böhm zunehmend. Seine Botschaft im Rahmen des Standortgesprächs scheint überhaupt nicht bei Frau Rüegger angekommen zu sein. Daher hat er nun beschlossen, die Angelegenheit ein für alle Mal mit allen Beteiligten auszudiskutieren: „Die Sache muss nun endgültig vom Tisch!"

II. Fordern, fördern und Ziele vereinbaren

✎ *Teaching Notes*

Stichwörter: Schwierige Mitarbeitendengespräche • Führen durch Zielvereinbarungen (MbO) • Integration kreativer Mitarbeiter • Personalentwicklung • Organisationsentwicklung • Unternehmenskultur

Der Fall kann in einer Lektion (45 min) bearbeitet werden. Zentral bei diesem Fall ist die Problemdefinition. Wer ist oder wer hat ein Problem? Offensichtlich führen die bisherigen Interventionen nicht zum Ziel. Ein möglicher Fokus ist auch ein Aspekt der Unternehmenskultur: Wie geht der Betrieb mit Klagen über Mitarbeitende, die quer durch den Betrieb und über die Hierarchiestufen kommen, um?

Die unterschiedlichen Problemoptiken können in arbeitsteiligen Arbeitsgruppen bearbeitet und präsentiert werden.

Ein Rollenspiel ist möglich, bei dem das nicht sehr ergiebige Standortgespräch zwischen Böhm und Rüegger neu angegangen wird. Die Rollenträger Böhm und Rüegger können in Coachinggruppen auf ihre Rollen vorbereitet werden.

Mögliche Fragen zur Fallbearbeitung

a) Wer sind die Beteiligten in der „Angelegenheit Rüegger"? Wen soll Böhm in welcher Konstellation zum Gespräch bzw. zu Gesprächen einladen und warum?
b) Wie soll sich Böhm auf das Gespräch/die Gespräche vorbereiten?
c) Wie Böhm feststellen muss, scheint seine Botschaft im Rahmen des Standortgesprächs überhaupt nicht bei Frau Rüegger angekommen zu sein. Wie hätte er das Gespräch so führen können, dass „seine Botschaft" eher bei Frau Rüegger „ankommt"?
d) Ist es überhaupt notwendig, Frau Rüegger besser in die Institution zu integrieren?

III. Kommunikation und Konfliktmanagement

Martin Sprenger, Paul Bürkler, Nada Endrissat, Dominik Godat,
Michael Heike, Stephanie Kaudela-Baum, Katrin Kolo, Julia K. Kuark
und Sylvia Bendel Larcher

Nr. 14 Die Bequeme

Martin Sprenger und Stephanie Kaudela-Baum

„Nächstes Traktandum: Beatrice Lüscher!" „Endlich kommt meine Chefin und Leiterin unserer Pflegeabteilung, Esther Bühler, zum wichtigsten Thema unserer heutigen Koordinationssitzung", denke ich. Nach einem kurzen Durchblättern der Personalakte von Frau Lüscher blickt sie auf und sagt: „Das scheint ja nach wie vor eine verzwickte Situation zu sein mit dieser Beatrice Lüscher." Ich, Katharina Kleinert, nicke zustimmend. Ich bin nun seit sieben Jahren Gruppenleiterin eines Pflegeteams in dieser Abteilung. Esther schliesst die Personalakte und bittet mich darum, sie auf den neuesten Stand zu bringen.

Der „Fall" Beatrice Lüscher beschäftigt mich seit nunmehr zwei Jahren. Damals ist Beatrice Lüscher als neuntes Mitglied zu unserem Team gestossen. Ich habe sie eingestellt, obwohl sie keine pflegespezifische Ausbildung vorweisen konnte. Ich dachte damals, dass man ihr trotzdem eine Chance geben könne. Beim Vorstellungsgespräch hatte ich einen sehr guten Eindruck von ihr. Schon nach kurzer Zeit wendete sich jedoch das Blatt. Im Zusammenhang mit der Deklaration ihrer Pflegeleistungen tauchten bereits nach sechs Wochen erste Ungereimtheiten auf. Wir tragen jeweils in ein Formular ein, wann wir welche Betreuungsaufgaben bei welcher pflegebedürftigen Person wahrgenommen haben. So zählt beispielsweise die tägliche Körperpflege der Heimbewohnerinnen und -bewohner dazu. Ich bin für die Kontrolle dieser Formulare verantwortlich. Mehrere Male bekam ich Beschwerden, die Patienten seien nicht gewaschen oder eingecremt worden. Schaue ich aber auf dem Formular nach, ist diese Leistung eingetragen, ausgeführt durch Beatrice Lüscher. Wenn ich sie dann darauf anspreche, behauptet sie steif und fest, diese Aufgabe erledigt zu haben. Ihr etwas anderes nachzuweisen, gestaltet sich äusserst

---

M. Sprenger (✉)
Institut für Betriebs- und Regionalökonomie IBR, Hochschule Luzern – Wirtschaft,
Zentralstraße 9, 6002 Luzern, Schweiz
E-Mail: martin.sprenger@hslu.ch

schwierig. Solche Vorfälle ereigneten sich im Laufe der Zeit gehäuft. Immer wieder stimmen ihre Rapporte und die Aussagen der Heimbewohnerinnen und Heimbewohner bzw. Kolleginnen und Kollegen nicht überein. Ob sie die Arbeitszeit, die sie geltend macht, wirklich geleistet hat, kann ich also nicht genau nachvollziehen – ganz zu schweigen von den fälschlicherweise verrechneten Leistungen.

Ich weiss nicht mehr, wem ich Glauben schenken soll, aber eigentlich spricht alles gegen Beatrice. Oft reicht sie die Stundenrapporte direkt bei der Personalabteilung ein. So kann ich diese überhaupt nicht mehr kontrollieren. Spreche ich Beatrice darauf an, antwortet sie: „Ich will dich nicht mit solchem administrativem Kram belasten. Es ist doch viel einfacher, wenn ich die Stundenabrechnung direkt einreiche." Ob da wirklich nur der gute Wille dahinter steckt, sei dahingestellt. Zumindest umgeht sie mit diesen Aktionen den Dienstweg. Das Ganze nimmt eine Eigendynamik an, die mir gar nicht gefällt.

Erst gestern kam eine Patientin zu mir und meinte: „Ach, die Frau Lüscher! Sie ist ja eigentlich eine sehr nette Frau; immer höflich und zu einem Schwätzchen bereit. Aber unter uns gesagt: Manchmal ist sie schon etwas bequem."

Leider ist das nicht das einzige Problem. Auch Teammitglieder melden mir zurück, dass sie sich von Beatrice verschaukelt vorkommen. Unbeliebte Aufgaben bleiben meist an ihnen hängen. Beatrice behauptet dann jeweils: „Ich habe diese Aufgabe erst letzte Woche erledigt. Jetzt soll mal jemand anders in den sauren Apfel beissen." Wenn dann einzelne Teammitglieder nachfragen, warum sie ihren Dienst und ihre Tätigkeiten nicht korrekt in den Arbeitsplan eingetragen habe, beantwortet sie dies mit einer plumpen Antwort wie z. B.: „Ich habe es halt vergessen." Weitere Teammitglieder haben mir berichtet, dass sie auf eine subtile Art und Weise und oft hinter dem Rücken einzelner Mitarbeiter schlecht über diese redet. Natürlich macht sich dadurch eine gewisse Unruhe im Team breit.

Gespräche, die zur Lösung der Vorfälle beitragen sollen, verlaufen meist ergebnislos – schliesslich steht Aussage gegen Aussage. Da sich diese Vorfälle aber häufen, sieht sich Beatrice zunehmend in die Opferrolle gedrängt und fühlt sich als Sündenbock.

Dass Beatrice im Team keine allzu grosse Sympathie geniesst (und das ist milde ausgedrückt), ist ihr natürlich nicht entgangen. Damit sie nicht ganz alleine dasteht, kümmert sie sich deshalb intensiv um neue Mitarbeitende und versucht, diese „auf ihre Seite zu ziehen". Mit ihrem Verhalten trägt sie zu einer Misstrauenskultur bei und das Resultat dieser Aktionen liegt auf der Hand: Das Team wird gespalten.

Ich führe mit den Mitgliedern aus meinem Team halbjährlich Mitarbeitendengespräche durch. Im letzten Mitarbeitendengespräch mit Beatrice habe ich ihr ambivalentes und unloyales Verhalten angesprochen. In diesen Gesprächen zeigt sie sich generell mässig einsichtig, trotzdem habe ich das letzte Mal wieder Ziele vereinbart, die eine klare Verhaltensveränderung beinhalten. Nach den Gesprächen bessert sich jeweils ihr Verhalten. Dies jedoch immer nur für kurze Zeit, dann fällt sie wieder in den alten Trott zurück.

Esther hat bisher aufmerksam zugehört. Nach einem kurzem Schweigen fragt sie mich: „Kannst du mir noch einmal genau schildern, wie die Zielvereinbarungsgespräche zwischen euch ablaufen?" Ich beginne mit meinen Ausführungen: „Vor einem Monat hat das letzte Gespräch stattgefunden – ein Dreiergespräch zwischen der Personalassistentin, Beatrice und mir. Die zentralen Themen des Gesprächs waren die Unstimmigkeiten in Bezug auf ihre Rapporte und die dadurch entstandene Misstrauenskultur im Team. Ich habe mit ihr festgelegt, dass in Zukunft alle Aktivitäten und Rapporte mir persönlich vorgelegt und danach an die Personalabteilung weitergeleitet werden. So will ich den Überblick behalten. Ich bin zwar kein Kontrollfreak, aber trotzdem will ich wissen, was läuft. Weiterhin habe ich mit ihr vereinbart, dass sie mehr Teamgeist zeigen soll und unbeliebte Dienste nicht nur an den anderen Teammitgliedern hängen bleiben. Ich werde mir nun die Dienstpläne in Zukunft genau anschauen. Die Ziele sollen in einem halben Jahr überprüft werden. Ein Nichterreichen hätte weitere Massnahmen zur Folge.

Beatrice nahm dies zur Kenntnis, protestierte aber lauthals. Sie unterschreibe den Wisch nicht, war ihre Reaktion. Andere Teammitglieder machten auch mal kleinere Fehler. Bei denen hätten wir keine so strenge Kontrolle eingeleitet. Zumindest hat sie aber mit einer Unterschrift bestätigt, dass das Gespräch stattgefunden hat." „Und was ist dann passiert?", fragt Esther Bühler. Ich antworte: „Ich habe Beatrice danach intensiv beobachtet. Ebenfalls habe ich Gespräche mit meinen Teammitgliedern geführt. Diese berichten mir, dass die Tratscherei noch subtiler geworden ist." „Und wie denkst du darüber?", erwidert Esther Bühler. „Nun ja", antworte ich, „ich bin mir im Nachhinein nicht sicher, ob die Zielformulierung so sinnvoll ist. Ich frage mich die ganze Zeit, wie man die anders hätte formulieren können. Ich denke, Beatrice glaubt, wir wollten ihr eins auswischen… Aber ich bin mir dessen schon bewusst, dass ich Massnahmen ergreifen muss, falls sich die Situation nicht drastisch bessert."

✎ Teaching Notes

Stichwörter: Mitarbeitendengespräch • Führung durch Zielvereinbarungen (MbO) • Teamkonflikt • Führungsstil • Kontrolle/Vertrauen

Der Fall eignet sich für eine fokussierte Fallanalyse vor dem Hintergrund des Themengebietes „Führen durch Zielvereinbarungen". Dabei können „Good Practices" in der Vorbereitung und Durchführung von Zielvereinbarungsgesprächen zur Anwendung kommen.

Mögliche Fragen zur Fallbearbeitung

a) Beschreiben Sie die Führungssituation.
b) Zeigen Sie die verschiedenen Problembereiche auf und benennen Sie diese.
c) Welche Möglichkeiten sehen Sie zur Verbesserung der Situation?
d) Welche Grundregeln sollte Katharina Kleinert bei der Durchführung von Zielvereinbarungsgesprächen berücksichtigen?
e) Sehen Sie neben dem Führungsinstrument der „Zielvereinbarung" noch weitere Möglichkeiten, wie Frau Kleinert die Probleme angehen kann?

III. Kommunikation und Konfliktmanagement

Nr. 15 Die eigenwillige Mitarbeiterin

Paul Bürkler und Stephanie Kaudela-Baum

Vor fünf Monaten habe ich mein Amt als hauptamtliche Gemeinderätin mit einem 80 %-Pensum angetreten. Mein Gemeinderatsressort umfasst die Bereiche Umwelt, Sicherheit und Bau. In unserer grossen, städtisch geprägten Gemeinde können wir auf eine gut ausgebaute Verwaltung zählen. Meine Assistentin ist Frau Zehnder. Sie führt das Sekretariat der Bauabteilung. Sie ist 54-jährig, alleinstehend und kennt mit ihren bald 20 Dienstjahren alle Abläufe und alle Mitarbeiterinnen und Mitarbeiter bestens. Sie ist eine erfahrene Verwaltungsfachfrau. Frau Zehnder ist im ganzen Gemeindehaus für ihren eher eigenwilligen und ruppigen Umgangston bekannt. Man könnte das schon fast ihr „Markenzeichen" nennen. Frau Zehnder legt insgesamt eine grosse Selbstsicherheit an den Tag und scheut keine Kritik an ihren Kolleginnen und Kollegen.

Bis vor etwa einem Jahr war Frau Zehnder dem Leiter der Bauabteilung unterstellt. Vor zwei Jahren wurde der damalige Leiter der Bauabteilung pensioniert. Sein Nachfolger blieb nur etwa vier Monate und wurde von dem jungen und ehrgeizigen Herrn Langholz abgelöst. Mit ihm eskalierte die Situation. Frau Zehnder begann, die Zusammenarbeit mit Herrn Langholz zu verweigern. Sie sagte, er trete zu dominant auf und führe die Bauabteilung wie sein eigenes Königreich. Sie fühle sich nicht angemessen behandelt. Meiner Ansicht nach suchte sie bei ihm vergebens nach Anerkennung für ihre langjährige Erfahrung und ihre selbständige Arbeitsweise. Mein Amtsvorgänger, Gemeinderat Bitterli, hat deshalb Frau Zehnder direkt sich selber unterstellt. Herr Bitterli war während seiner Arbeitszeit oft abwesend. Frau Zehnder hielt ihm unterdessen „den Rücken frei" und amtete sehr umsichtig. Sie musste nach ihren eigenen Aussagen auch öfters „verlegte" Akten suchen und für Herrn Bitterli bei ausserbetrieblichen Veranstaltungen (z. B. im Serviceclub) Protokolle schreiben.

An einem Personalfest, kurz nach meinem Amtsantritt, verkündete Frau Zehnder lauthals, dass sie lieber mit Männern zusammenarbeite. Aber eigentlich sei es ihr egal, „wer unter ihr Chef oder Chefin sei". Ich habe die Aussage nicht direkt gehört, aber sie wurde mir einen Tag nach dem Personalfest durch eine Kollegin zugetragen. Hinzu kommt, dass Frau Zehnder mit ihrem früheren Vorgesetzten, meinem Vorgänger Bitterli, weiterhin oft Kontakt hat und häufig während der Arbeitszeit Telefongespräche mit ihm führt. Er hat sie auch schon während der Arbeitszeit engagiert, um für ihn Besorgungen zu machen.

In unserer Gemeinde haben wir die Jahresarbeitszeit eingeführt. Die damit verbundene Gleitzeit gibt den Mitarbeiterinnen und Mitarbeitern recht grosse Spielräume. Diese Freiheit nutzt Frau Zehnder so, dass sie morgens zwischen 06.10 und 06.30 Uhr einstempelt, danach Kaffee trinkt und Zeitung liest, bevor sie mit der Arbeit beginnt, und am Nachmittag in der Regel bereits um 16.00 Uhr nach Hause geht. Das hat sich inzwischen bei den Mitarbeitenden herumgesprochen und diese stören sich daran. Bis jetzt hat sich niemand direkt bei mir beschwert, ausser ihrem früheren Vorgesetzten, Abteilungsleiter Langholz. Er hat die selbstbewilligte Kaffeepause von Frau Zehnder in Gesprächen problematisiert.

Schwierig ist zudem, dass ich von mehreren Bürgerinnen und Bürgern mündliche und schriftliche Reklamationen zum Umgangston von Frau Zehnder erhalten habe. Wenn ich sie mit diesen Rückmeldungen konfrontiere, bezeichnet sie diese jedoch als nicht zutreffend. Die Bürgerinnen und Bürger seien einfach mimosenhaft und nörglerisch und hätten völlig überzogene Vorstellungen von Kundenorientierung in einer Gemeinde. Nach meinen Rückmeldungen bessert sich ihr Verhalten jeweils für eine gewisse Zeit, und die Lage entspannt sich. Es ist nicht so, dass sie überhaupt nicht auf meine Kritik reagiert.

Aber die tägliche Zusammenarbeit ist einfach mühsam. Die Atmosphäre ist angespannt. Häufig erledige ich lieber selber Arbeiten, die ich eigentlich delegieren müsste. Wenn ich auswärts tätig bin, wird mein Telefon auf das von Frau Zehnder umgeleitet. Oft beschleicht mich die Frage, wie diese umgeleiteten Anrufe von Frau Zehnder beantwortet werden. Ist sie freundlich? Geht Sie angemessen auf die Kundenbedürfnisse ein? Oder werden wieder Reklamationen kommen? Ich fürchte, wenn das Problem mit der Zusammenarbeit mit Frau Zehnder nicht gelöst wird, droht eine chronische Unzufriedenheit im gesamten Team. Der „Fall Zehnder" könnte durchaus noch weiter eskalieren.

Ich habe daher Frau Zehnder im letzten Mitarbeiterinnengespräch meine Erwartungen kommuniziert und mit Frau Zehnder eine Zielvereinbarung im Hinblick auf Kundenfreundlichkeit und Effizienz ausgearbeitet.

Mein Wunsch, dass sie sich an die Präsenzzeiten hält und vor allem ihre Kaffeepause zu Arbeitsbeginn abstellt, verhallte ohne Wirkung. Als nach einigen Wochen wieder Reklamationen von einzelnen Bürgerinnen und Bürgern eintrafen, habe ich ein weiteres Mitarbeiterinnengespräch geführt. Das Gespräch war heikel. Frau Zehnder reagierte mit deftigen Ausdrücken, Tränen und knallenden Schubladen, was auch in den benachbarten Büros zur Kenntnis genommen wurde. Ich musste feststellen, dass keine Bereitschaft zur Besserung in Sicht ist. Sie teilte mir mit, dass sie sich von mir als Vorgesetzte eingeschränkt, schikaniert und kontrolliert fühle. Sie verliere die Freude an der Arbeit. Sie sei stets sachlich korrekt mit Kunden und Mitarbeitenden („sie könne eben nicht Süssholz raspeln") und ihre Arbeit sei ja ordentlich ausgeführt. Sie finde meinen Vorschlag pingelig und werde nicht einwilligen, erst um 07.00 Uhr einzustempeln. Es könne mir ja egal sein, ob sie ihre Arbeit morgens um 06.30 Uhr oder nachmittags um 16.30 Uhr mache. Um 16.00 Uhr wolle sie zur Erholung mit ihrem Hund spazieren gehen. Das Gespräch habe ich abgebrochen und eine Fortsetzung nach drei Tagen Bedenkzeit vereinbart.

Nach dieser Bedenkzeit hat Frau Zehnder eine Aktennotiz unterzeichnet. Mit dieser bestätigt sie, dass der Arbeitsbeginn in der Regel nicht vor 07.00 Uhr ist und die Präsenz wegen des Publikumsverkehrs und auch aus betrieblichen Gründen in der Regel bis 16.30 Uhr dauert. Sie wird besser auf die Kundenfreundlichkeit achten, Reklamationen aufnehmen und mich darüber informieren.

Bisher hat Frau Zehnder die Abmachungen eingehalten, ihr Morgengruss ist aber geprägt von trotzigem Unmut. Unsere Arbeitsbeziehung ist sachlich, informelle

Kontakte sind selten. Ich nehme an, dass Frau Zehnder schlecht über mich spricht. Ich frage mich, ob ich eine Chance habe, mit einer persönlichen Sekretärin eine erfolgreiche Zusammenarbeit aufzubauen, wenn unsere Vorstellungen von Stil sowie Umgangston stark differieren und das Vertrauensverhältnis angeschlagen ist. Oder habe ich genügend Fakten, um Frau Zehnder zu kündigen?

✑ Teaching Notes

Stichwörter: Vorgesetztenwechsel • Feedback • Mitarbeitendengespräch • Anerkennung und Kritik als Führungsmittel • langjährige Mitarbeitende • Konfliktmanagement

Die langjährige Mitarbeiterin macht Ansprüche an ihre Arbeit geltend, die sie aus ihren bisherigen, langjährigen Arbeitsverhältnissen ableitet. Die neue Vorgesetzte stellt diese infrage und macht neue Ansprüche geltend. Die Konfliktsituation verschärft sich durch das Schlechtreden der Vorgesetzten. Dies hat zur Folge, dass deren Autorität untergraben wird. Die Vorgesetzte steht vor der Herausforderung, dass sie Kritik teilweise explizit belegen kann und Kritik teilweise nur vom Hörensagen und aus Vermutungen ableitet. Diese Problematik könnte sowohl führungsbezogen als auch vor einem arbeitsrechtlichen Hintergrund herausgearbeitet werden. Die entscheidende Frage könnte lauten: Wie soll die Vorgesetze die Erwartungsklärung realisieren, damit wieder eine produktivere Zusammenarbeit möglich ist? Worauf soll sie achten?

Der politische Handlungsspielraum von Exekutivmitgliedern in Personalfragen kann thematisiert werden. Diese Option dürfte vor allem in Weiterbildungsangeboten interessant sein, an denen (auch) Exekutivmitglieder teilnehmen. Das Gespräch zwischen der Gemeinderätin und Frau Zehnder kann als Rollenspiel im Plenum durchgeführt werden. Gruppe 1 versetzt sich in die Lage der Führungsperson, der Gemeinderätin. Gruppe 2 bereitet sich aus der Perspektive von Frau Zehnder vor und Gruppe 3 bildet eine Jury zur Bewertung des Gesprächsablaufs.

Mögliche Fragen zur Fallbearbeitung

a) Erfassen Sie die Situation.
b) Was sind die Problemdimensionen in diesem Fall?
c) Wie sollte die Gemeinderätin konkret vorgehen? Zeigen Sie Lösungswege auf.

III. Kommunikation und Konfliktmanagement

Nr. 16 Die Sekretariatsleiterin

Martin Sprenger und Stephanie Kaudela-Baum

Jana Lacher leitet seit über zehn Jahren das Sekretariat der Kunsthochschule ARTE. Anfänglich war die Kunsthochschule eigenständig. Vor circa einem Jahr wurde sie mit drei weiteren ehemals eigenständigen Hochschulen fusioniert. Die Hochschulen für Kunst (ARTE) und Design, Architektur und Technik wurden im Zuge einer grossen Reorganisation unter einem Dach vereinigt und zu einer neuen Gesamthochschule für Architektur und Kunst zusammengelegt. Im Rahmen dieser Reorganisation wurden die Aufgaben neu verteilt, Stellen intern neu besetzt, ein neuer Standort bezogen sowie eine neue Schulleitung gewählt. Diese setzt sich aus vier Institutsleiterinnen und -leitern sowie dem Rektor zusammen. Die Geschäftsleitung der Gesamthochschule setzt sich aus dem Rektor und zwei Mitgliedern der Institutsleitung zusammen. Jana Lacher selbst wurde zur Leiterin der Schulsekretariate befördert. Dabei wird sie von drei Assistentinnen unterstützt. Obwohl Jana Lacher für alle Schulleitungsmitglieder gleichermassen arbeitet, ist sie organisatorisch Lin Sommer, einer neu gewählten Institutsleiterin, unterstellt.

Durch die Zentralisierung entstand eine bunte Durchmischung der verschiedenen, bisher autonomen Schulen. Verschiedene Arbeitsweisen treffen aufeinander, was oft zu grossem Misstrauen führt. Hinzu kommt, dass sich Jana Lacher und ihr Team innerhalb kurzer Zeit in viele neue Aufgabenfelder einarbeiten mussten. Alle Abläufe mussten neu definiert werden. Die Abstimmung mit den Sekretariaten der verschiedenen Fachbereiche verlief bisher sehr schleppend und kostete die Sekretariatsleiterin und ihre drei Assistentinnen viel Kraft. Die Zusammenarbeit zwischen den einzelnen Institutsleiterinnen und -leitern und dem Rektor funktioniert bisher eher harzig. Man redet ständig aneinander vorbei. Die jeweiligen Bedürfnisse werden nicht wahrgenommen. In dem Gremium stimmt einfach die Chemie nicht.

Wie jeden Samstag trifft sich Jana Lacher mit ihrer Freundin Bea in ihrem Lieblingscafe. „Wenn sich die Situation nicht verbessert, reiche ich endgültig meine Kündigung ein", legt Jana Lacher gleich los. Bea möchte natürlich sofort wissen, was los ist: „Was? Warum denn? Du warst doch bis jetzt mit deinem Job sehr zufrieden." Jana erzählt: „Ja schon, aber seit der ganzen Restrukturierung ist die Stimmung im Team schlecht – und mir geht's genau so. Meine Motivation ist am Boden." Bea möchte daraufhin wissen: „Was ist denn das Problem?"

Nun beginnt Jana ihr Herz auszuschütten: „Die neuen Schulleitungsmitglieder der Gesamthochschule kommunizieren einfach schlecht miteinander. Das macht die Arbeit extrem zäh und mühsam. Um ein Bespiel zu nennen: Gerade letzte Woche habe ich von Lin Sommer eine Anweisung erhalten. Diese hatte sie aber überhaupt nicht mit der Geschäftsleitung abgestimmt. Unstimmigkeiten und zeitaufwendige Koordinationsarbeiten waren die Folge. Das war wirklich mühsam. Hinzu kommt: Wenn ich eine Anfrage bei der Geschäftsleitung deponiere, kriege ich oftmals keine Rückmeldung oder erst nach langer Zeit. Irgendwie ist da der Wurm drin." Bea hört aufmerksam zu. „Die Zusammenarbeit zwischen mir und Lin funktioniert ganz grundsätzlich nicht", erzählt Jana weiter. „Sie kommt aus der Hochschule für Technik und wir sind einfach nicht auf derselben Wellenlänge. Wir sprechen nur das Allernötigste miteinander. Wir haben keine gemeinsamen Themen, wir sprechen nicht die gleiche Sprache. Da trifft eben Kunst auf Technik (Jana schmunzelt). Sie hat wirklich eine digitale ‚Denke'. Für sie gibt es nur Null oder Eins. Ja oder Nein. Wir haben völlig unterschiedliche Vorstellungen von Führung und wie man miteinander kommuniziert. Dazu kommt: Sie ist eine echte Diktatorin. Sie glaubt, dass ohne sie gar nichts geht.

Du kannst dir vorstellen, wie gross das Vertrauen zwischen ihr und ihren Mitarbeitenden ist! Was mich auch nervt: Wenn etwas schief läuft, verbreitet sie Unwahrheiten über andere, nur um von ihren eigenen Versäumnissen abzulenken." Jana stoppt und nimmt einen Schluck Kaffee. Einen Moment lang schweigen beide. Dann fährt Jana fort. „Sie trifft immer radikale Entscheidungen, ist aber daneben oft völlig unorganisiert und die Planung läuft aus dem Ruder. Vor einer Woche erst habe ich die Eckdaten für das kommende Jahr erhalten. Diese brauche ich, um die Feinplanung für die Sekretariate der jeweiligen Institute zu erstellen. Solche Informationen gelangen regelmässig zu spät zu mir oder sind fehlerhaft. Wahrscheinlich hat sie Wichtigeres zu tun. Wenn ich Lin darauf aufmerksam mache, muss ich mit unüberlegten Schnellschüssen rechnen. Hauptsache selbst entscheiden und mit dem Kopf durch die Wand! Durch die schnellen Umdisponierungen kommt es dann häufig zu Engpässen in meinem Team. Termine können nicht eingehalten werden. Das führt wiederum bei uns zu Spannungen und unser Motivationslevel sinkt. Durch die von Lin ausgehenden Feuerwehrübungen werde ich zudem oft mit Arbeiten zugedeckt, die überhaupt nicht zu meinem Aufgabengebiet gehören. Die Frau ‚Institutsleiterin' ignoriert einfach die Pflichtenhefte! Solche Arbeiten können dann nur unter grossem Druck und verspätet erledigt werden. Wenn dann etwas nicht rechtzeitig fertig gestellt werden kann, legt sie dies sofort als mangelnde Bereitschaft und fehlendes Commitment aus und beklagt sich in Schulleitungssitzungen lauthals darüber." Bea schaut Jana mitleidsvoll an und wirft ein: „Ist wohl nicht gerade angenehm, mit ihr zusammenzuarbeiten." Jana erwidert: „Nun ja, sie bemüht sich manchmal schon, die Atmosphäre zwischen uns zu verbessern. Letzte Woche kam sie sogar in der Kaffeepause zu mir und fragte mich nach meiner Meinung bezüglich der neuen Ausstellung im Kunstmuseum, weil ich ihr erzählt hatte, dass ich diese letztes Wochenende mit meinem Mann besucht hatte. Aber die Masse an missverständlichen und unabgestimmten Weisungen von ihr macht es meinem Team echt schwer." „Verständlich", nickt Bea. Jana führt ihre Gedanken weiter aus: „Das Ganze kostet mich und mein Team sehr viel Energie. Wir müssen uns Tag für Tag neu motivieren, um mit dieser Situation klarzukommen. Dazu kommt, dass wir durch die Reorganisation mit Arbeit nur so überhäuft werden. Wir müssen unsere knappen Ressourcen sehr effizient planen und einsetzen. Ich bin nun wirklich frustriert und mein Team ist es auch. Ich bin da keine Ausnahme. Manchmal denke ich, ich bin kurz vor dem Durchdrehen. Mich würde auch nicht wundern, wenn eine meiner Assistentinnen bald kündigt, wenn sich nicht bald etwas ändert."

Bea hakt noch einmal nach: „Warum stellt ihr nicht mehr Leute ein?", und Jana antwortet rasch: „Das ist auch so ein Ärgernis. Vor einem halben Jahr wurde ein Budgetposten für eine weitere Assistentin für mich versprochen. Für die Rekrutierung ist Lin zuständig. Aber sie hat bis heute nichts unternommen – trotz diverser Mahnungen des Rektors." Bea schüttelt den Kopf: „Vielleicht ist deine Chefin überlastet?" Jana erwidert: „Das habe ich auch gedacht, und um sie zu entlasten habe ich dumme Kuh versucht, die Budgetierung für das kommende Semester sehr frühzeitig anzugehen und habe Lin einen kompletten Entwurf des Budgets weitergeleitet. Sie hat das Budget schlussendlich auf den letzten Drücker an das Rektorat abgeliefert. Sie hat zwar ein paar Punkte von mir berücksichtigt, hat aber dennoch fast alles selbst festgelegt und mein Budget über den Haufen geworfen. Die Folge davon war, dass ich einiges an Mehrarbeit hatte. Der Budgetierungsprozess hat schliesslich viel mehr Zeit in Anspruch genommen als sonst." Bea fragt Jana: „Hast du schon das Gespräch mit dem Rektor gesucht? Der ist ja im weiteren Sinne auch der Chef von Lin." Jana erklärt ihr: „Ja klar, an der letzten Hochschulklausur habe ich ihm bereits angedeutet, dass es zwischen der Institutsleiterin und meinem Team einige Probleme gibt. Ich habe ihm aber natürlich keine Details erzählt. Sein Verhältnis zu Lin ist historisch bedingt eher problematisch und ich glaube, er hat kein grosses Interesse, sich um das Problem zu kümmern. Die können sich nicht leiden. Er hat wohl auch Bedenken, dass die Situation eskalieren würde. Inzwischen habe ich einfach die Anzahl der Schnittstellen zu Lin auf das Notwendigste reduziert und habe mir vorgenommen, einfach meinen Job zu machen und mich nicht ständig über sie aufzuregen. Sie muss ja nicht meine Freundin werden. Trotzdem beschäftigen mich die Reiberein mehr als ich erwartet habe, und es belastet mich wirklich."

✎ Teaching Notes

Stichwörter: Führungsstil • Motivation • Unternehmenskultur • Change Management • Konfliktmanagement

Der Fall eignet sich für eine 45–60-minütige Gruppenarbeit, aber auch zur Diskussion im Plenum. Dieser Fall könnte auch als Übungsgrundlage für ein Coachinggespräch dienen. Anhand der Vorkommnisse könnten verschiedene Coachingkonzepte diskutiert und mögliche Handlungsoptionen herausgearbeitet werden.

Mögliche Fragen zur Fallbearbeitung

a) Wie würden Sie die Führungssituation beschreiben?
b) Wer nimmt in der Situation welche Rolle ein? Wie wirken sich die Handlungen von Lin Sommer auf Jana Lacher und ihr Team aus?
c) Welche Muster (offener Konflikt, gegenseitige Lähmung etc.) lassen sich in den bisherigen Geschehnissen identifizieren?
d) Wie kann das Arbeitsklima zwischen Lin Sommer und Jana Lacher generell verbessert werden?
e) Wie könnte Jana Lacher die Institutsleiterin dazu bringen, dass sie Rückfragen in einem zeitlich angemessenen Rahmen bearbeitet und vor allem, dass die Antworten mit den übergeordneten Gremien abgestimmt sind?
f) Welche Massnahmen drängen sich aus Ihrer Sicht auf, damit sich im Team keine Kündigungswelle breit macht?

III. Kommunikation und Konfliktmanagement

Nr. 17 Die Überstunden von Frau Sommer

Stephanie Kaudela-Baum und Martin Sprenger

Frau Sommer ist 42 Jahre alt und arbeitet seit zehn Jahren bei der internationalen Hilfsorganisation HELP. Als Programmverantwortliche (PV) ist sie zuständig für Projekte in Zentralamerika. Neben zwei Ländern in Zentralamerika hat Frau Sommer die Verantwortung für die Nothilfe und Wiederaufbauprojekte nach einem Erdbeben in Afrika (die aber in zwei Monaten zu Ende gehen). Ebenfalls begleitet sie das Programm zum Aufbau und zur Stärkung von HELP in einer Krisenregion in Pakistan. Zusätzlich zu ihren operativen Tätigkeiten ist Frau Sommer auch noch Stellvertreterin des Koordinators für Not- und Katastrophenhilfe. Das entspricht einem Aufwand von ca. 10–15 Stellenprozenten. Verständlich, dass Frau Sommer sehr viel arbeitet. Seit Monaten konnte sie weder ihre Überstunden abbauen noch ihre Ferien in Anspruch nehmen.

Der stetig wachsende Überstundensaldo von Frau Sommer ist auch Frau Lange nicht entgangen. Frau Lange ist die operative Leiterin der Abteilung Lateinamerika und Afrika und seit einem Jahr die Vorgesetzte von Frau Sommer. In der Abteilung arbeiten neben Frau Sommer und Frau Lange sechs weitere PV, die jeweils für drei bis vier Länderprogramme verantwortlich sind. Hinzu kommen vier Assistentinnen, die für je zwei Vorgesetzte (sieben PV und Frau Lange) die administrativen und buchhalterischen Aufgaben erledigen. Beim ersten Mitarbeitendengespräch zwischen Frau Lange und Frau Sommer vor neun Monaten wurde vereinbart, dass Frau Sommer im zweiten Halbjahr und bis Mitte des folgenden Jahres ihre Ferientage der Vorjahre abbaut (sechs Wochen, exkl. vier Wochen des laufenden Jahres). Die Vereinbarung wurde unter der Bedingung getroffen, dass keine neue Notsituation eintreten würde. Doch es kam anders. Kurz vor Weihnachten traf die Nachricht einer katastrophalen Überschwemmung in Indien bei HELP ein. Frau Lange musste gemeinsam mit dem Leitungsteam von HELP überlegen, wer das Know-how hat, in den betroffenen Gebieten in Indien zu arbeiten. Die Wahl fiel auf Frau Sommer. Als diese darüber informiert wurde, war sie sofort einverstanden. Gleichzeitig erwähnte sie, dass sie sich gerne nicht nur im Rahmen der Nothilfe, sondern auch anschliessend im Rahmen des Wiederaufbaus engagieren wolle.

Damit war aber eines klar: Das Problem mit den Überstunden würde sich noch verschärfen. Frau Lange und auch andere Personen aus dem Leitungsteam wiesen Frau Sommer darauf hin, dass mit einer Übernahme der Katastrophenhilfe in Indien viel auf sie zukommen und sie wahrscheinlich zeitlich überbelastet sein würde. Frau Sommer wollte davon nichts wissen. Sie betonte, dass die Projekte in Afrika und Pakistan ja bald auslaufen würden, sie sähe da keine Probleme. Frau Lange war da anderer Meinung. Sie machte Frau Sommer den Vorschlag, ihr Projekt in Zentralamerika zugunsten der Nothilfe in Indien abzugeben. Dies wollte Frau Sommer aber auf keinen Fall. Sie war bereit, den Mehraufwand in Kauf zu nehmen. So einigten sich Frau Lange und Frau Sommer in Absprache mit dem gesamten Leitungsteam auf folgendes Vorgehen: Frau Sommer wird in zwei Abteilungen (Indien/

Pakistan und Afrika/Lateinamerika), mit zwei Vorgesetzten und verschiedenen Assistentinnen arbeiten.

In der Folge begann der Überstunden- und Feriensaldo von Frau Sommer fast ins Unermessliche zu steigen. Frau Lange rechnete aus, dass Frau Sommer im Folgejahr total 16 Wochen Ferien beziehen könnte. Vor diesem Hintergrund war es nicht verwunderlich, dass Frau Sommer bei Frau Lange einen mehrmonatigen Urlaub beantragte. Nach Rücksprachen mit dem Leitungsteam und dem Koordinator „Überschwemmung Indien" schien ihr jedoch ein solch langer Urlaub aus organisatorischen Gründen nicht möglich. Frau Lange und das Leitungsteam beschlossen, dass Frau Sommer ihre Überstunden so abbauen sollte, dass sie nur vier Tage pro Woche arbeiten und dafür vorläufig nur noch für das Katastrophengebiet in Indien verantwortlich sein sollte. Dieser Vorschlag wurde ihr im Jahresendgespräch unterbreitet. Frau Sommer akzeptierte diesen Vorschlag nicht und verlangte ein Gespräch mit dem Leiter des Departements, Herrn Schmied. Dieser wiederholte die Meinung des Leitungsteams. Das Engagement von Frau Sommer in so vielen Projekten und in drei unterschiedlichen Gebieten (Indien/Pakistan, Zentralamerika und Afrika) erachte er als problematisch. Herr Schmied und Frau Lange teilten Frau Sommer mit, dass sie die Gefahr, dass Frau Sommer auf einen Burn-out zusteuere, als sehr hoch einschätzten. Im Sinne einer kontinuierlichen Weiterführung der Projekte in Indien und der Verantwortung von HELP für die Gesundheit ihrer Mitarbeitenden wurde Frau Sommer der Vorschlag unterbreitet, ihre Überstunden sowie die Urlaubstage kontinuierlich zu reduzieren. Vorgeschlagen wurde deshalb, zweimal je 3–4 Wochen pro Halbjahr Urlaub zu nehmen. Nur, so weit kam es gar nicht. Nach geplanten zwei Wochen Kompensation über Weihnachten und Neujahr erhielten Frau Lange und Herr Schmied von Frau Sommer einen Brief mit einem Arztzeugnis, dass sie während drei Monaten aus gesundheitlichen Gründen nicht arbeiten könne.

Während ihrer Abwesenheit figurierte Frau Lange als Ansprechperson. Was sie in dieser Funktion über Frau Sommer hören musste, beunruhigte sie nachhaltig. Die Delegierten aus Indien beschweren sich über die unmöglichen Verhaltensweisen von Frau Sommer. Mehr noch: Einige äusserten sogar den Wunsch, in Zukunft mit einer anderen Person von HELP zusammenzuarbeiten. Dies wurde begründet mit zu vielen „unmöglichen" Projekten und Alleingängen von Frau Sommer. Sie leite dort ohne Absprache und Unterschrift der Vorgesetzten Vorverträge in die Wege, ausserdem gebe es Schwierigkeiten in der Kommunikation mit Delegierten und anderes mehr. Neben den Delegierten aus Indien arbeiteten auch andere Delegierte sehr ungern mit ihr, da sie ihnen wenig Vertrauen schenke und nur Verantwortung auf einfachem Niveau übergebe. Ein Delegierter berichtete, dass sie mit ihm keine Gespräche führe, sondern vielmehr per Telefon „dirigiere", und dies in einem äusserst herablassenden Tonfall. Eine weiterer Delegierter berichtete: „Sie behandelt uns, als ob wir alle für *ihr* Projekt arbeiten und nicht wie Mitarbeitende, die alle für ein gemeinsames Projekt arbeiten." Aufgrund dieser Verhaltensweisen hatten gute Delegierte HELP nach einem halben Jahr verlassen.

Auch innerhalb der Abteilung wächst die Kritik an Frau Sommer. So berichten ihre Assistentinnen, falls sie nicht so schnell, so gut oder so arbeiteten, wie

Frau Sommer es erwartet, gehe sie in einem sehr harten und lauten Ton mit den Betroffenen um. Entsprechend wollten die meisten Assistentinnen nicht mehr mit ihr zusammenarbeiten. Die Assistentinnen sprachen von einem „beängstigenden" Arbeitsklima. Weitere Klagen wurden laut: Die Ablage der von ihr bearbeiteten Dossiers und Projekte sei anderen Mitarbeitenden nicht zugänglich, nur sie wisse, wo welche Dokumente abgelegt sind. Ihre Arbeitszeiten und auch ihre Arbeitsaufteilung seien intransparent und nicht abgestimmt mit anderen Mitarbeitenden. Zu gemeinsam festgelegten Terminen erscheine Frau Sommer unpünktlich oder gar nicht. Wenn jedoch Mitarbeitende zu von ihr organisierten Terminen zu spät kämen, übe sie sofort Kritik und fühle sich persönlich angegriffen.

Die Arbeit im Team scheint für Frau Sommer keine Bereicherung, sondern eine unnötige Belastung zu sein. Wenn Frau Lange zurückblickt, gab es für Frau Sommer eigentlich immer Gründe, nicht an Teamsitzungen teilnehmen zu müssen. Das wurde nicht nur von ihr, sondern von allen PV so empfunden. Eine PV formulierte dies so: „Frau Sommer gehört eigentlich nicht zu unserer Abteilung, die macht eh alles so, wie sie will". Frau Sommer empfindet kritische Fragen oder Zweifel an ihren Projekten schnell als Kritik an ihrer Person und kann damit nicht umgehen.

Für Frau Lange steht fest, dass es aufgrund all dieser Vorkommnisse besser wäre, wenn Frau Sommer neben dem Projekt in Indien auch die anderen Projekte erst einmal abgibt und sich neu orientiert. Aber Frau Sommer kann bei krankheitsbedingter Abwesenheit nicht gekündigt werden. Hinzu kommt, dass ihr bis zum jetzigen Zeitpunkt noch nie schriftlich erklärt wurde, dass es Probleme in der Zusammenarbeit mit ihr gibt. Im Mitarbeitendengespräch Ende des Jahres wurden einige negative Punkte besprochen und auch im Protokoll festgehalten. Frau Sommer hat das Protokoll aber nie gegengezeichnet.

Frau Lange weiss nun nicht mehr, was sie tun soll. Durch die Geschichte mit Frau Sommer wurden Zielgruppen verschiedener Projekte enttäuscht und müssen bis heute in ihrer Misere weiterarbeiten bzw. improvisieren. Auch haben aufgrund des Ausfalls von Frau Sommer viele ihrer Kolleginnen Überstunden „geschoben" und klagen über zu hohe Arbeitsbelastung. Kurzfristig konnte Frau Lange zwar einen älteren, erfahrenen Mitarbeiter gewinnen, der die Funktion von Frau Sommer in Indien übernehmen konnte, dieser geht allerdings in vier Monaten in Pension.

Vor zwei Wochen hat nun Frau Lange eine neue Initiative ergriffen und Frau Sommer schriftlich zu einem Gespräch mit ihr, Herrn Schmied und dem Personalleiter eingeladen. Sie hat sich einen Tag vorher mit einer fadenscheinigen Entschuldigung telefonisch abgemeldet.

✎ *Teaching Notes*

Stichwörter: Mitarbeitendengespräch • Beurteilung • Zielvereinbarung • Selbstmanagement • Burnout • Konfliktmanagement • Delegation • Zusammenarbeit • Führungsstil • Führung auf Distanz

Der Fall eignet sich entweder zur Diskussion im Plenum oder zur Bearbeitung in Gruppen. Dabei kann die Diskussion in verschiedene Richtungen gelenkt werden. Ein Anknüpfungspunkt ist die konkrete Führungssituation. So könnte in einem Rollenspiel ein Gespräch zwischen Frau Sommer und Frau Lange simuliert werden zum Thema: „Aktuelle Situation und weiteres Vorgehen." Die Situation kann aber auch reflektiv besprochen werden: Wie konnte es so weit kommen? Was hätte Frau Lange tun können, um eine solche Situation zu verhindern?

Behandlung von zentralen Themen des Selbstmanagements und des Führungsverhaltens, z. B. Führung auf Distanz, Delegation und Kontrolle, Regeln der Zeit- und Tagesplanung und Work-life-balance. Frau Lange müsste Frau Sommer deutlich machen, dass Gespräche mit Kolleginnen und Kollegen und die Einbindung von Mitarbeitenden, Kunden und Vorgesetzten in ihre Arbeits- und Entscheidungsabläufe keine Störung ihrer Aufgaben bedeuten, sondern ein Teil ihrer Aufgaben ist. Zudem ist Frau Sommer der Zusammenhang zwischen den analysierten Konflikt- und Problemfeldern und ihrer Persönlichkeit (hoher Leistungsanspruch, hohe Identifikation mit der Organisation, Machtorientierung, Gestaltungswille und unklare Prioritätensetzung) zu verdeutlichen.

Mögliche Fragen zur Fallbearbeitung

a) Was sollen Frau Lange und das Leitungsteam nun tun?
b) Wie kann man solche Situationen in Zukunft verhindern?
c) Wo sehen Sie Ursachen für den aktuellen Zustand?
d) Welche längerfristigen Veränderungen sind anzustreben?

Nr. 18 Die Widerspenstigen

Nada Endrissat

Völlig erschöpft kam Reto Meyer von einer Sitzung mit den Chefärzten in sein Büro zurück. Wieder einmal war die Sitzung anders verlaufen als geplant: Statt die notwendigen Veränderungen in seinem Bereich kommunizieren zu können und die Unterstützung der Chefärzte dafür zu erhalten, hatte man ihn einmal mehr als Führungskraft infrage gestellt und die Veränderungen abgelehnt. Es gelang Reto Meyer einfach nicht, die Chefärzte für seine Vorhaben zu gewinnen. Ein Vorfall an der letzten Sitzung mit den Chefärzten hatte das Fass beinahe zum Überlaufen gebracht. Ein älterer Chefarzt hatte sich im Rahmen eines von Reto Meyer geleiteten Punktbewertungsverfahrens am Flipchart einfach seine Klebepunkte auf die Stirn geklebt und sich lauthals über diesen „Managementkram" lustig gemacht. Dieser alte Sturkopf hatte die ganze Sitzung ins Lächerliche gezogen!

Dabei hatte alles so gut angefangen: Vor zwei Jahren hatte ihn der Direktor eines grossen Universitätsspitals angerufen. Reto Meyer arbeitete damals bei einer Spitexorganisation und hatte gerade ein grosses Restrukturierungsprojekt erfolgreich abgeschlossen. Bevor er zu der Spitexorganisation gekommen war, hatte er Betriebswirtschaftslehre an der Hochschule St. Gallen studiert und war Bereichsleiter beim Schweizerischen Roten Kreuz gewesen, wo er ebenfalls sehr erfolgreich eine neue Strategie und Organisationskultur eingeführt hatte. Reto wusste, dass er eine gute Führungskraft war. Er hatte immer einen guten Draht zu den Leuten gefunden, und es war ihm möglich gewesen, sie für seine Vorhaben zu begeistern. Er mochte die Herausforderung und hatte damals nicht lange gezögert, als ihm die Leitung eines wichtigen medizinischen Bereichs am Universitätsspital angeboten wurde. Der Bereich umfasste fünf medizinische Disziplinen (A, B, C, D & E), die jeweils von einem Chefarzt geführt wurden. Der Bereich war im Rahmen einer Restrukturierung neu geschaffen worden. In der Vergangenheit waren die Chefärzte direkt bei Spitalleitungssitzungen anwesend gewesen und wurden von einem medizinischen Direktor geführt. Diese Struktur war über die Jahre hinweg jedoch zu unübersichtlich und ineffizient geworden, weil es zu viele Chefärzte gab, weil die Entscheidungsprozesse zu lange dauerten und Veränderungen nur schwer durchzusetzen waren. Dementsprechend hatte man das Spital in verschiedene Bereiche (1–4) aufgeteilt, die jeweils vier bis fünf medizinische Disziplinen umfassten. Jeder Bereich sollte zukünftig von einem Manager geführt werden (vgl. Abb. 1), der die Chefärzte und ihre Disziplinen in der Spitalleitung vertreten sollte.

Reto Meyer stand voll und ganz hinter dieser neuen Struktur. Für ihn ging es bei diesen Veränderungen auch um mehr als nur um eine Veränderung der Struktur – seiner Meinung nach brauchte das Spital eine neue Kultur, in der finanzwirtschaftliche Argumente genauso wichtig waren wie das Wohl der Patienten. Ihm war klar, dass seine Aufgabe nicht ganz einfach sein würde, weil sie die Autonomie der Chefärzte hinsichtlich finanzieller und organisatorischer Fragestellungen einschränkte. Aber er war sicher gewesen, dass ihm der Balanceakt gelingen und sein Bereich bald zu den pro-

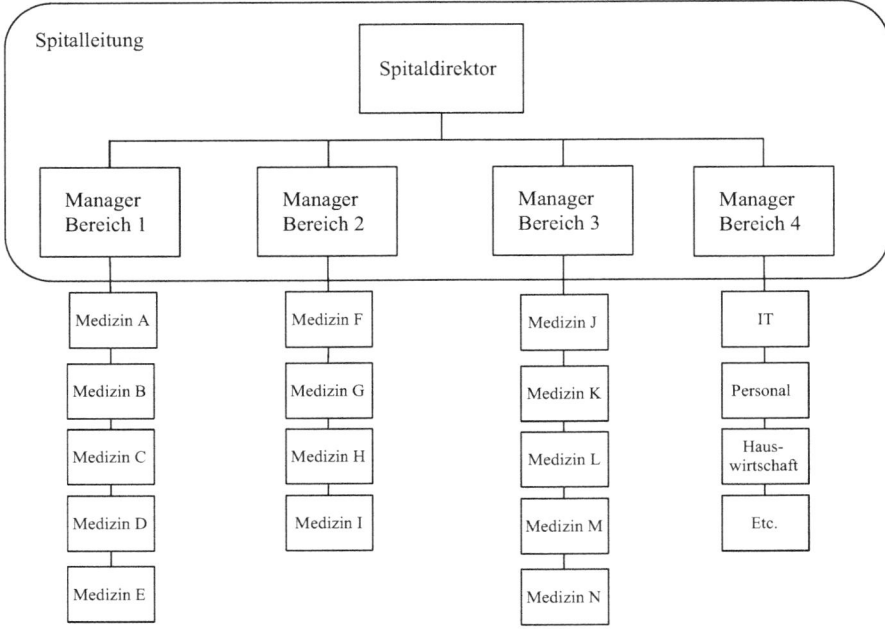

Abb. 1 Grobstruktur des Universitätsspitals und des von Reto Meyer geführten Bereichs 1 mit den medizinischen Disziplinen A–E

fitabelsten des Spitals gehören würde. Hoch motiviert nahm er zu Beginn des Jahres seine Aufgabe an und begann sogleich, dem neu geschaffenen Bereich ein Profil zu geben. Er wollte die medizinischen Disziplinen stärker integrieren und das Prozessdenken sowie die Teamarbeit unter den Disziplinen fördern. Zu Beginn schienen die fünf Chefärzte auch hinter ihm zu stehen. In den Besprechungen mit ihnen konnte er ein grundsätzliches Verständnis für Kosteneinsparungen feststellen und auch die Bereitschaft, den Ablauf ihrer Arbeitsprozesse zu überdenken, war durchaus vorhanden. Doch als die Veränderungen konkretere Züge annahmen, begannen die Probleme.

Als Reto Meyer seine Arbeit aufnahm, war seine Position neu und noch relativ unklar definiert. Er nutzte dies als Chance, und nach einer kurzen Orientierungsphase entschied er sich für folgende Sofortmassnahmen, durch die er seine Führungsposition stärken wollte:

a) Zentralisierung der Personalentscheidungen: Weil es immer wieder zu Personalproblemen in den einzelnen medizinischen Abteilungen gekommen war (beispielsweise wechselten die Sekretärinnen in der medizinischen Disziplin A alle 2–3 Monate und bei Medizin B gab es immer wieder Schwierigkeiten mit den Assistenzärzten), hatte sich Reto Meyer dazu entschieden, dass zukünftig alle Personalentscheidungen für seinen Bereich durch ihn gefällt würden. Natürlich würde er sich soweit es ging mit den Chefärzten abstimmen, aber die Letztentscheidung sollte fortan bei ihm liegen.

b) Zentralisierung der Investitionsentscheidungen: Da der Bereich nur begrenzte finanzielle Mittel besass und die Abstimmung der Chefärzte hinsichtlich der Verteilung der Ressourcen in der Vergangenheit relativ schlecht verlaufen war, entschied sich Reto Meyer dazu, in Zukunft alleine zu entscheiden, welche medizinischen Apparate notwendig seien und in welche Bereiche man investieren würde (und in welche besser nicht).
c) Veränderung der Arbeitsabläufe: Für Reto Meyer war es ganz klar: Bisher hatten die Chefärzte viel zu sehr nur auf ihre eigene Disziplin geschaut und die Zusammenarbeit mit den Kollegen vernachlässigt. Das sollte anders werden. Aus Sicht von Reto Meyer lag in der Teamarbeit und dem Prozessdenken ein grosses Potenzial für die Zukunft. Er machte daher gleich zu Beginn Pläne für die Reorganisation von Arbeitsabläufen und die stärkere Zusammenarbeit zwischen den medizinischen Disziplinen in seinem Bereich.
d) Kommunikation und Einbezug der Chefärzte in Entscheidungen: Reto Meyer war sich bewusst, dass er für den Erfolg seines Bereichs die Unterstützung der Chefärzte brauchte. Er entschied sich daher, sich regelmässig mit den Chefärzten zu treffen und sie über die laufenden Veränderungen zu informieren. Dabei würde er auch die Meinung der Chefärzte einholen. Die Letztverantwortung würde jedoch bei ihm liegen! Denn schliesslich war das der offizielle Auftrag, den er vom Spitaldirektor erhalten hatte.

Doch seine Massnahmen und sein Führungsverständnis kamen nicht gut an. Die Chefärzte boykottierten regelmässig die Zusammenarbeit und es hatten sich bisher keine Effizienzgewinne eingestellt. Die Kommunikation lief schlecht und Reto Meyer hatte sogar das Gefühl, man würde sich hinter seinem Rücken über ihn lustig machen. Vor allem mit einem Chefarzt hatte er Schwierigkeiten: Jedes Mal wurde er persönlich von ihm angegriffen und der Chefarzt scheute auch nicht davor zurück, Retos Führungskompetenzen offen vor den anderen anzuzweifeln. Das Standardargument bei seinen Auseinandersetzungen mit den Chefärzten hinsichtlich Investitionsentscheidungen war beispielsweise: „Wie kann ein Nichtmediziner Entscheidungen über medizinisch notwendige Apparate treffen?" Und bei Personalentscheidungen hiess es: „Wie kann jemand, der nicht mit diesen Leuten zusammenarbeiten muss, Entscheidungen über das Personal treffen?" Ein dritter Vorwurf, den er häufig hörte, war: „Wenn wir als Mediziner die Verantwortung für unser Handeln tragen sollen – und das müssen wir ja, allein schon weil wir diejenigen sind, die mit den Patienten zu tun haben – warum lässt man dann nicht auch die Entscheidungskompetenz bei uns? Es kann nicht sein, dass wir Verantwortung für etwas übernehmen sollen, was wir gar nicht entschieden haben."

Reto Meyer wusste, dass diese Argumente nicht einfach zu entkräften waren, und er wünschte sich manchmal, neben Betriebswirtschaftslehre auch noch Medizin studiert zu haben. Sicher hätten die Chefärzte dann weniger Probleme, ihn als Führungskraft zu akzeptieren. Weil ihm das Problem durchaus bewusst war, hatte Reto Meyer zunächst auf Verständnis und Erklärung gesetzt. Beispielsweise hatte er versucht, die Notwendigkeit für Kosteneinsparungen zu erklären und den Chefärzten ganz klar aufzuzeigen, dass es so, wie es in der Vergangenheit gelaufen war, nicht mehr weitergehen konnte. Er hatte versucht, ihnen Verständnis entgegenzubringen, bemerkte jedoch bald, dass man seine Gutwilligkeit nur ausnutzte, um sich seinen Massnahmen weiter zu widersetzen. Daraufhin entschied sich Reto Meyer, härter durchzugreifen.

Er berief die Chefärzte einzeln zu sich und sagte ihnen klipp und klar, was er von ihnen erwartete und wie sie sich zu verhalten hätten. Beim Mittagessen mit einem Kollegen merkte er an, dass ein wichtiger Teil der Gespräche mit den Chefärzten gewesen sei, ihnen ganz klar zu sagen: „So und so könnt ihr euch einfach nicht verhalten, das liegt nicht mehr drin." In diesen Gesprächen hatte Reto Meyer die Autonomie der Chefärzte noch weiter eingeschränkt. Der Kollege erinnert sich: „In diesen Gesprächen ist ein wichtiger Teil gewesen, dass Reto mit ihnen abgemacht hat, dass gewisse Sachen nicht mehr in ihren Hoheitsgebieten liegen, dass beispielsweise Sitzungen in Zukunft von ihm geführt und dass Budgetentscheidungen von ihm getroffen würden. Er hat ihnen ganz klar gesagt: ‚Nein, so und so geht es nicht. Ich will, dass ihr euch so und so verhaltet.'" Aber wirklich erfolgreich waren auch diese Anordnungen nicht, und die ganze Dynamik kostete Reto Meyer viel Energie.

Jetzt, da er wieder einmal erschöpft an seinem Schreibtisch sass, fragte er sich, wie lange er das alles noch durchhalten würde. Dazu kam der Druck von der Direktion, endlich Fortschritte bei der Prozessorientierung und bei der Effizienz vorzuweisen. Doch wie sollte er das jemals schaffen, wenn er nicht endlich den Rückhalt der Chefärzte für sich gewinnen konnte? Entlassen konnte er sie ja nicht, denn sie waren als Chefärzte eines Universitätsspitals auch Professoren an der Universität und somit unkündbar. Am Ende würde als einzige Alternative vielleicht seine eigene Kündigung stehen.

III. Kommunikation und Konfliktmanagement

✎ Teaching Notes

Stichwörter: Führung von Professionals • Führung in Spitälern • Führungsselbstverständnisse • professionelle Selbstkonzepte/Identitäten • Konfliktmanagement • Change Management

Der Fall eignet sich besonders für Projektleiter und Führungskräfte in Expertenorganisationen, in denen die Führungslegitimation häufig an professionelle Selbstverständnisse und Kompetenzen gekoppelt ist. Der Fall eignet sich im Rahmen der Aus- und Weiterbildung zur Vertiefung der Fragestellung nach Führungsselbstverständnissen und Konfliktmanagement. In dem Fall geht es vornehmlich darum, die Wahrnehmung des Interaktionspartners zu schärfen und die Bedeutung von (professionellen) Selbstverständnissen und Identitäten herauszuarbeiten. Der Fall zielt darauf ab, die Identitätsperspektive als ein Schlüssel zur Behebung von Konflikten anzuwenden.

Möglichkeiten zur Fallbearbeitung

a) Der Fall eignet sich für eine Gruppenarbeit mit anschliessender Gruppendiskussion (inkl. Bearbeitung der Fragen ca. 45–60 min).
b) Möglich ist auch eine Plenumsdiskussion mit einer Aufteilung der Lerngruppe in zwei Gruppen (Mediziner, Manager). Danach könnten die jeweiligen Positionen in einem Tafelbild herausgearbeitet bzw. zusammengefasst und die Diskussion anhand der Fragestellungen vertieft werden. Am Schluss sollten konkrete Handlungsoptionen skizziert werden. Hierbei ist besonders auf den Handlungsspielraum in einer öffentlichen Organisation einzugehen (z. B. Unkündbarkeit der Chefärzte).
c) Schliesslich bietet sich ein Rollenspiel an. Die eine Hälfte der Lerngruppe bereitet die Rolle von Reto Meyer vor und bestimmt eine Rollenspielerin bzw. einen Rollenspieler, die andere Hälfte der Lerngruppe bereitet das Rollenspiel aus der Perspektive des Chefarztes vor und bestimmt ebenfalls eine Spielerin bzw. einen Spieler aus der Vorbereitungsgruppe. Das Rollenspiel sollte der Lösungssuche im Konfliktgespräch dienen.

Mögliche Fragen zur Fallbearbeitung

a) Welches Führungsverständnis weist Reto Meyer auf?
b) Welches professionelle Selbstkonzept besitzen die Mediziner?
c) Welche Dynamik ergibt sich aus dem Führungsverständnis von Reto Meyer und den professionellen Selbstkonzepten der Mediziner? Beziehungsweise inwieweit stellen die eingeführten Massnahmen von Reto Meyer das professionelle Selbstkonzept der Mediziner infrage?

d) Welche Möglichkeiten gibt es prinzipiell, um mit Widerstand in Veränderungsprozessen umzugehen?
e) Welche Optionen hat Reto Meyer noch, um die verfahrene Situation zu lösen? Welches Vorgehen schlagen Sie vor?

Nr. 19 Der Uneinsichtige

Michael Heike

Ich bin seit zehn Jahren als Leiter Finanzen in einer Unternehmung der Baubranche tätig und zugleich Mitglied der Geschäftsleitung. Angesichts einer eher mässigen Auftragslage beschloss die Geschäftsleitung, in diesem Jahr eine grössere Reorganisation durchzuführen, um die Wirtschaftlichkeit der Unternehmung zu steigern. So wurden die IT-Strukturen umfassend angepasst und die Abteilungen von einer reinen Projektstruktur auf eine funktionale Organisationsstruktur umgestellt. Zahlreiche Aufgaben wurden zusammengefasst. Dabei stellte sich heraus, dass eine neue Stelle „Abteilungseiter IT" geschaffen werden musste. Die Stelle wurde seitens der Geschäftsleitung aufbau- und ablauforganisatorisch definiert. Da kein geeigneter interner Kandidat zur Verfügung stand, mussten wir eine Person extern rekrutieren. Bereits nach der ersten Stellenausschreibung konnte mit Herrn Wiedmer ein erfahrener IT-Fachmann und langjähriger Projektleiter gefunden werden. Es wurde ein Vertrag abgeschlossen, und Herr Wiedmer trat seine Stelle zum vereinbarten Zeitpunkt an.

In den folgenden Monaten genoss Herr Wiedmer eine intensive Einführung und Einarbeitung in seinen Arbeitsbereich. Schon nach kurzer Zeit stellten wir aber fest, dass Herr Wiedmer seine Leitungstätigkeit der IT-Abteilung zugunsten von Projekt(leitungs-)arbeiten stark vernachlässigte. Aufgrund der führungslosen Situation wurden seine ihm unterstellten Mitarbeitenden zunehmend unzufrieden. Es kam vermehrt zu Reklamationen und konfliktreichen Gesprächen.

Wir von der Geschäftsleitung suchten mit Herrn Wiedmer das Gespräch, um zusammen mit ihm eine Lösung der Probleme zu finden und umzusetzen. Da Herr Wiedmer sehr viel an den Projektarbeiten lag – und diese auch in seiner Stellenbeschreibung entsprechend erwähnt waren –, setzte sich Wiedmer stark dafür ein, die Projekttätigkeiten weiterhin auszuüben. In der Hoffnung auf eine Besserung der Situation entschied die Geschäftsleitung schlussendlich, die Tätigkeiten Teamführung und Projektleitung zu trennen. Zur Entlastung von Herrn Wiedmer wurde eine ihm unterstellte Teamleiterin eingestellt.

Kurze Zeit später nahm Frau Müller als Teamleiterin ihre Tätigkeit auf. Wir hofften, die Probleme damit gelöst zu haben. Leider wurden wir bald eines Besseren belehrt. Trotz klarer Verteilung der Aufgaben, Kompetenzen und Verantwortungen gerieten sich Herr Wiedmer und Frau Müller, insbesondere bei der Auftragsvergabe, Budgeteinhaltung und Terminkontrolle immer wieder in die Haare. Leidtragende waren bei diesen „Machtkämpfchen" oft die Teammitglieder. Auf deren Rücken wurden die Konflikte ausgetragen. Als sich schliesslich die Situation so weit zuspitzte, dass ein Teammitarbeiter aufgrund psychischer Probleme längere Zeit ausfiel, handelten wir von der Geschäftsleitung. In einer ausserordentlichen Sitzung beschlossen wir zur Lösung des Problems Folgendes:

a) Unsere in unterschiedlichen organisatorischen Einheiten tätigen Projektleiter werden in einem neu zu bildenden Team, dem Projektleiterpool, zusammengefasst.
b) Der Projektleiterpool ist mit unseren zwei ausgebildeten Projektleitern zu bestücken und mit Herrn Wiedmer zu ergänzen.
c) Das so neu formierte Projektleiterteam wird der Finanzabteilung unterstellt (also mir).
d) Der Leiter Finanzen übernimmt zusätzlich die Leitung der IT-Abteilung.
e) Frau Müller wird ins Team eingegliedert und mit einer Spezialfunktion beauftragt.

Mit dieser Massnahme hofften wir, die beiden Streithähne Müller und Wiedmer zu trennen. Insbesondere sollten so auch Kompetenzstreitigkeiten beseitigt werden. Die Leitung wurde klar mir zugeteilt.

Selbstverständlich wurde diese Änderung in der Unternehmung angemessen kommuniziert und von der Belegschaft und den Beteiligten sehr positiv aufgenommen. Besonders Frau Müller ging in ihrer neuen Aufgabe förmlich auf. Ich selber sah als neuer Vorgesetzter von Herrn Wiedmer dem Ganzen mit gemischten Gefühlen entgegen, insbesondere, weil dies für ihn hierarchisch gesehen eine Herabstufung darstellte. Bis anhin waren wir ja als Abteilungsleiter auf derselben Kaderstufe. Ich suchte deshalb mit Herrn Wiedmer das Gespräch. „Nein, nein, die Umorganisation ist kein Problem für mich", war Wiedmers Reaktion, „jetzt habe ich endlich die Gelegenheit, mich vollumfänglich für die Projekte einzusetzen." Ganz glauben konnte ich ihm das jedoch nicht. Ich nahm mir daher vor, die Situation im Auge zu behalten.

Herr Wiedmer wurde kurze Zeit später mit einem neuen Projekt beauftragt, welches er mit grosser Motivation und grossem Engagement vorantrieb. Leider stellte sich heraus, dass es mit der Wirtschaftlichkeit ein Problem geben könnte. Bei den Projektzielen mussten zunehmend Abstriche gemacht werden, die geschätzten Kosten stiegen aber trotzdem stetig an. Die Geschäftsleitung liess die Arbeiten deshalb einstellen: Projektabbruch.

Da noch weitere Projekte in der Pipeline steckten, übertrug ich Herrn Wiedmer die Leitung eines anderen Projekts. Obwohl Herr Wiedmer bereits häufig Projekte geleitet hatte und das entsprechende Know-how eigentlich besass, verstrickte ich mich mit ihm nun immer öfter in Grundsatzdiskussionen, wie Projekte geleitet und Projektmitarbeiter geführt werden sollten. Ich versuchte Herrn Wiedmer z. B. zu verdeutlichen, dass die Fortschrittskontrolle in der vorliegenden Projektorganisation zu den Aufgaben der Projektleitung gehört. Er war hingegen der Meinung: „Der Termin ist klar, was braucht es noch mehr?". Mehrmals musste er dann enttäuscht feststellen, dass am Schluss nicht das geliefert wurde, was er erwartet hatte. Die Schuld suchte er anschliessend bei seinen Projektmitarbeitenden, die seinen Auftrag bearbeiteten. Er selbst sah keinerlei Verantwortung für die Misere bei sich.

Als ob die Leistungsdefizite nicht schon genügend wären, machen sich in jüngster Zeit Unruhen im Team bemerkbar. Primär drehen sich die Reibereien um die Bürosituation. In seiner vorherigen Position hatte Herr Wiedmer ein Einzelbüro, jetzt sitzt er mit den anderen beiden Kollegen zusammen in einem Büro. Er reklamiert unter anderem, dass seine Kollegen zu laut telefonieren und er sich so nicht mehr konzentrieren kann. Seine Bürokollegen äussern sich zurückhaltend, signalisieren aber, dass sich die „Stimmung" im Büro „rasant dem Gefrierpunkt" nähere. Herr Wiedmer zeigt sich zunehmend unmotiviert. Gespräche, um den Ursachen auf den Grund zu gehen und Lösungen zu finden, führen ins Leere. Er sucht die Schuld immer bei den anderen. Fest steht, dass es so nicht weiter gehen kann. Ich muss mir dringend etwas einfallen lassen, bloss was…

✎ *Teaching Notes*

Stichwörter: Change Management • Personal- und Organisationsentwicklung • Unternehmenskultur • Projektmanagement • Konfliktmanagement

Der Fall eignet sich zur Diskussion in Arbeitsgruppen mit anschliessender Diskussion im Plenum. Denkbar ist auch ein Rollenspiel, das als ausserordentliches Mitarbeitendengespräch zwischen dem Icherzähler, dem Leiter Finanzen, und Herrn Wiedmer angelegt ist.

Mögliche Fragen zur Fallbearbeitung

a) Wie könnte die Geschichte mit Herrn Wiedmer weitergehen? Welches wären die Folgen?
b) Wie könnte Herr Wiedmer wieder motiviert werden?
c) Ist die Entlassung von Herrn Wiedmer eine Lösung?
d) Was kann die Geschäftsleitung aus der Geschichte lernen?

Nr. 20 Führung im Tandem

Julia K. Kuark und Katrin Kolo

Eine erfolgreiche Musik- und Kunstschule wird von zwei Personen im Tandem geführt. Nachfolgend schildern sie einige Erfahrungen aus ihrem Alltag.

Führungskraft 1: Ich habe viel Herzblut in den Aufbau der Musik- und Kunstschule investiert; habe mir selbst beigebracht, wie man eine solche Institution managt. Als ich meine Ausbildung zum Musiklehrer machte, gab es so etwas wie Kulturmanagement ja noch gar nicht. Ich bin ziemlich stolz, dass die Schule in den zehn Jahren meiner Leitung für den Laienunterricht in Musik und Kunst, aber auch für die Weiterbildung von Profis eine angesehene Institution geworden ist. Für die Ausstellungeröffnung neulich war sogar ein Journalist aus Frankreich da. Neben den Bildungsangeboten und Veranstaltungen können unsere tollen Räumlichkeiten auch für Proben oder als Arbeitsateliers gemietet werden. Wir sind ein ganz wichtiger Begegnungsort für die Kunst- und Musikszene. Hier werden entscheidende Kontakte geknüpft und Beziehungen gepflegt. Auch für mich selbst ist diese kreative Atmosphäre bedeutsam. Wir verdienen alle nicht viel, aber die besondere Atmosphäre inmitten der Kreativen ist für mich und die Mitarbeitenden im Grunde ein Teil des Lohns.

Seit bald zwei Jahren sind wir an einem neuen, viel grösseren und zentraleren Standort. Umbau und Umzug waren ein enormer Stress. Jetzt haben wir es geschafft und wollen unsere neuen Möglichkeiten und Räumlichkeiten so richtig nutzen. Deshalb haben wir auch viel neues Personal und deutlich mehr Kursangebote und Veranstaltungen als vorher. Zusammen mit unserem Trägerverein haben wir beschlossen, eine Co-Leitung einzuführen, was mir eigentlich ganz recht ist. Ich wollte gerne auf 80 % reduzieren, und zu zweit macht es auch viel mehr Spass, sich interessante Kurse oder tolle Ausstellungen auszudenken. Seit zwei Monaten habe ich nun eine Co-Leiterin, die ebenfalls 80 % arbeitet.

Die gemeinsame Leitung ist nicht immer so einfach, da wir manchmal sehr verschiedene Meinungen haben. Ich finde unsere Schule einfach gut und denke, dass wir es schon sehr weit gebracht haben. Mit dem Umzug haben wir einen Quantensprung hinter uns. Ich meine, manchmal hatten wir schon sehr viel Druck, aber alle haben immer wirklich das Beste gegeben. Ich würde ja gerne Verantwortung abgeben, aber viele Kontakte sind nun einmal persönlich und das macht viel von der Qualität unseres Hauses aus. Wie die neue Co-Leiterin zum Beispiel mit unseren Künstlern redet, da hab ich manchmal Bedenken, ob sie den richtigen Ton findet. Und dann kommt meine neue Kollegin mit Ideen, die mir fremd sind. Sie will zum Beispiel, dass die Organisation der Veranstaltungen mit den Einsatzplänen der Mitarbeitenden automatisch über Computer läuft, und das ist wirklich nicht meine Welt. Es hat bisher alles super funktioniert, und es ist doch ziemlich übertrieben, alles einzutippen, das ist ein riesiger Aufwand. Bis endlich alles richtig ist, habe ich das Ganze schon längst mit einem Telefonat geregelt oder schnell von Hand eine Notiz gemacht. Mir ist die persönliche Kommunikation viel wichtiger. Zum einen bleibe ich mit den Menschen in Kontakt, zum andern bin ich viel flexibler, wenn sich die Agenda plötzlich ändert. In fünf Jahren möchte ich mich eh pensionieren lassen. Dann können sie das ruhig alles umkrempeln, wenn ich nicht mehr da bin.

Führungskraft 2: Als ich das Inserat für die Co-Leitung der Kunst- und Musikschule sah, dachte ich: „Das ist meine Stelle!" Ich hatte viel von der Schule gehört und um die Ecke von meiner Wohnung ist sie auch noch. Ich habe mein Leben lang leidenschaftlich gemalt und war sogar ein Jahr auf der Kunstakademie. Dann habe ich aber doch Betriebswirtschaftslehre studiert und eine Weile in der Industrie gearbeitet. Nach der Geburt meiner Tochter will ich aber nur noch eine Arbeit, die mir richtig Spass macht, und ich fände es prima, wenn die Kunst von meinem Studium profitieren könnte. Ausserdem bieten die 80 %-Stelle und die Co-Leitung an der Schule die Möglichkeit, Beruf und Familie zu verbinden. Mit meinem grossen Interesse für Kunst und meinem Studium kann ich sicher viel einbringen. Endlich Ideen verwirklichen und nicht nur davon träumen!

Ich bin sehr teamorientiert und finde die Möglichkeit, in einer Co-Leitung zu arbeiten, super. Wir ergänzen uns auch sehr gut. Wenn wir über unsere Vision der Schule reden, sind wir ziemlich gleicher Meinung und dann ist es einfach, miteinander zu arbeiten. Auch wenn wir mal verschiedene Ansichten haben und einem von uns eine Angelegenheit nicht so wichtig ist, übernimmt einfach derjenige die Verantwortung, der z. B. die Idee für den Kurs hatte, organisiert alles und trifft die Entscheidungen. Wenn es dann gut rauskommt, freuen wir uns zusammen. Probleme treten nur dann auf, wenn uns beiden etwas wichtig ist und wir unterschiedliche Meinungen dazu haben. Ich zum Beispiel bin dafür, dass wir eine Übersichtsliste erstellen, auf der ersichtlich ist, wo was läuft und wann wer wo Einsatz hat. Dies soll meiner Meinung nach per Computer geschehen. Sonst verlieren wir zu leicht den Überblick bei den vielen Angeboten, die an der Schule laufen. Wir brauchen den Einsatzplan dann nicht ständig in allen Sitzungen wieder zu besprechen. Und wenn sich das Programm ändert, sind alle schnell informiert. Dies könnte durch eine schreibgeschützte Datei geschehen, die von einer zentralen Stelle bearbeitet wird. Die Kolleginnen und Kollegen können diese dann abrufen. Eine andere Möglichkeit wäre eine Intranetlösung, allerdings ist diese zugegebenermassen etwas kostspielig. Auch unsere externe Kommunikation ist noch stark verbesserungswürdig. So arbeiten wir ausschliesslich mit Flyern und Veranstaltungskalendern. Eine eigene Homepage existiert nicht. Dabei wäre deren Bewirtschaftung mit einem Content-Management-System (CMS) so einfach.

Bringe ich diesen Vorschlag aber ein, kriege ich zu hören, ich sei „computergläubig". Wenn ein Fehler einmal im System sei, ziehe er sich durch alles hindurch. Und sowieso: eine eigene Homepage sei viel zu kompliziert. Aber der Computer wäre eigentlich ein super Kommunikationstool. Natürlich müssen wir die Verantwortungen klar regeln, damit keine schlimmen Fehler auftreten. Mir ist es einfach nicht wohl bei der Haltung: „Wir machen es so, wie wir es immer gemacht haben."

III. Kommunikation und Konfliktmanagement

✎ *Teaching Notes*

Stichwörter: Führung im Tandem • gemeinsame Entscheidungen • partizipative Lösungen erarbeiten

1. Skizzieren Sie die verschiedenen Entscheidungswege. Die Stärken und Schwächen können diskutiert werden. Kuark (2003, S. 18 ff.) gibt einen Überblick über die Grundprinzipien im *TopSharing* und partnerschaftliche Führung. Während gemeinsame Entscheidungen in die Kernaufgabe fallen, können Einzelentscheidungen an eine der Personen delegiert werden.
2. Bereiten Sie ein Gespräch zwischen dem Co-Leiter und der Co-Leiterin über die Einführung der neuen Übersichtsliste vor.
   - Eine Gruppe versetzt sich in die Lage des Gründers und bereitet ein Gruppenmitglied auf die Rolle des Co-Leiters vor. Wie wollen Sie sich verhalten? Was ist Ihnen wichtig?
   - Eine Gruppe versetzt sich in die Lage der Co-Leiterin. Was ist Ihnen wichtig? Was wollen Sie tun?
3. Diskutieren Sie die Vor- und Nachteile von persönlichen/schriftlichen und elektronischen Kommunikationsformen.

Mögliche Fragen zur Fallbearbeitung

a) Welche Entscheidungswege – für einzelne und gemeinsame Entscheidungen – erkennen Sie in der Fallbeschreibung?
b) Welche Gründe sehen Sie hinter der Haltung des Gründers? Welche hat die neue Co-Leiterin?
c) Was könnten der Co-Leiter und die Co-Leiterin tun, um eine Lösung für den Umgang mit Meinungsverschiedenheiten zu finden?

Nr. 21 Der Mobbingvorwurf

Martin Sprenger, Stephanie Kaudela-Baum und Dominik Godat

Mirko Müller leitet eine Abteilung mit 20 Mitarbeitenden in der SBD, einem grossen Unternehmen für Sicherheits- und Bewachungsdienste. Seine Abteilung besteht aus vier Teams, die sich jeweils aus vier Sicherheitsmitarbeitenden und einem Teamleiter bzw. einer Teamleiterin zusammensetzen. Die Teamleitenden, welche Müller direkt führt, verfügen zwar über gewisse Weisungsbefugnisse auf der operativen Ebene, aber letztendlich liegt sowohl die fachliche als auch die personelle Führung in der Verantwortung von Herrn Müller.

Im Verlauf des letzten Jahres kam es zwischen zwei Mitarbeitenden von Herrn Müller immer wieder zu Streit und Unstimmigkeiten, welche ihn und die gesamte Abteilung stark belasteten und ihn auch jetzt wieder zum Handeln zwingen. Herr Müller denkt an das erste Gespräch mit Frau Martin, Sicherheitsmitarbeiterin, vor einem Jahr zurück. Sie beklagte sich damals bei ihm über Herrn Lutz, ihren Teamleiter, und kritisierte dessen immer unfreundlicher werdende Umgangsformen ihr gegenüber. Sie fühle sich von ihm unter Druck gesetzt und ungerecht behandelt. Das Arbeitsklima zwischen den beiden hat sich zunehmend verschlechtert. Frau Martin erwähnte zwei kritische Situationen im Rahmen von gemeinsamen Einsätzen. Die erste ereignete sich im Rahmen eines Sicherungsauftrags bei einem Fussballspiel. Herr Lutz hatte mit seinem Team den Auftrag, die Eingangskontrollen durchzuführen. Während dieses Vorgangs soll Lutz Frau Martin lauthals vor allen Besuchern getadelt haben: „Machen Sie gefälligst ihre Arbeit korrekt. Sie werden nicht für Ihr schönes Lächeln bezahlt!", habe er sie angefaucht und wild gestikuliert. Lautes Gelächter beim wartenden Publikum war die Folge. Auch abschätzige Bemerkungen seitens der Fans sollen im Anschluss gefallen sein: „Hier müssen Sie noch abtasten." Frau Martin fühlte sich völlig blossgestellt. Ihrer Meinung nach lag kein Fehlverhalten ihrerseits vor. Zudem hätte man sie, wenn schon, auch diskreter auf ein allfälliges Fehlverhalten aufmerksam machen können.

Die zweite Situation erfolgte bei einer Einsatzbesprechung für einen Bewachungsauftrag an einem Dorffest. Vor dem gesamten Team soll Lutz gesagt haben, er könne Frau Martin nicht beim Parkdienst einteilen. Eine solch schlechte Autofahrerin sei nicht in der Lage, die Besucher in die Parkfelder einzuweisen. Die Versicherungssumme der Unternehmung weise auch keine solch hohe Deckung auf, um alle Schäden zu bezahlen. Diese Bemerkung sei für Frau Martin sehr verletzend gewesen. Nebst diesen geschilderten Erlebnissen soll der Teamleiter aber auch in der täglichen Arbeit keinen korrekten Umgangston mit ihr pflegen. Im Gespräch mit Kolleginnen und Kollegen spreche er nur von „der Martin" oder „der Blondie". Er achte auch nicht darauf, dass es die anderen nicht hören, sondern er benutze diese Bezeichnungen ungehemmt und lauthals.

Sowohl Frau Martin als auch Herr Lutz arbeiten seit rund vier Jahren bei der SBD. In den ersten drei Jahren verlief die Zusammenarbeit problemlos. Inzwischen stehen Mobbingvorwürfe im Raum. Der gegenseitige Umgang ist mittlerweile sehr

III. Kommunikation und Konfliktmanagement

zurückhaltend und kühl. Hinzu kommt, dass Frau Martin eine private Beziehung zu einem Kollegen von Herrn Lutz pflegt, einem weiteren Teamleiter in der Abteilung von Herrn Müller.

Da Herr Müller immer wieder mit Klagen aus der Abteilung in Bezug auf die schwierige Beziehung zwischen Herrn Lutz und Frau Martin konfrontiert wird, beschliesst Herr Müller, seine Vorgesetzte, Frau Zeier, um Mithilfe zu bitten. Da Frau Zeier bereits vor einem Jahr über die Sache informiert wurde und damals schon Gespräche mit Herrn Müller führte, bietet sie ihm sofort Unterstützung an, und die beiden vereinbaren einen Termin für den kommenden Montag.

Frau Zeier eröffnet das Gespräch: „Also Herr Müller, wie kann ich Ihnen helfen?" Herr Müller druckst etwas herum: „Ja also, wie Sie wissen, es geht um die Mobbingsache zwischen Frau Martin und Herrn Lutz." Frau Zeier kann sich noch gut an die Sache erinnern: „Nun, hatten wir deshalb nicht schon einmal einen Termin? Ich dachte, dass sich das alles inzwischen wieder beruhigt hätte." Herr Müller versucht, den Verlauf des Ganzen noch einmal zu schildern: „Nein, leider nicht. Ich stelle fest, dass die betroffene Mitarbeiterin immer noch sehr unter der Situation leidet. Im persönlichen Gespräch bricht sie manchmal in Tränen aus. Ich habe das Gefühl, dass sie sich regelrecht in die ganze Problematik hineinsteigert. Sie nimmt jede Äusserung seitens des Teamleiters sehr persönlich und legt diese als direkten Angriff gegen sie aus. Die vorgebrachten Anschuldigungen kann sie aber oftmals nicht stichhaltig begründen. Der Teamleiter verhält sich mittlerweile äusserst vorsichtig. Er versucht, jegliches Fehlverhalten zu vermeiden. Zwar gibt er zu, dass keinerlei Sympathie zwischen ihm und Frau Martin vorhanden ist, weist aber die Mobbingvorwürfe weit von sich. Er fühlt sich zunehmend in die Täterrolle gedrängt und hat das Gefühl, dass er sich gegenüber Frau Martin gar nicht mehr richtig verhalten könne. Auch ihr Lebenspartner wird immer mehr in die Angelegenheit mit hineingezogen, da Herr Lutz mittlerweile den Kontakt zu ihm auf das Wesentliche beschränkt, obwohl beide als Teamleiter Kollegen sind." Herr Müller schliesst seinen Bericht mit der Feststellung, Frau Martin werfe ihm vor, dass er aus Sympathiegründen für Herrn Lutz Partei ergreife.

Frau Zeier möchte daraufhin wissen, was Herr Müller bereits unternommen hat, um auf die Mobbingvorwürfe einzugehen und den Konflikt zwischen den Beteiligten zu entschärfen. Herr Müller erwidert: „Ich habe mit Frau Martin und Herrn Lutz eine Aussprache durchgeführt, bei der die einzelnen Gesichtspunkte erläutert wurden. Dabei zeigten sich die Parteien nur mässig einsichtig. Wir verabredeten im Rahmen des Gesprächs, dass künftig ein sachlicher und korrekter Umgang gepflegt werde. Nach dieser Aussprache hat sich das Verhältnis auch merklich entspannt. Während meiner Ferienabwesenheit vor drei Monaten spitzte sich die Problematik aber wieder zu. Ich erfuhr durch Drittpersonen von einem Disput zwischen den beiden Beteiligten. Gleich nach meinen Ferien sprach ich Frau Martin darauf an. Sie fühlte sich wieder unkorrekt behandelt. Auch die Mobbingvorwürfe flammten wieder auf. Mein Angebot, ein Gespräch am runden Tisch durchzuführen, lehnte sie ab. Als ich Herrn Lutz mit den Vorwürfen konfrontierte, reagierte dieser erstaunt. Ich habe ihn nochmals unmissverständlich darauf hingewiesen, dass Mobbing in meiner Abteilung keinesfalls toleriert wird. Ich habe die Mitarbeiterin über das Gespräch mit dem Teamleiter informiert und sie aufgefordert, sich bei weiteren Unstimmigkeiten umgehend bei mir zu melden. Ausserdem habe ich ihr angeboten, die Personalabteilung zur Problemlösung beizuziehen, eine weitere Aussprache am runden Tisch durchzuführen oder das Team zu wechseln. Aber sie hat alle Vorschläge ausgeschlagen. Etwa drei Wochen später habe ich sie erneut auf die Situation angesprochen. Sie erwiderte darauf, dass sich die Situation beruhigt habe. Vor einer Woche sprach sie allerdings wieder bei mir vor. Die Situation habe sich erneut verschlechtert. Mobbing habe jedoch nicht stattgefunden. Abermals habe ich ihr diverse Lösungsvorschläge unterbreitet. Sie hat jedoch alle abgelehnt. Ich bin mit meinem Latein am Ende, deshalb habe ich mich an Sie gewendet, in der Hoffung, bei Ihnen Rat zu finden."

III. Kommunikation und Konfliktmanagement

✎ *Teaching Notes*

Stichwörter: Kommunikation • Konfliktmanagement • Mobbing • Rollenkonflikte • private Beziehung am Arbeitsplatz • Coaching von Führungskräften

Dieser Fall eignet sich sowohl zur Diskussion im Klassenverband wie auch zur Diskussion in Gruppen mit anschliessender Präsentation der Lösungsvorschläge. Die verschiedenen Themen wie Kommunikation, Konfliktmanagement, Mobbing oder private Beziehungen am Arbeitsplatz können in ihrem Zusammenspiel betrachtet werden, oder es können einzelne Themen wie Mobbing und dessen Abgrenzung herausgegriffen und vertieft werden. Ein spezieller Fokus kann auf das Konzept Coaching als Führungsinstrument gelegt werden.

Mögliche Fragen zur Fallbearbeitung

a) Zeichnen Sie die Situation in einem Organigramm auf, beschreiben und analysieren Sie die Beziehungen zwischen den Akteuren.
b) Haben Herr Lutz und Herr Müller Führungsfehler gemacht? Welche?
c) Liegt aus Ihrer Sicht Mobbing vor? Welche Kriterien müssten dafür erfüllt sein?
d) Versetzen Sie sich in die Situation des Abteilungsleiters und dessen Vorgesetzten. Wie könnten sie das Problem angehen?
e) Beurteilen Sie die bisher getroffenen Massnahmen. Welche Massnahmen könnten kurz-, mittel- und langfristig hilfreich sein?

Nr. 22 Die unangenehme Nachricht

Martin Sprenger

Die Engineering AG wurde vor 25 Jahren als kleine Unternehmung gegründet und ist in den Bereichen Solarenergie sowie Filtersysteme und Blindstromkompensationsanlagen tätig. Sie hat sich vor allem mit ihren innovativen und qualitativ hochwertigen Produkten einen Namen gemacht. Während sie zu Beginn lediglich auf dem Schweizer Markt tätig war, vertreibt sie zwischenzeitlich ihre Produkte europaweit. Bedingt durch die steigenden Strompreise sind beide Geschäftsbereiche noch immer stark am wachsen. Diese Entwicklung hat sich nicht nur auf den Umsatz ausgewirkt, sondern auch auf das Wachstum des Personals. Anfänglich bestand die Firma aus dem Gründer sowie zwei Mitarbeitenden. Mittlerweile beschäftigt das Unternehmen 47 Personen. Nebst dem Geschäftsführer und einer Assistentin sind 24 Mitarbeitende im Bereich Filtersysteme und Blindstromkompensation und 13 im Bereich Solarenergie beschäftigt. Je drei Personen sind mit der Buchhaltung sowie dem Marketing betraut. Die Geschäftsleitung setzt sich aus dem Leiter Technik, dem Leiter Administration sowie dem Geschäftsführer zusammen. Abbildung 2 zeigt das Organigramm.

Das starke Wachstum wirkt sich auch auf die Organisation der Engineering AG aus. Filtersysteme und Blindstromkompensation hatten in den vergangenen Jahren das grösste Wachstum zu verzeichnen. Aus diesem Grund hat die Geschäftsleitung beschlossen, den Bereich in zwei eigenständige Bereiche „Filtersysteme" und „Blindstromkompensation" aufzuteilen. Die Abteilung „Filtersysteme" soll durch Klaus Lüscher geführt werden, der bis anhin Abteilungsleiter „Filtersysteme und Blindstromkompensation" war. Lüscher ist ein langjähriger und verdienter Mitarbeiter, der bei der Geschäftsleitung wie auch bei der Belegschaft grosses Vertrauen geniesst. Die Abteilung „Solarenergie" wird wie bis anhin durch Thomas Schmidli geführt. Für die Abteilung „Blindstromkompensation"

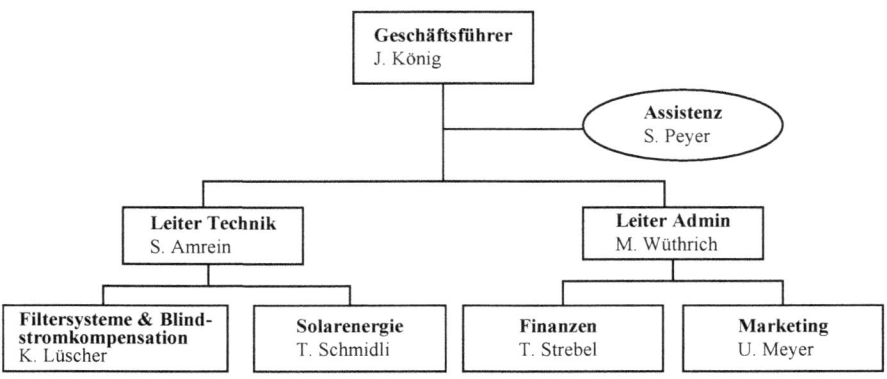

Abb. 2 Organigramm der Engineering AG vor der Reorganisation

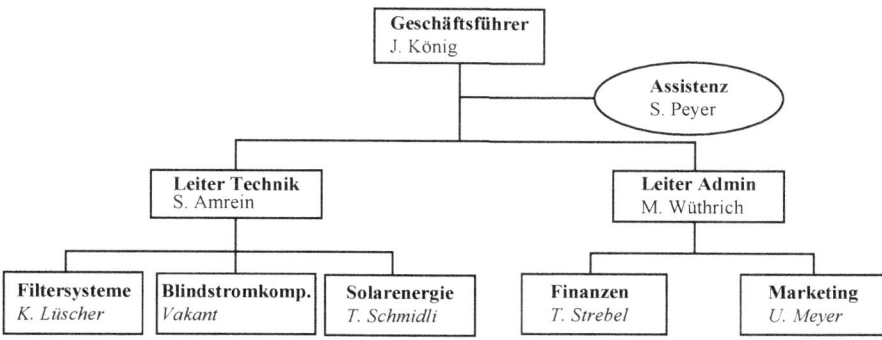

Abb. 3 Organigramm der Engineering AG nach der Reorganisation

wird nun ein neuer Leiter gesucht. Abbildung 3 zeigt das Organigramm nach der Reorganisation.

Für die vakante Bereichsleitung hat die Geschäftsleitung zwei Kandidaten in die engere Wahl einbezogen. Der erste Anwärter ist Urs Schwitter. Urs Schwitter ist 35 Jahre alt und ist direkt nach seinem Studium an der Eidgenössischen Technischen Hochschule ETH in Zürich vor neun Jahren zur Firma gestossen. Lüscher hält grosse Stücke auf ihn. Schwitter hat sich in der vergangenen Zeit als Leiter von grösseren Projekten und in der Führung von Fachplanern einen guten Leistungsausweis erarbeitet. Er geniesst Lüschers volles Vertrauen, deshalb hat Klaus Lüscher Schwitter vor fünf Jahren zu seinem Stellvertreter ernannt und mit ihm zusammen die Abteilung massgeblich geprägt. Vor einem Jahr hat Schwitter geheiratet und in drei Monaten wird er zum ersten Mal Vater. Auch in puncto Weiterbildung herrscht bei Schwitter nicht Stillstand. Er absolviert derzeit einen MBA-Lehrgang, den er demnächst abschliessen wird.

Der zweite Kandidat ist der 39-jährige Alain Dubois. Dubois hat ein Studium an der ETH in Lausanne absolviert und ist vor zwei Jahren in die Firma eingetreten. Zuvor war er für längere Zeit bei einem Grosskonzern als Projektleiter tätig. Durch seine Wurzeln in der Westschweiz spricht er perfekt Französisch. Er wohnt aber seit zwölf Jahren in der Deutschschweiz und kann sich demzufolge auch auf Deutsch hervorragend ausdrücken. Dubois ist ebenfalls verheiratet und hat drei Kinder.

Lüscher würde grundsätzlich beiden die Abteilungsleitung zutrauen. Er ist aber der Meinung, dass dieser Schritt sowohl für Schwitter als auch für Dubois ein bis zwei Jahre zu früh kommt. Schwitter ist mit der Familiengründung und dem Weiterbildungslehrgang bereits stark ausgelastet. Auch für Dubois, der im Team einen grossen Rückhalt geniesst, ist es aus seiner Sicht noch nicht an der Zeit, eine solch wichtige Position einzunehmen. Zum einen sind seine drei Kinder noch sehr klein, zum anderen möchte Lüscher, dass Dubois die Firma noch besser kennen lernt, bevor er eine solche Funktion antritt.

Die Geschäftsleitung drängt auf die Reorganisation. Sie hat Lüschers Bedenken zwar zur Kenntnis genommen, will aber trotzdem sofort mit der Restrukturierung beginnen. Auch die Teammitglieder wollen eine Lösung der Situation. Grundsätzlich haben sowohl Schwitter wie auch Dubois signalisiert, dass sie sich vorstellen könnten, die Leitung gemeinsam auszuführen. Die Geschäftleitung hingegen hält nichts von diesem Vorschlag. In einem geheimen Meeting hat sie Alain Dubois zum neuen Bereichsleiter ernannt. Die Wahl wurde aber noch nicht kommuniziert. Die Geschäftsleitung hat Lüscher aufgefordert, den beiden den Entscheid mitzuteilen. Anschliessend soll die Belegschaft informiert werden.

Lüscher hat ein ungutes Gefühl. Er befürchtet, dass Schwitter aufgrund des Entscheids die Firma verlässt. Ein Abgang hätte aber hohe Projektkosten zur Folge, vom Informationsverlust ganz zu schweigen. Lüscher will dies deshalb um jeden Preis vermeiden. Seine Bedenken sind nicht unbegründet. Nicht nur, dass Schwitter als Stellvertreter nicht Chef wird, auch durch seinen Weiterbildungswillen unterstreicht er durchaus seinen Führungsanspruch.

„Jetzt bloss nichts falsch machen", denkt sich Lüscher. „Wie kann ich Schwitter motivieren, trotz des negativen Bescheids bei uns zu bleiben? Kann ich ihm eine Alternative in Aussicht stellen?"

III. Kommunikation und Konfliktmanagement

✎ Teaching Notes

Stichwörter: Personalgewinnung und -entwicklung • Potenzialanalyse • Motivation • Schwierige Gespräche führen

Der Fall eignet sich als Gruppenarbeit oder zur Diskussion im Plenum. Dabei gibt es verschiedene Anknüpfungspunkte. Zum einen kann die Rolle von Klaus Lüscher besprochen werden. Hierzu bieten sich die Fragen a) bis c) zur Diskussion an. Ein anderer Anknüpfungspunkt kann die Personalentscheidung als solche sein. Mögliche Fragestellungen hierzu währen d) bis f). Denkbar wäre auch, das „Schlechte-Nachricht-Gespräch" zwischen Lüscher und Schwitter in einem Rollenspiel zu erproben.

Mögliche Fragen zur Fallbearbeitung

a) Wie würden Sie die Führungssituation beschreiben?
b) Wer nimmt welche Rolle in der Situation ein?
c) Versetzen Sie sich in die Lage von Lüscher. Welche Handlungsmöglichkeiten sehen Sie?
d) Wie beurteilen Sie die Haltung der Geschäftsleitung gegenüber einem Co-Leitungsmodell?
e) Welche Gründe sehen Sie hinter der Entscheidung der Geschäftsleitung? Wie beurteilen Sie das Vorgehen der Geschäftsleitung?
f) Hätten Sie bezüglich der Wahl des neuen Abteilungsleiters gleich entschieden?

Nr. 23 Mitarbeiterinformation: von der Pflicht zur Kür

Sylvia Bendel Larcher

Peter Moser ist Personalleiter und Mitglied der Geschäftsleitung eines mittleren Möbelfabrikations- und Handelsunternehmens. Als solcher ist er auch für die interne Kommunikation verantwortlich. Für die regelmässige Verteilung der wichtigsten Informationen erstellt er eine zweimonatlich erscheinende Mitarbeiterzeitung sowie nach Bedarf elektronische Rundmails.

Es ist Peter Moser ein Anliegen, die knapp 300 Angestellten auch persönlich untereinander und mit der Geschäftsleitung in Kontakt zu bringen. Er ist überzeugt, dass die Zusammenarbeit unter Personen, die sich kennen, besser funktioniert. Zwei soziale Anlässe sind im Unternehmen seit längerem etabliert, das Weihnachtsessen im Winter und das Waldfest im Sommer. Die Teilnahme an diesen beiden Anlässen ist freiwillig.

Vor fünf Jahren hat Peter Moser ein neues Kommunikationsinstrument ins Leben gerufen: die „Personalinformation". Zwei Mal pro Jahr werden sämtliche Mitarbeitenden in jeweils zwei Gruppen zusammengerufen, um die wichtigsten Informationen bezüglich Strategie und neuen Projekten aus erster Hand, von den Mitgliedern der Geschäftsleitung, zu erfahren. Mit diesen Anlässen verfolgt Peter Moser vier Ziele:

- Bekanntmachen der Geschäftsleitungsmitglieder,
- Verankern der Strategie in den Köpfen der Mitarbeitenden,
- Schaffung einer einheitlichen Unternehmenskultur und einer Corporate Identity und
- Vernetzung der Mitarbeitenden untereinander.

Die Anlässe dauern etwa eine Stunde, die Teilnahme ist obligatorisch. Abgerundet wird die Veranstaltung mit einem Aperitif.

Bei den ersten beiden Durchführungen stiess die neue „Personalinformation" auf breites Interesse. Das hat sich unterdessen geändert. Peter Moser wurde schon von mehreren Personen angegangen: „Könnt ihr diese Infos nicht einfach schriftlich verteilen?" Peter Moser fürchtet allerdings, dass schriftliche Informationen zur Strategie und zu Projekten, die nicht alle Mitarbeitenden unmittelbar betreffen, gar nicht gelesen werden. Auch bei den Geschäftsleitungsmitgliedern sinkt die Motivation, das Neuste aus ihren Bereichen vorzustellen, mit jedem halben Jahr mehr. Einzelne Geschäftsleitungsmitglieder haben schon folgende Voten abgegeben: „Das Powerpoint-Karaoke an der Personalinformation sollten wir uns lieber sparen" oder „Mich erstaunt es nicht, dass das die Leute nicht interessiert. Wir geben viel zu viele Informationen ab. Sie sind auch nicht so aufbereitet, dass die Leute sie wirklich verstehen, zum Grossteil betreffen sie die Informationen nicht oder wir schaffen es nicht, ihnen die Bedeutung zu vermitteln."

Peter Moser vermutet, dass es vor allem die Form der Veranstaltung ist, die aus der gut gemeinten Vollversammlung eine Pflichtübung entstehen lässt. Bisher bestanden alle Personalinformationen aus einer Serie von Powerpoint-Präsentationen und damit aus reiner Einwegkommunikation. Daran änderte auch die Tatsache nichts, dass einmal ein externer Referent eingeladen war und einmal ein Rundgang durch den Betrieb durchgeführt wurde.

Zu einer Alibiübung möchte Peter Moser die Personalinformation nicht verkommen lassen. Er sucht deshalb nach Möglichkeiten, die Monotonie der Präsentationen zu durchbrechen und eine interaktive Kommunikationsplattform zu schaffen, auf welcher sich auch die Mitarbeitenden einbringen können. Mit echten Dialogen müssten sich doch das Zusammengehörigkeitsgefühl und der Teamgeist der Mitarbeitenden über alle Hierarchiestufen hinweg steigern lassen. Viel Geld steht ihr allerdings nicht zur Verfügung.

✎ *Teaching Notes*

Stichwörter: Interne Kommunikation • Präsentationsrhetorik • Motivation

Der Fall ist geeignet, Aspekte der internen Unternehmenskommunikation zu diskutieren. So ist es möglich, in einem ersten Schritt aus der Fachliteratur oder aus eigener Erfahrung Formen von Personalanlässen ausfindig zu machen und anschliessend deren Nützlichkeit einzuschätzen.

In einem zweiten Schritt könnte ein Massnahmenplan ausgearbeitet werden, der Peter Moser dazu dient, seine angestrebten Ziele zu erreichen.

Ebenso können Fragen der Präsentationstechnik am konkreten Beispiel erörtert werden. Lösungsvorschläge können in Gruppen oder im Plenum erarbeitet werden.

Mögliche Fragen zur Fallbearbeitung

a) Erfassen Sie die Situation. Welches sind aus Ihrer Sicht wichtige Elemente?
b) Benennen Sie die Problembereiche.
c) Welche Formen von Personalanlässen kennen Sie aus der Fachliteratur und aus eigener Erfahrung?
d) Wie schätzen Sie die Nützlichkeit der vorgenannten Instrumente ein?
e) Welche Massnahmen empfehlen Sie Peter Moser, damit er seine Ziele erreicht?
f) Welche Empfehlungen geben Sie den Geschäftsleitungsmitgliedern für die Gestaltung ihrer Präsentationen?

IV. Mitarbeiter entwickeln

Stephanie Kaudela-Baum, Sylvia Bendel Larcher, Paul Bürkler,
Verena Glanzmann, Dominik Godat und Martin Sprenger

Nr. 24 Das ungute Gefühl

Sylvia Bendel Larcher

„Wir waren um halb drei verabredet." Herr Geisseler blickt auf seine Uhr; es ist drei Uhr. „Ah ja?" ist alles, was ihm dazu einfällt. Ich wechsle einen kurzen Blick mit Petra: Das fängt ja gut an. Im Übrigen verläuft das Vorstellungsgespräch ganz normal, nach einer Dreiviertelstunde verabschieden wir unseren Kandidaten. Langes Schweigen. Petra klopft mit dem Kugelschreiber auf die Unterlagen: „Seine fachliche Kompetenz ist über alle Zweifel erhaben." „Schon", antworte ich, „trotzdem sträubt sich in mir alles gegen diesen Typen." „Er gefällt mir auch nicht. Aber wenn wir diesen Bewerber jetzt auch noch zurückweisen, kriegen wir ernsthafte Probleme mit der Geschäftsleitung. Die sagen schon lange, wir seien zu wählerisch und fänden deshalb keinen Entwickler." „Ich weiss. Dass er die vergangenen zwei Jahre nicht gearbeitet hat, können wir nicht vorschieben, es ist sein gutes Recht, mal eine Auszeit zu nehmen. Ich kann dir nicht einmal sagen, was mir an ihm nicht passt, er ist so unfassbar – wie ein Fisch." „Wir müssen ihn ja nicht heiraten", tröstet Petra, „er soll nur für uns arbeiten." „Also gut", seufze ich, „nehmen wir ihn halt. Vielleicht war er ja nur nervös."

Ein halbes Jahr lang haben Petra, die IT-Leiterin, und ich, die Personalchefin, einen Entwickler für die Software Oracle gesucht. Herr Geisseler mit seinen zehn Jahren Erfahrung ist eigentlich ein Glücksfall für uns. Trotzdem kann ich mich nicht mit dem Gedanken anfreunden, ihn definitiv in unserer Firma zu haben. Mit der Zustimmung der Geschäftsleitung stelle ich lediglich einen auf ein Jahr befristeten Arbeitsvertrag aus, mit der Option, diesen in einen unbefristeten Vertrag umzuwandeln.

Natürlich wird Herr Geisseler von Petra und mir scharf beobachtet. Die ersten Wochen bestätigen unsere schlimmsten Befürchtungen. Schon bei den ersten Ent-

---

S. Kaudela-Baum (✉)
Institut für Betriebs- und Regionalökonomie IBR, Hochschule Luzern –Wirtschaft,
Zentralstrasse 9, 6002 Luzern, Schweiz
E-Mail: stephanie.kaudela@hslu.ch

wicklungsaufgaben zeigt sich, dass er regelmässig mehr Zeit braucht als geplant. Darauf angesprochen, hat er immer tausend Gründe zur Hand, warum es länger gedauert hat. Ob diese Gründe stichhaltig sind, ist für Nicht-Oracle-Spezialisten schwer zu beurteilen. Zu sehen und zu hören ist nicht viel von ihm, er scheint ein „typischer Programmierer" zu sein, der sich am liebsten im stillen Kämmerlein verkriecht. Versuche, ihn ins Team zu integrieren, scheitern. Meine Ermunterungen, auch nur die Kaffeepause mit anderen zu verbringen, laufen ins Leere. Von Teammitgliedern, die phasenweise mit ihm gemeinsam arbeiten müssen, dringen erste Klagen zu mir, die Zusammenarbeit sei schier unmöglich. Zunehmend weichen ihm die Leute aus, wo sie können. Hinter seinem Rücken wird er nur noch „der Schwierige" genannt.

Petra und mir wird klar, dass wir Herrn Geisseler zu einem Gespräch laden müssen. Das erste Gespräch findet nach zwei Monaten statt, noch vor Ablauf der Probezeit. Ich lege ihm möglichst schonend dar, ich hätte den Eindruck, er sei bis jetzt nicht besonders gut im Team integriert. Zu meiner Überraschung stimmt er mir sofort zu. Es sei ihm durchaus bewusst, dass er ein schwieriger Typ sei, das habe man ihm schon oft zu verstehen gegeben, darum ziehe er sich am liebsten zurück und arbeite möglichst für sich. Petra spricht ihn ein weiteres Mal auf die Verzögerung seiner Aufträge an. Herr Geisseler verspricht, die anstehenden Projekte umgehend fertig zu stellen. Erneut schauen Petra und ich uns nach dem Gespräch ratlos an. „Der weiss genau, wie er ist, und zieht seine Nummer voll durch!", macht Petra sich Luft. Ich erwidere: „Offenbar ein typischer Fall von Selffulfilling Prophecy: Ich bin eben mühsam, also verhalte ich mich so, dass alle mich mühsam finden. Dagegen ist schwer anzukommen."

Das Gespräch scheint trotzdem zu wirken, innerhalb weniger Tage liefert Herr Geisseler alle Projekte in tadellosem Zustand ab. Zwei Mal zeigt er sich sogar beim gemeinsamen Kaffee. Aber dann ist alles wieder beim Alten. Die Arbeiten ziehen sich so lange hin, bis Petra laut wird und mit Sanktionen droht, um dann plötzlich über Nacht erledigt zu sein. Die Stimmung, die Herr Geisseler um sich verbreitet, ist wie ein stinkiger Sumpf voller Stechmücken. Manchmal gelingt es mir, während Tagen über sein Verhalten hinwegzusehen, rede mir ein, dass er mit seiner stachligen Art vielleicht nur sein schwer verletztes Inneres schützt. Dann wieder erbittert mich die Tatsache, dass er in der ganzen Firma das Klima vergiftet. Erneut bitte ich den Herrn zum Gespräch, diesmal unter vier Augen.

„Herr Geisseler, ich muss Ihnen leider sagen, dass wir mit Ihrem Verhalten nach wie vor nicht zufrieden sind. Was Sie abliefern, hat Hand und Fuss, da will ich gar nichts bemängeln. Aber die Art und Weise, wie Sie arbeiten, kann so nicht weitergehen. Immer wieder schliessen Sie Arbeiten erst ab, wenn man Ihnen mit Sanktionen droht, und was das Zwischenmenschliche betrifft, da" – „Ich weiss, ich weiss", fällt er mir ins Wort, „Sie müssen mir nichts sagen." Er versichert mir erneut, genau zu wissen, was er alles falsch macht, und verspricht hoch und heilig, sich zu bessern.

Das Spiel beginnt von vorne: Während drei Wochen gibt sich Herr Geisseler sichtbar Mühe, umgänglicher zu sein, rapportiert regelmässig den Stand seiner Arbeiten und liefert pünktlich saubere Ware ab – doch schon zwei Wochen später ist alles beim Alten. Im dritten Gespräch drohe ich Herrn Geisseler mit der Kündigung. Er nimmt die Drohung gelassen auf und erwidert mit einer Traurigkeit in der Stimme, die ihn plötzlich ganz anders erscheinen lässt: „Ich verstehe schon, dass Sie mich am liebsten wieder los werden möchten. Aber wissen Sie, ich hatte den Eindruck, in dieser Firma gar nie willkommen zu sein. Die blosse Tatsache, dass Sie mich immer noch siezen, zeigt doch, dass Sie mich nie mochten." Ich schweige schuldbewusst.

Nun bin ich am Ende mit meinem Latein. In den Gesprächen zeigt sich Herr Geisseler völlig umgänglich und einsichtig, aber nach ein paar Wochen kehrt er zu seinem alten Verhalten zurück. Es gelingt mir nicht, ihn in das Team zu integrieren und zu einer regelmässigeren und transparenteren Arbeitsweise zu bewegen. Ich werde den Vertrag, der in drei Monaten ausläuft, nicht verlängern. Aber ich fühle mich schlecht dabei. Was habe ich falsch gemacht?

✒ Teaching Notes

Stichwörter: Personalselektion • Führen schwieriger Mitarbeitender • Massnahmengespräch

Der Fall ist geeignet, um Probleme der Rollenübernahme in einer Gruppe und Fragen der Identität zu diskutieren: Wie wird ein Mensch zu dem, was er zu sein scheint? Ebenfalls anschlussfähig sind theoretische Konzepte zu Stereotypen und zur Gruppendynamik (Herr Geisseler als „Omega-Tierchen"). An die theoriebezogene Analyse, was geschehen ist, kann sich die praxisbezogene Diskussion anschliessen, wie man grundsätzlich Personal auswählt, einarbeitet, führt und entwickelt sowie die Frage, wie man Massnahmengespräche durchführt. Empfohlen wird die Arbeit im Plenum, eventuell gefolgt von Rollenspielen in Gruppen.

Mögliche Fragen zur Fallbearbeitung

a) War es ein Fehler, Herrn Geisseler einzustellen? Diskutieren Sie.
b) Was hätten die Icherzählerin, Petra und die anderen Mitarbeitenden tun können, um Herrn Geisseler doch noch ins Team zu integrieren? Wie geht man in einer Firma grundsätzlich mit Eigenbrötlern und anderen schwierigen Persönlichkeiten um?
c) Welche Alternativen gäbe es zum „Aussitzen" des Problems bis zum Vertragsende?

Nr. 25 Der Farbtupfer unter Opportunismusverdacht

Martin Sprenger und Verena Glanzmann

Die „Täglich" ist eine alteingesessene Regionalzeitung. Sie erscheint – wie der Name schon sagt – täglich mit einer Auflage von 150.000 Ausgaben. Die Leserschaft schätzt vor allem die umfangreiche Berichterstattung aus den jeweiligen Regionen. Aber auch durch die gut recherchierten nationalen und internationalen Artikel hat sie sich bei einem breiten Publikum etabliert.

Der Belegschaft ist eigentlich eine verschworene Gemeinschaft. Die meisten der 50 Mitarbeitenden arbeiten schon seit Jahren bei der „Täglich". Vor etwa zwei Jahren ist Mike Lauber dazugestossen. Er war vorher bei einer grossen, nationalen Zeitung beschäftigt. Aufgrund von Rationalisierungsmassnahmen wurde seine dortige Stelle gestrichen. Dies bewegte ihn dazu, sich bei der „Täglich" auf eine freie Stelle als Redaktor für den Regionalteil zu bewerben. Aus den vielen Bewerbungen fiel die Wahl schlussendlich auf Lauber. Er verfügte über langjährige journalistische Erfahrung und war immer wieder durch originelle Artikel aufgefallen. Mike Lauber trat die Stelle anfangs mit einem 100 %-Pensum an. Da er sich aber gleichzeitig ein zweites Standbein aufbauen wollte, reduzierte er nach acht Monaten sein Pensum um 20 % und machte sich nebenbei als PR-Berater selbständig. Die Geschäftsleitung wurde darüber orientiert und billigte dieses Vorgehen. Lauber arbeitet seither jeweils an drei Tagen in der Redaktion und einen Tag von zuhause aus. Da in der Unternehmung ein Jahresarbeitszeitmodell mit selbständiger Stundenerfassung vorherrscht, ist dies kein Problem. Was die Kontrollmöglichkeiten angeht, sind diese natürlich beschränkt.

Diese Abmachung funktionierte vorerst gut. Als sich jedoch der Kundenkreis in Laubers PR-Unternehmen stets erweiterte, traten die ersten Probleme auf. Häufig bekommt Mike Lauber in der Redaktion während der Arbeitszeit Telefonate von privaten Kunden. Die Gespräche dauern meist längere Zeit. Ebenfalls ist Mike Lauber häufig im Pausenraum statt an seinem Arbeitsplatz anzutreffen. Der Kettenraucher gönnt sich täglich mehrere Kaffee- und Zigarettenpausen, obwohl laut Arbeitsreglement den Mitarbeitenden nur jeweils 10 Minuten Pause am Morgen und Nachmittag zustehen. Private Einkäufe in der Umgebung werden von Lauber ebenfalls während der Arbeitszeit ausgeführt. So geht er regelmässig in ein nahe gelegenes Shoppingcenter und kauft dort für seinen Privathaushalt ein. Einige Kolleginnen und Kollegen sind deshalb der Ansicht, Mike Lauber arbeite nicht die vereinbarten 80 %, sondern deutlich weniger. Sie haben das Markus Kleinert, Chefredaktor der „Täglich", schon häufig mitgeteilt. Auch dass Mike Lauber stets auf seinen Vorteil schaut und weniger auf die Anliegen des Betriebs, wird ihm angelastet. Wochenend- oder Nachtarbeit werden von ihm kategorisch abgelehnt – selbst dann, wenn andere Mitarbeiterinnen und Mitarbeiter schon mit anderen Aufträgen eingedeckt sind. Gleichzeitig wird Mike Lauber von allen Kolleginnen und Kollegen auch sehr geschätzt. Seine witzige und ausgefallene Art belebt den Betrieb. Er ist ein sehr humorvoller und lebenslustiger Mensch und hat immer einen Spruch auf den Lippen.

Einzig seine Arbeitsweise und die Freiheiten, die er sich herausnimmt, sind vielen ein Dorn im Auge.

Markus Kleinert hält viel von Mike Laubers Fähigkeiten. Er schätzt die Qualität seiner Artikel sehr. Auch in Leserbriefen wird die Arbeit von Lauber des Öfteren gelobt. Außerdem hat er sich im Betrieb mit der Organisation diverser Betriebsanlässe verdient gemacht und ist immer wieder bereit, bei solchen Events mitzuwirken. Auf der anderen Seite hat Kleinert aber auch Verständnis für die Argumente der Arbeitskolleginnen und Arbeitskollegen. Dass Lauber in Bezug auf Präsenzzeiten und Trennung zwischen seiner Arbeit für die Redaktion und seiner eigenen Beratung sich nicht an die „ungeschriebenen" Spieregeln hält, stösst auch ihm sauer auf – will er doch alle gleich behandeln.

Markus Kleinert möchte das Problem nun anpacken. Über das Vorgehen ist er sich allerdings nicht so ganz im Klaren. Er will Mike Lauber unter keinen Umständen verlieren. Er ist der „Farbtupfer" in seinem Team und bringt Schwung in den Laden. Die Qualität seiner Arbeit ist ebenfalls vorzüglich. Lauber hat sich mittlerweile zum Vorzeigejournalisten der Zeitung gemausert. Eine Kündigung von Lauber wäre ein schwerer Verlust für das Blatt. Kleinerts Vorgesetzter ist der gleichen Ansicht: Entlassung oder Provokation einer Kündigung absolut verboten! Leider weiss dies auch Mike Lauber. Er fürchtet daher keine Konsequenzen und benimmt sich, wie er will. Trotzdem sieht sich Markus Kleinert gezwungen, etwas zu unternehmen. Bloss was?

IV. Mitarbeiter entwickeln

✐ *Teaching Notes*

Stichwörter: Macht • Umgang mit Freiräumen • Kreativität & Innovation • Talent Management • Kommunikation • Feedback • Gleichbehandlung • flexible Arbeitszeit • Teilzeit mit eigener Firma • Personalcontrolling • Unternehmenskultur • Führungs- und Personalethik • Personalentwicklung

Der Fall kann einerseits als Beispiel für den Umgang mit kreativen bzw. besonders talentierten Mitarbeitenden bearbeitet werden. Dabei können insbesondere die Themenbereiche Freiräume, Anreizgestaltung, Motivation und Gleichbehandlung von Mitarbeitenden in Bezug zum Talentmanagement gesetzt werden. Diese Themen können hier aber kaum unabhängig von einer unternehmenskulturellen sowie führungs- und personalethischen Dimension betrachtet werden. Aus dieser Perspektive stellen sich folgende Fragen: Wie viel Ungleichbehandlung kann die Organisation verkraften? Müssen die „normalen" Teammitglieder die Situation einfach hinnehmen und damit leben? Welche impliziten Grundannahmen und Werte gelten im Unternehmen? Zählt die Leistung eines einzelnen „Stars" mehr als die Teamleistung? Welche langfristigen Folgen hat eine Ungleichbehandlung von Mitarbeitenden für die Zusammenarbeit im Team und den Gesamterfolg der Tageszeitung?

Der Fall eignet sich andererseits aber auch dafür, die Chancen und Risiken der Teilzeitbeschäftigung in Kombination mit dem Aufbau einer eigenen Firma durch den Teilzeitmitarbeitenden kritisch zu diskutieren. Jahresarbeitszeitkonten, freie Zeiteinteilung sowie Verzicht auf Präsenzzeiten können nur unter bestimmten Bedingungen ihre Vorteile entfalten. Diese Bedingungen können anhand des Falles aufgearbeitet werden.

Mögliche Fragen zur Fallbearbeitung

a) Wie würden Sie die Führungssituation beschreiben?
b) Wer nimmt welche Rolle in der Situation ein? Wie wirken sich die Handlungen von Mike Lauber auf Markus Kleinert und sein Team aus?
c) Welche Muster (offene Konflikte, Barrieren etc.) lassen sich aus den bisherigen Geschehnissen heraus identifizieren?
d) Wie würden Sie die Probleme von Markus Kleinert genau beschreiben? Wie soll er damit umgehen?
e) Welche Risiken birgt eine Sonderbehandlung von besonders talentierten Mitarbeiterinnen oder Mitarbeitern?

Nr. 26 Der talentierte Querulant

Martin Sprenger und Paul Bürkler

Stefan Rohner sitzt in seinem Büro und starrt an die Decke. „Was soll ich bloss mit diesem Karl machen?", fragt er sich die ganze Zeit. Mit Problemfällen hat Stefan Rohner noch keine grosse Erfahrung. Er ist zwar schon seit fünf Jahren Leiter eines Entwicklerteams in der E-Solutions AG, jedoch herrschten in seinem bisherigen Team stets eine gute Atmosphäre und ein toller Zusammenhalt. Mit der Reorganisation im Betrieb hat sich jedoch einiges geändert:

Die E-Solutions AG ist eine IT-Firma mit ca. 20 Mitarbeitenden. Nebst dem Verkauf von Hardware bietet sie Leistungen im Bereich Softwareentwicklung an. Aufgrund des schwierigen wirtschaftlichen Umfelds ist die Auftragslage der Firma regelrecht eingebrochen. Dies hat die Geschäftsleitung veranlasst, Massnahmen zu ergreifen. Diese machten auch vor dem Eingriff in die Personalstruktur nicht halt. Da der Bereich Softwareentwicklung den grössten Rückgang zu verzeichnen hatte, war dieser Bereich von den Massnahmen am stärksten betroffen. Entlassungen musste die E-Solutions AG glücklicherweise keine vornehmen. Drei Mitarbeitende hatten eine Stelle bei einer anderen Firma gefunden und daher das Unternehmen freiwillig verlassen – unter anderem auch ein Teamleiter. Aufgrund dessen wurden die zwei bis anhin im Bereich der Entwicklung tätigen Teams zusammengelegt. Die Leitung des Teams übernahm Stefan Rohner. Das neue Team zählt fünf Mitglieder.

Durch die Zusammenlegung der beiden Teams trafen zwei komplett andere Team- und Führungskulturen aufeinander. Stefan Rohner pflegte seit jeher einen partizipativen Führungsstil. Folglich herrschte in seinem angestammten Team ein Klima von gegenseitigem Respekt und Wertschätzung. Wichtige Entscheidungen wurden gemeinsam getroffen. Auch hatte er stets ein offenes Ohr für seine Mitarbeitenden. Es war für Rohner selbstverständlich, dass sie ihn bei Problemen – sowohl auf fachlicher als auch auf persönlicher Ebene – jederzeit zu Rate ziehen konnten. Das andere Team hingegen wurde bis anhin kaum geführt. Rohner stellte fest, dass der bisherige Leiter keinen guten Draht zu seinen Leuten hatte. Er konnte weder auf die Teammitglieder eingehen noch unterstützte er sie bisher in ihrer täglichen Arbeit. Jegliche Verantwortung delegierte er 1:1 an die Mitarbeitenden. Es ist deshalb kaum verwunderlich, dass Führung durch gemeinsame Zielsetzung, Koordination, Terminüberprüfung, Qualitätskontrollen, aber auch Lob und Kritik kaum vorhanden waren.

Die Kulturunterschiede erschwerten die Führungsaufgabe von Stefan Rohner merklich. So stellte er immer wieder fest, dass beispielsweise Ferien nicht mit den anderen Teammitgliedern oder mit Stefan Rohner abgesprochen wurden. Auch regelmässige Feedbacks über den Fortschritt in den jeweiligen Projekten waren Fehlanzeige oder wurden nur sehr spärlich erbracht. Traten Probleme auf oder lagen Kapazitätsengpässe vor, wurde Stefan Rohner in der Regel ebenfalls nicht informiert. Es war deshalb ein hartes Stück Arbeit, im gesamten Team einen gemeinsamen Nenner zu finden. In zahlreichen Gesprächen wurde der persönliche Beitrag jedes

IV. Mitarbeiter entwickeln

Einzelnen an die Unternehmensziele festgelegt. Aber auch Verhaltensregeln innerhalb des Teams wurden definiert. Es dauerte zwar einige Wochen, bis das Team einigermassen harmonisch zusammenarbeitete – und vor allem Rohner als Chef akzeptiert wurde – aber „besser spät als nie", dachte sich Rohner.

Vor besondere Probleme wird Stefan Rohner allerdings durch Karl Hilb gestellt. Dieser verweigert jegliche Führungsmassnahmen seitens Rohner. Anweisungen von Rohner werden von Hilb einfach nicht beachtet. Erst vor kurzem hat ihm Rohner einen Auftrag erteilt, der ganz oben auf der Prioritätenliste stand. Und was tat Karl Hilb: Nichts. Drei Wochen später lag der Auftrag noch immer auf dem Pendenzenberg auf Hilbs Pult. Umgekehrt nimmt er Aufträge von Kunden an, die geringe Priorität aufweisen. Diese wiederum werden von Hilb mit grossem Zeitaufwand sofort erledigt. Auch auf Kundenseite stösst Hilbs Arbeitsstil nicht auf Wohlwollen. Häufig beschweren sich Kunden bei Rohner, dass Versprechen von Karl Hilb nicht eingehalten werden. Dies ist natürlich äusserst ärgerlich, da die Firma momentan finanziell nicht gut dasteht und die Auftragslage miserabel ist. Rohner muss dann jeweils mit grossem Aufwand die Kundschaft wieder beruhigen, damit sie nicht zur Konkurrenz abwandert. Als Massnahme hat Rohner angeordnet, dass Hilb ihn jeweils an der Montagssitzung über seine Arbeit informiert. Obwohl der Auftrag von Hilb zwar wahrgenommen wird, gibt er an diesen Meetings nur sehr oberflächlich Auskunft über Projektstände. Rohner sieht sich deshalb nicht in der Lage, eine Einschätzung über den Arbeitsfortschritt und die Arbeitssituation vorzunehmen.

Karl Hilbs Eigenleben belastet zunehmend auch die Situation im Team. Arbeiten, die von Hilb nicht ausgeführt werden, bleiben zwangsläufig an den restlichen Teammitgliedern hängen. Dass dies nicht unbedingt auf Gegenliebe stösst, ist nur allzu verständlich. Insbesondere sind es die unliebsamen Aufgaben, die liegen bleiben, was die Situation zusätzlich erschwert.

Rein fachlich ist Karl Hilb ein sehr guter Programmierer. Die Arbeit, die er abliefert, ist einwandfrei. Gemäss Stefan Rohners Einschätzungen ist er wohl der talentierteste Programmierer im Team und folglich eine wichtige Fachkraft für das Unternehmen. Solche Leute sind auf dem Arbeitsmarkt nur sehr schwer zu bekommen. Leider ist das Hilb auch nicht entgangen. Ob er diese Situation gezielt ausnutzt, kann Rohner aber nicht beurteilen.

Stefan Rohner hat natürlich nicht tatenlos zugesehen, sondern mehrfach versucht, Massnahmen einzuleiten, jedoch mit mässigem Erfolg. Nicht nur, dass der Informationsfluss über die jeweiligen Projektstände mangelhaft verläuft, auch die bisherigen persönlichen Gespräche fruchteten nicht. Rohner kommt allerdings immer mehr unter Zugzwang, insbesondere weil die restlichen Teammitglieder ebenfalls auf eine Lösung drängen. So sitzt Stefan Rohner nun in seinem Büro und ist daran, einen Massnahmenplan auszuarbeiten. „Was kann ich unternehmen, damit Karl Hilb meine Führungsposition anerkennt und wir einen besseren Draht zueinander finden? Es muss doch Möglichkeiten geben, wie man das erreichen kann", denkt er sich. „Bisher habe ich mich immer sehr zurückhaltend verhalten. Sollte ich vielleicht doch etwas mehr Druck aufsetzen…?"

✎ Teaching Notes

Stichwörter: Personalentwicklung • Talent Management • Umgang mit Freiräumen • Macht • Konfliktmanagement • Führungsstil • Teamentwicklung

Der Fall bietet mehrere Anknüpfungspunkte. Zum einen können in Gruppen konkrete Massnahmen ausgearbeitet werden, die zur Entspannung der Situation beitragen. Diese können anschliessend im Plenum vorgestellt und diskutiert werden.

Ein zweiter Anknüpfungspunkt bietet die Beziehung zwischen Stefan Rohner und Karl Hilb. Wo liegen mögliche Gründe in Karl Hilbs Verhalten? Ist es tatsächlich sinnvoll, wenn Stefan Rohner mehr Druck ausübt? Ist es auf der anderen Seite sinnvoll, Karl Hilb gewähren zu lassen? Wie viel darf sich ein wichtiger Mitarbeiter in einer Firma erlauben? Diese Fragen könnten in diesem Zusammenhang diskutiert werden.

Mögliche Fragen zur Fallbearbeitung

Versetzen Sie sich in die Lage von Stefan Rohner:

a) Welche Massnahmen würden Sie in Betracht ziehen?
b) Ist es sinnvoll, tatsächlich mehr Druck auszuüben?

IV. Mitarbeiter entwickeln

Nr. 27 Der Teilzeitassistent

Martin Sprenger und Stephanie Kaudela-Baum

Marco Geiser, 37 Jahre alt, hat vor fünf Jahren die Ausbildung zum Wirtschaftsprüfer erfolgreich abgeschlossen. Die praktische Ausbildung hat er bei einer grossen, weltweit tätigen Revisionsgesellschaft absolviert. Nach der Diplomierung hat er sich nach einer kleineren Unternehmung als Arbeitgeber umgesehen. Er ist der Meinung, dass er in einer kleinen Firma viel mehr bewegen kann, als das in einer Grossunternehmung der Fall ist. Er hat deshalb vor vier Jahren bei der Treu&Hand AG einen Arbeitsvertrag als Wirtschaftsprüfer unterschrieben. Die Treu&Hand AG ist eine mittelgrosse Treuhandgesellschaft mit rund 40 Mitarbeitenden. Das Kundenportfolio umfasst vor allem kleine und mittlere Unternehmen (KMU) aus der Region. Aber auch zwei Grossunternehmen nehmen die Dienste der Treu&Hand AG in Anspruch. In der Funktion als Wirtschaftsprüfer sind Marco Geiser zwei Assistierende zur Unterstützung zur Seite gestellt.

Ende Juni wurde in Marco Geisers Team eine Stelle als „Assistent des Wirtschaftsprüfers" frei. Marco Geiser hatte klare Vorstellungen, was die künftige Stelleninhaberin oder der künftige Stelleninhaber mitbringen sollte. Er legte Wert auf Dynamik, Verlässlichkeit und Loyalität. Erfahrung im Bereich Wirtschaftsprüfung war keine Voraussetzung. Vielmehr legte er Wert auf Lernbereitschaft und auf Freude im Umgang mit Zahlen. Wie der Zufall es wollte, konnte Geisers Chef, Dr. Paul Holliger, gleich zwei potenzielle Kandidaten aus seinem beruflichen Netzwerk präsentieren. Darüber war Geiser froh, konnte er sich doch so die Zeit und die damit verbundenen Kosten für den aufwendigen Suchprozess sparen. Der eine Kandidat suchte nur einen Übergangsjob vor der Aufnahme eines Vollzeitstudiums. Dieser Kandidat entsprach nicht Geisers Vorstellungen. Der andere Kandidat, Jan Tauber, hinterliess beim Vorstellungsgespräch einen sehr guten Eindruck. Geisers Wahl fiel folglich auf den 21-jährigen Jan, der gerade eine kaufmännische Ausbildung absolviert hatte und einen Einstiegsjob bei einem Wirtschaftsprüfer suchte.

Zu Beginn des Anstellungsverhältnisses bestätigte sich Geisers Eindruck. Jan Tauber zeigte grossen Einsatz und war auch bereit, in arbeitsintensiven Phasen Wochenendarbeit zu leisten. Zwar gab es Kleinigkeiten, die nicht zu 100 % Geisers Vorstellungen entsprachen, jedoch lagen diese im korrigierbaren Bereich. Er hatte keine Bedenken, das Anstellungsverhältnis nach Ablauf der Probezeit weiterzuführen. Da der lernwillige Jan Tauber berufsbegleitend die Berufsmatura erlangen wollte, einigten sich Geiser und er auf ein 70 %-Pensum bis zur Erlangung der Matura. Dies sollte in neun Monaten der Fall sein. Den Umfang des Pensums nach Abschluss der Weiterbildung liessen die beiden offen. Geiser gab jedoch klar zu erkennen, dass er auf 100 % erhöhen möchte.

In den ersten drei Monaten konnte sich Jan Tauber bereits etwas in die komplizierte Materie einarbeiten. Geiser wollte dem lernwilligen Tauber eine Entwicklungsperspektive eröffnen und gab ihm einige kleine Projekte zur selbständigen Abwicklung. Jan Tauber freute sich über das entgegengebrachte Vertrauen und machte sich sofort an die Arbeit. Geiser bemerkte jedoch nach kurzer Zeit, dass sein

Assistent mit den Aufgaben ziemlich überfordert war. „Mir fehlt einfach der Background zu diesem Fachgebiet", war die Antwort von Tauber, als Marco Geiser ihn offen auf die Situation ansprach. „Ich bereite mich jetzt gerade relativ intensiv auf den Beginn des berufsbegleitenden Fachhochschulstudiums vor. Ich muss noch viel für die Fächer Statistik und Mathematik nachholen. Ich bin sicher, danach geht vieles einfacher. Wenn ich erst mal ein bis zwei Semester im BWL-Studium absolviert habe, verfüge ich auch über das nötige Grundwissen für die komplexen Aufgaben."

Marco Geiser war etwas perplex. „Ich dachte, Sie wollen die Berufsmatura absolvieren?" „Ja, schon", antwortete Jan Tauber, „aber ich möchte direkt danach weiterstudieren. Daher bereite ich mich bereits etwas vor. Ich möchte keine Zeit verlieren." „Also ich kann Ihnen nur raten, zuerst die Berufsmatura zu erlangen", antwortete Marco Geiser. Geiser war gegenüber den Plänen von Jan Tauber skeptisch eingestellt. Seiner Meinung nach sollte er zuerst die Berufsmatura in Ruhe abschliessen und sich danach im Job festigen, bevor er grossartige weiterführende Ausbildungspläne schmiedete. Unbeirrt dessen bereitete sich Jan Tauber auf sein bevorstehendes Studium vor. Parallel dazu absolvierte er einen Kurs zur Erlangung eines Englischdiploms. Die Diplomprüfungen fielen in den gleichen Zeitraum wie seine Vorbereitungen für das Hochschulstudium.

Diese Doppelbelastung ging nicht spurlos an dem jungen Assistenten vorbei. Seine Leistungen im Betrieb sanken rapide. Die Arbeit von Jan Tauber war häufig fehlerhaft. Geiser handelte sofort und bat Tauber zu einem klärenden Gespräch. „Herr Tauber, ich muss mit Ihnen über Ihre Leistung hier im Unternehmen und Ihre zahlreichen Aus- und Weiterbildungsprojekte sprechen. Immer häufiger stelle ich fest, dass Ihre Arbeit nicht dem geforderten Standard entspricht." „Ich bin schon bemüht, meine Leistung auf hohem Niveau zu halten", antwortete Tauber, „aber durch die enorme Belastung bin ich an meine Grenzen gestossen. Das gebe ich zu. Ich versichere Ihnen aber, nach dem Start an der Fachhochschule und der Beendigung des Englischkurses wird alles besser…"

Seit dem Gespräch waren einige Wochen vergangen. Jan hatte Geiser nicht weiter informiert, daher nutzte Geiser anlässlich einer Besprechung die Gelegenheit und fragte den Assistenten nach der Englischprüfung: „Haben Sie das Englischdiplom eigentlich bestanden?" „Leider nicht ganz", antwortete Jan Tauber, „ich hatte ein bisschen Pech. Ich habe wohl den Vorbereitungsaufwand ein wenig unterschätzt. Ich werde die Prüfung aber in vier Wochen wiederholen. Ist ja nur noch ein kleiner Aufwand." „Aha. Ein kleiner Aufwand also", antwortete Marco Geiser. „Das sehe ich anders. In Anbetracht der Tatsache, dass sich Ihre Leistungen im Betrieb nicht verbessert haben, lege ich Ihnen dringend ans Herz, die Prüfung um ein Jahr zu verschieben. Ich empfehle Ihnen stattdessen, sich vermehrt auf die Arbeit zu konzentrieren. Sie können die Englischprüfung immer noch in ein oder zwei Jahren absolvieren." „Nein, nein, das schaffe ich schon", verteidigte sich Tauber. „Es ist wirklich nur noch ein kleiner Nachholbedarf angesagt." Marco Geiser konnte seine Bedenken nicht verbergen, andererseits konnte er ihm den Versuch auch nicht verbieten. Mit nochmaligem Verweis auf Taubers schlechten Leistungen im Betrieb verliess Marco Geiser das Besprechungszimmer. Und so nahmen die Dinge ihren Lauf.

IV. Mitarbeiter entwickeln

Es sind aber nicht das nicht bestandene Diplom und die Vorbereitungen auf die Fachhochschule, die Geiser Kopfschmerzen bereiten, vielmehr ist es die Leistung von Tauber, die ihm zu denken gibt. Nach wie vor ist er nicht in der Lage, eine Grafik oder einen Text sauber zu formatieren und ohne Rechtschreibfehler abzuliefern. Auch nach mehrmaligem Erklären schafft er es nicht, ganz banale Aufgaben zu erledigen. Seine Vergesslichkeit macht sich in diesem Bereich besonders stark bemerkbar. Bis anhin konnte er immer damit argumentieren, dass er ja in der Prüfungsvorbereitung sei und deshalb manchmal nicht ganz bei der Sache. Dieses Argument fällt nun aber offensichtlich weg. Auch das vernetzte Denken fehlt ihm. So kann er keine kreativen Inputs liefern, da er die Zusammenhänge nicht richtig versteht. Er ist beispielsweise nicht in der Lage, abzuschätzen, welche steuerlichen Auswirkungen es hat, wenn er diese oder jene Abschlussbuchung vornimmt. Weiss er etwas nicht, kann er nicht über seinen Schatten springen und fragen. Er experimentiert stattdessen an einer eigenen Lösung herum oder erledigt die Arbeiten gar nicht. Entlastend gilt es jedoch anzumerken, dass durchaus Aufgabengebiete existieren, die er sehr gut und eigenständig erledigt. Die Quote an erfolgreich abgeschlossenen Projekten bzw. Aufgaben ist aber nicht so hoch, wie es eigentlich von ihm erwartet wird.

Nach wie vor arbeitet Tauber mit einem 70 %-Pensum bei der Treu&Hand AG. Geiser könnte aber wirklich jemanden gebrauchen, der zu 100 % die Assistenzfunktion ausübt. Für Geiser gibt es nur zwei Optionen: Entweder er entlässt Tauber und stellt stattdessen einen neuen Assistenten oder eine neue Assistentin ein, oder Tauber erhöht das Pensum auf 100 %. Bei Variante 1 kommt erschwerend hinzu, dass Tauber auf Empfehlung des Chefs eingestellt wurde. Eine allfällige Entlassung müsste Geiser also auch vor ihm rechtfertigen. Variante 2 würde Taubers Entwicklungspfade im Bereich der Aus- und Weiterbildung beenden. Aber ist das Geisers Problem?

✎ Teaching Notes

Stichwörter: Führungsstil • Mitarbeitendengespräch • Feedback geben und nehmen • Personalentwicklung • Personalauswahl • Teilzeitarbeit

Bei dem Fall ist es ratsam, dass der Vorgesetzte sich bei der Vorbereitung des anstehenden Mitarbeitendengesprächs überlegt, wie er dieses strukturieren möchte. Zunächst sollte der Vorgesetzte für sich ein Ziel des Gesprächs definieren. Welche Probleme möchte er besprechen? Was stört ihn so, dass ein Mitarbeitendengespräch unausweichlich ist? Welche Fakten kann er anführen? Weiterhin wäre es ratsam, dass er sich den gesamten Einarbeitungs- und Beschäftigungsprozess, alle Absprachen bzgl. Weiterbildungen, Präsenzzeiten und Erwartungen an den Unterstellten noch einmal notiert und sich zu einzelnen Irritationen im Prozess Beispiele überlegt.

Er soll sich klar darüber werden, welches Verhalten er für wünschenswert hält. Ziel muss es sein, mit dem Unterstellten eine klare Vereinbarung für die Zukunft zu treffen. Es muss für beide Seiten klar sein, was kurz- und mittelfristig geschehen sollte und wer welchen Beitrag dazu leisten kann. Dabei kann auch Geisers Chef, Herr Holliger, mit einbezogen werden. Da er Tauber in das Unternehmen gebracht hat, könnte er ebenfalls eine Funktion im Rahmen der Klärung der anstehenden Probleme einnehmen.

Das Gespräch zwischen dem Vorgesetzten Geiser und dem Assistenten Tauber kann als Rollenspiel im Plenum geführt und von einer Jury ausgewertet werden.

Mögliche Fragen zur Fallbearbeitung

a) Wie ist es Ihrer Ansicht nach zu dieser Situation gekommen? Wo sehen Sie die Ursachen?
b) Was hätte Herr Geiser bei der Auswahl der Interessenten stärker berücksichtigen sollen?
c) Hätte Herr Geiser die Personalentwicklung seines Mitarbeiters stärker steuern und auf die Ziele der Organisation ausrichten sollen? Ergibt das vor dem Hintergrund der Anstellungsbedingungen von Herrn Tauber überhaupt Sinn?
d) Welche Probleme können generell bei der Personalentwicklung von Teilzeitmitarbeitenden auftreten? Welche Stolpersteine tauchen in diesem Bereich häufig auf? Was kann man tun, um die Zusammenarbeit mit Teilzeitmitarbeitenden langfristig für beide Seiten erfolgreich zu gestalten?
e) Geben Sie Herrn Geiser einige Feedbackregeln mit auf den Weg, die ihm helfen, solche Situationen in Zukunft zu vermeiden.

IV. Mitarbeiter entwickeln 137

Nr. 28 Der vermeintlich schlechte Lernende

Martin Sprenger und Dominik Godat

„Dieser Junge ist einfach nicht zu gebrauchen", sagt der aufgebrachte Hans Hagenbuch zu Michael Ziegler. „Er macht viel zu viele Fehler. Ständig muss ich alles kontrollieren." Hans Hagenbuch knallt Ziegler einen Stapel Papier auf den Tisch. „Sieh selber: Briefe, Abrechnungen, Steuererklärungen – gespickt mit Rechtschreib- oder Flüchtigkeitsfehlern!" „Ich schaus mir an", erwidert Michael Ziegler, „und meld mich bei dir."

Michael Ziegler hat vor kurzem sein Hochschulstudium abgeschlossen und ist nun Assistent der Geschäftsleitung bei einer Treuhandgesellschaft mit 65 Mitarbeitenden. Die Treuhandgesellschaft ist vor allem auf die klassischen Treuhanddienstleistungen spezialisiert. Aber auch Leistungen im Bereich Unternehmensberatung – insbesondere Gemeinden – sowie Wirtschaftsprüfung werden angeboten.

Als Assistent der Geschäftsleitung ist Ziegler auch verantwortlich für die vier Lernenden im Betrieb. Eigentlich ist er mit den Lernenden zufrieden, einzig Patrick Stauffer, der Lernender im zweiten Lehrjahr ist, macht ihm Sorgen. Seine schulischen Leistungen sind nicht gerade glanzvoll. Sein Zeugnis weist jeweils knapp genügende Noten auf.

Auch im Betrieb selber, in der praktischen Tätigkeit, steht er ständig unter Beschuss. Schon fast wöchentlich treten Mitarbeitende an Michael Ziegler heran, die sich über Patrick beschweren – im Speziellen die Teamleiter. In dieser Firma ist es nämlich so, dass die Lernenden alle sechs Monate das Team wechseln, um so ihre Sozialkompetenz zu stärken.

Zurzeit ist Patrick im Treuhandteam von Hans Hagenbuch. Hans Hagenbuch ist 61 Jahre alt und schon über 20 Jahre für die Firma tätig. Ursprünglich hat er eine kaufmännische Lehre absolviert. Später bildete er sich zum Treuhänder mit eidgenössischem Fachausweis weiter. Hans Hagenbuch ist eine eigene Person. Seine spezielle Art stösst nicht überall auf Anklang. Insbesondere in seinem Team ist er nicht unumstritten. Ihm wird nachgesagt, er sei teilweise „ziemlich direkt" zur Kundschaft. Aber auch seine fachliche Kompetenz wird des Öfteren angezweifelt. Er sei zwar gut im Kommandieren, selber mit anpacken liege aber nicht in seiner Natur, lautet der Tenor.

Patrick Stauffer arbeitet voll im Team mit. Er erledigt alle Aufgaben, die die Teammitglieder ebenfalls ausführen. So ist er mit dem Ausfüllen von Steuererklärungen betraut und führt, unter Anleitung einer erfahrenen Mitarbeiterin, die Buchhaltungen von KMU. Die Teammitglieder sehen seine Leistungen nicht so negativ. „Na ja, er ist kein Vorzeigelehrling. Er erscheint aber immerhin immer pünktlich zur Arbeit und ist immer freundlich zur Kundschaft", so ihre Aussagen.

Michael Ziegler will nun der Sache auf den Grund gehen. Er sichtet den Stapel mit den fehlerhaften Unterlagen. Beim Durchblättern fällt ihm auf, dass die Fehler weniger gravierend sind als angenommen. Hie und da mal ein Satzzeichen oder ein

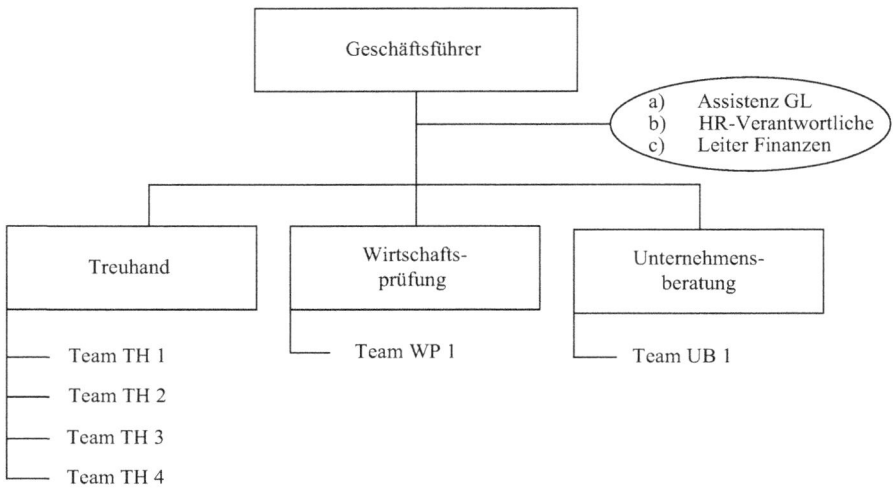

Abb. 1 Organigramm

Buchstabe vergessen – Dinge, die uns allen passieren können. „Halb so wild", denkt sich Ziegler. „Wieder einmal viel Rauch um nichts."

Die Beschwerden über Patrick nehmen aber auch im Verlaufe der folgenden Wochen nicht ab. Auffallend ist allerdings, dass es immer die gleichen Personen sind, die sich beklagen. Insbesondere eine Person, eine Teamleiterin, lässt sich ausgiebig über den jungen Lernenden aus. Ziegler hat generell den Eindruck, dass Patrick immer wieder als Sündenbock herhalten muss. Passieren Fehler in den Abteilungen, so ist der Schuldige schnell gefunden: Patrick. Auch kursieren die wildesten Gerüchte über seine Person. Er soll hie und da bekifft zur Arbeit erscheinen. Einige behaupten sogar, er konsumiere während der Mittagspausen Haschisch. Ziegler selbst ist hingegen noch nie etwas aufgefallen. Allerdings hat er schon eine gewisse Trägheit bei ihm festgestellt. Patrick ist nicht gerade als Schnelldenker bekannt. Wird er etwas gefragt, dauert es meist eine kurze Zeit, bis er antwortet. Dasselbe ist beim Telefonieren der Fall. Nimmt er ein Telefonat entgegen, spricht er sehr langsam und unsicher. Auch sein Auftreten ist eher leger. Er hat eine gemächliche Art sich fortzubewegen. Ob das mit gelegentlichem Haschischkonsum in Verbindung steht, kann Ziegler nicht beurteilen.

An einem Montagmorgen ist Ziegler gerade auf dem Weg in die Kaffeepause, als er folgende Situation beobachtet: Patrick steht im Büro besagter Teamleiterin, die ihn lauthals zusammenstaucht. Die Wortwahl der Betreffenden ist alles andere als zimperlich, und der junge Lernende ist sichtlich eingeschüchtert. „Was ist denn hier los?", fragt Zieger. „Dieser Idiot hat schon wieder einen wichtigen Kunden warten lassen. Statt dass er selber Auskunft gibt, macht er mir eine Notiz, ich solle zurückrufen. Dabei weiss er genau, dass der Kunde tobt, wenn er nicht sofort bedient wird. Kann man den denn für gar nichts gebrauchen", antwortet die Teamleiterin mit hochrotem Kopf. Patrick steht schweigend daneben. „Ich sehe das Problem",

IV. Mitarbeiter entwickeln

erwidert Zieger. „Komm, lass uns erst mal einen Kaffe trinken", versucht er die aufgebrachte Teamleiterin zu beruhigen. „Ich will jetzt keinen Kaffee! Ich muss zuerst den Kunden zurückrufen", antwortet die immer noch wütende Teamleiterin und verschwindet an ihren Arbeitsplatz. „Mann, oh Mann", denkt sich Ziegler. „Da würde ich mir auch zweimal überlegen, was ich sage. Wenn die aufdreht, zittern ja die Wände im ganzen Haus. Wenn Patrick dem Kunden eine falsche Auskunft gegeben hätte, würde die Hütte wohl gar nicht mehr stehen."

Die Szene stimmt Ziegler nachdenklich. „Kann die Art der Teamleiterin der Grund sein, weshalb Patrick nicht richtig aufdreht? Ist er eingeschüchtert, weil er ständig zusammengestaucht wird? Irgendwie fühlt sich auch niemand in den Teams so richtig für Patrick verantwortlich. Vielleicht hat er auch kein Interesse an der Arbeit. Ein klassischer Fehlgriff bei der Berufswahl? Was die schulischen Leistungen betrifft: Ein Nachhilfelehrer auf Kosten des Betriebs fällt als Möglichkeit jedenfalls weg. Mit diesem Vorschlag würde ich bei der Geschäftsleitung ziemlich sicher abblitzen. Ob sich Familie Stauffer einen privaten Lehrer leisten kann, ist ebenfalls fraglich. Es muss doch andere Lösungen geben, wie ich dem Jungen helfen kann."

✎ *Teaching Notes*

Stichwörter: Personalentwicklung • Personalbeurteilung • Motivation

Der Fall kann aus mehreren Blickwinkeln betrachtet werden:
Zum einen kann man die Ursachen von Patricks Verhalten besprechen. So stellt sich die Frage, inwiefern sich das Klima im Betrieb auf seine Leistung auswirkt. Hat er u. U. den falschen Beruf gewählt?
Zum anderen kann man den Fall aus Führungssicht beurteilen. Dazu könnte ein Massnahmenplan ausgearbeitet werden, wie die Lage entschärft werden könnte. Dieser Massnahmenplan sollte möglichst genau beschrieben werden, d. h. Massnahme, beteiligte Personen etc. Im Rahmen dieser Aufgabe kann die genaue Situationsanalyse sowie die Erstellung eines Massnahmenplanes geübt werden.

Mögliche Fragen zur Fallbearbeitung

a) Analysieren Sie die Situation. Was sind aus Ihrer Sicht wichtige Elemente?
b) Stellen Sie diese in einer kurzen Skizze dar und benennen Sie die Problembereiche.

Nr. 29 Kurz vor der Sonne

Martin Sprenger und Stephanie Kaudela-Baum

Neun Jahre habe ich mich für diese Bude abgerackert, viel Herzblut investiert und mich vollkommen mit der Institution identifiziert – und was ist der Dank dafür? Sie setzen mir eine andere vor die Nase. Ich, Caro Huber, arbeite bei Food For All (FFA), einer Schweizer Niederlassung eines international tätigen Hilfswerks, in der Marketingabteilung. Ich empfinde meine Arbeit als abwechslungsreich und spannend. Ich kann sehr viel eigenverantwortlich entscheiden und habe in den vergangenen Jahren viele grössere Projekte geleitet. Allesamt waren sie ein voller Erfolg. Mit unseren Projekten helfen wir Menschen auf der ganzen Welt und versuchen so einen Beitrag zur Bekämpfung der weltweiten Armut und Hungersnot zu leisten. Ich kann sagen, dass ich wirklich sehr gerne für meine Organisation arbeite. Weshalb dann mein Unmut? Am besten erzähle ich die Geschichte von Anfang an:

Unsere Marketingabteilung ist in die zwei Bereiche Kommunikation und Mittelakquisition/Spenden aufgeteilt. Total arbeiten in der Abteilung sechs Kolleginnen und Kollegen, mich nicht eingeschlossen. Von diesen sechs Personen werden im Verlaufe des nächsten Jahres zwei pensioniert. Unter anderem ist auch der bisherige Abteilungsleiter dabei. Ich habe mich sehr für den frei werdenden Posten interessiert, arbeite ich doch schon am längsten in der Abteilung. In all den Jahren konnte ich mir ein umfangreiches Know-how erarbeiten. Anlässlich des letzten Mitarbeitendengesprächs habe ich dem Geschäftsführer signalisiert, dass ich Interesse an dem Führungsposten habe und gerne die Abteilungsleitung übernehmen würde. Dieser war damals sehr erleichtert und froh darüber. „Caro, du wärst genau die richtige Person. Du bist ehrgeizig, hast langjährige Erfahrung und hast die richtige Einstellung." Da ich allerdings während meiner Tätigkeit bei der FFA bisher nur in sehr begrenztem Ausmass Führungserfahrung sammeln konnte, vereinbarten wir, dass ich als Vorbereitung auf diese Aufgabe eine Führungsweiterbildung besuche. Nach einem halben Jahr sollte ich dann die Abteilungsleitung übernehmen. Es war geplant, dass der abtretende Abteilungsleiter sich langsam aus der Leitungsfunktion zurückziehen und mir bei Bedarf zur Seite stehen würde.

Sechs Monate nach unserer mündlichen Vereinbarung im Rahmen des Mitarbeitendengesprächs – ich war bereits dabei, eine Führungsweiterbildung zu absolvieren – bat mich der Geschäftsführer in sein Büro. „Caro, es geht um die zukünftige Leitung der Marketingabteilung", begann er das Gespräch. „Toll", dachte ich, „offensichtlich macht er nun Nägel mit Köpfen." „Ich habe mich mit meinen Kollegen aus der Geschäftsleitung über unsere Idee unterhalten", so der Chef weiter. „Wir sind grundsätzlich nicht abgeneigt, dich als Abteilungsleiterin einzusetzen. Jedoch gibt uns die fehlende Führungserfahrung immer noch zu denken." Ich warf ein, dass ich ja nun bereits eine Führungsweiterbildung begonnen habe. „Ja, schon", entgegnete der Geschäftsführer, „wir sind aber in der Geschäftsleitung trotzdem der Ansicht, dass du ein Einzelassessment absolvieren musst. Das gibt uns die Gelegenheit, allfällige Schwächen zu erkennen und

Massnahmen zu ergreifen. Ich möchte aber betonen", so der Geschäftsführer weiter, „dass die Stellenbesetzung durch deine Person nicht infrage gestellt wird."

„Na ja", dachte ich, „wenn es denn sein muss…". Also nahm ich den Vorschlag des Geschäftsführers an. Aber langsam wurde ich schon etwas unsicher. Ich konnte nicht genau verstehen, was eigentlich ablief, und überlegte mir, ob er wohl noch zu seinem Wort stehen würde. „Ein weiterer Punkt, den ich mit dir besprechen möchte, ist die Entlöhnung", verkündete der Geschäftsführer in der besagten Sitzung weiter. „Deine Forderung scheint mir ein wenig hoch. Zwischen unseren und deinen Vorstellungen liegen ungefähr 600 Franken. Wärst du mit einer geringeren Gehaltserhöhung denn einverstanden?", fragte mich der Geschäftsführer. „Na, ja", erwiderte ich, „600 Franken weniger, das macht sich in der Haushaltskasse einer vierköpfigen Familie schon bemerkbar." „Ich muss das nochmals mit der Geschäftsleitung besprechen", sagte der Geschäftsführer und räusperte sich. „Ich schlage dir vor, wir treffen uns in vier Wochen nochmals zur Klärung der Lohnfrage." Ich war mit dem Vorschlag des Geschäftsführers einverstanden und verliess das Büro.

Wie vereinbart trafen sich der Geschäftsführer und ich vier Wochen später zu einer zweiten Lohnrunde und der Besprechung des weiteren Vorgehens bzgl. des Einzelassessments. Aber nicht der Lohn oder das bevorstehende Assessment waren Thema. Stattdessen eröffnete mir der Geschäftsführer aus heiterem Himmel, dass es eine andere Kandidatur für die Stelle gebe. Man habe sich nun entschlossen, diese Person für die Stelle einzusetzen. Er begründete den Entscheid mit der Führungserfahrung, die die Bewerberin vorweisen kann. Diese Nachricht war für mich ein Schlag ins Gesicht. Wie passte das alles zusammen? Hatte ich irgendetwas nicht berücksichtigt? Einen Fehler gemacht? „Ja, Caro, wir möchten *nur* dich." Ich habe die Worte noch genau in Erinnerung. Und dann: *paff!* Eine andere kriegt den Platz an der Sonne! Ich war wütend und enttäuscht. Lauthals habe ich mich über das intransparente Vorgehen beschwert und angedeutet, dass ich so in dieser Organisation keine Perspektiven mehr sehe. Als Trostpflaster wurden für mich dann die Stelle der stellvertretenden Leitung geschaffen und der Lohn erhöht. Trotzdem: Für mich sind die Entscheidungsgrundlagen für meine „Nichtwahl" nach wie vor nicht transparent beziehungsweise wenig überzeugend.

Ich arbeite zwar immer noch bei dieser Organisation. Allerdings beschäftigt mich die Situation mehr als mir lieb ist. Ich stelle fest, dass meine Motivation nicht mehr dieselbe ist wie vorher. Ich bin viel weniger engagiert als üblich. Als Konsequenz habe ich angefangen, mich nach einer anderen Stelle umzuschauen. Eine Kündigung wäre aber für meinen Arbeitgeber äusserst ungünstig. In ein paar Monaten bin ich schliesslich die einzige Know-how-Trägerin.

Die neue Leiterin hat ihre Stelle inzwischen angetreten und arbeitet sich gerade ein. Sie ist natürlich nicht vom Fach. Und an wem bleibt die Einarbeitung hängen? An mir! Nach wie vor schleierhaft ist mir, wie denn meine neue Stelle aussehen soll. Das weiss eigentlich niemand so genau…

IV. Mitarbeiter entwickeln 143

✒ *Teaching Notes*

Stichwörter: Personalentwicklung • Talentmanagement • Führungspotenzial • Coaching • Motivation • Psychologischer Vertragsbruch

Der Fall eignet sich zur Diskussion in Gruppen oder im Plenum. Dabei ergeben sich verschiedene mögliche Diskussionspunkte:
Zum einen kann der Fall aus der Perspektive von Caro Huber diskutiert werden. Mögliche Fragen:

a) Was kann Caro Huber tun, um den Vorfall zu verarbeiten?
b) Wie soll sie vorgehen, um in naher Zukunft eine Stelle zu bekommen, die ihrer Erfahrung und ihrer Qualifikation angemessen ist?

Zum anderen lässt sich der Fall aus Sicht der Geschäftsleitung analysieren:

a) Kommentieren Sie den Entscheid der Geschäftsleitung.
b) Caro Huber fühlt sich degradiert und vor den Kopf gestossen. Hätte der Geschäftsleiter auch anders vorgehen können?
c) Simulieren Sie in Form eines Rollenspiels das Gespräch, in dem Sie Caro Huber die Entscheidung mitteilen. Begründen Sie diese.

Dieser Fall eignet sich auch als Basis für die Vorbereitung eines Coachinggesprächs mit Caro Huber.

Mögliche Fragen zur Fallbearbeitung

a) Welche Problemfelder können Sie erkennen? Benennen Sie diese.
b) Suchen Sie nach Möglichkeiten zu deren Lösung und nehmen Sie eine Priorisierung vor.
c) Bewerten Sie das Vorgehen vor dem Hintergrund des Talentmanagements.
d) Beurteilen Sie den Fall aus einer Gender-Perspektive. Beschreibt dieser Fall eine typisch weibliche Führungsgeschichte?

V. Arbeiten in Gruppen

Stephanie Kaudela-Baum, Paul Bürkler, Erik Nagel und Martin Sprenger

Nr. 30 Die heterogene Gruppe

Martin Sprenger und Stephanie Kaudela-Baum

Die Situation bereitet mir schon längere Zeit Kopfzerbrechen. Ich, Boris Maurer, bin seit drei Jahren Leiter eines Betreuungsteams einer Wohngruppe in einem Heim für geistig behinderte und psychisch kranke Menschen. Das Betreuungsteam umfasst sechs Mitglieder unterschiedlichster Erfahrungsfelder. So haben zwei einen psychiatrischen Hintergrund, zwei kommen aus der Sozialpädagogik, eine Person ist gelernte Pflegefachfrau und eine ist Quereinsteigerin. Vom Alter her besteht eine breite Durchmischung. Die jüngste Mitarbeiterin ist 25 Jahre alt und hat gerade ihre Ausbildung als Sozialpädagogin abgeschlossen. Das älteste Mitglied ist Mitte 50. Auch das Verhältnis zwischen Männern und Frauen ist ausgewogen. Genau die Hälfte des Teams ist weiblichen Geschlechts.

Meine Führungsaufgaben haben in den vergangenen Jahren kontinuierlich zugenommen. Dies bedeutet, dass meine direkten Betreuungsaufgaben mit den Bewohnerinnen und Bewohnern stetig in den Hintergrund rückten. Umso mehr bin ich darauf angewiesen, dass wichtige Informationen von den Teammitgliedern an mich weitergeleitet werden. Diese benötige ich, um daraus – gemeinsam mit dem Team – das betreuerische und pflegerische Handeln im Alltag abzuleiten. Aus diesem Grund führen wir jeweils am Montag eine gemeinsame Sitzung durch, in denen unsere Fälle besprochen und die jeweiligen Massnahmen geplant werden. Ich stelle aber immer wieder fest, dass in der Gruppe genau die gleiche Situation unterschiedlich wahrgenommen und interpretiert wird. Erst kürzlich ist Folgendes vorgefallen:

In unserer Wohngruppe lebt eine Frau mit einer manisch-depressiven Struktur. Diese Struktur wird nun von den verschiedenen Gruppenmitgliedern unterschiedlich beurteilt. So sind die einen Mitarbeitenden der Ansicht, die Frau leide unter

---

S. Kaudela-Baum (✉)
Institut für Betriebs- und Regionalökonomie IBR, Hochschule Luzern – Wirtschaft,
Zentralstraße 9, 6002 Luzern, Schweiz
E-Mail: stephanie.kaudela@hslu.ch

ihrem Zustand. Eine Mitarbeiterin ist sogar der Ansicht, ihr Zustand sei untragbar und sie brauche mehr Medikamente. Andere finden, sie fühle sich gut und brauche nichts Unterstützendes.

Diese unterschiedlichen Sichtweisen beeinflussen die Arbeit im Team in zweierlei Hinsicht negativ. Zum einen wirken sie sich auf die Zusammenarbeit mit unseren Ärzten aus. Die Anordnung von Therapiemassnahmen oder die Dosierung von Medikamenten geschieht aufgrund von unseren Informationen. Die Ärzte sind deshalb darauf angewiesen, das diese in einheitlicher Form daherkommen. Zum anderen lähmen die ständigen Diskussionen über die Beurteilung der Patientinnen und Patienten die Zusammenarbeit im Team. In der Gruppe ist kein gemeinsamer Teamspirit spürbar. Ich denke manchmal, wir sind mehr ein Haufen von Einzelkämpfern als ein wirkliches Team. Wenn wir einen Fall diskutieren, beharrt jeder auf seinem Standpunkt. Es ist deshalb schon bei der Ausgangslage eines Falles schwierig, eine gemeinsame Basis herzustellen. Wollen wir dann die Massnahmen besprechen, geht das Ganze von vorne los. Endlos lange Diskussionen über die „richtige Meinung" sind die Folge. Jeder versucht, seine Sichtweise durchzusetzen und zu entscheiden. Ist dann ein Beschluss gefasst, löst dies zum Teil Unzufriedenheit bei einzelnen Mitarbeitenden aus, da sie das Gefühl haben, nur wenig beeinflussen zu können. Speziell ältere Teammitglieder erheben Anspruch auf die richtige Meinung. Sind dann die beschlossenen Massnahmen nicht deckungsgleich mit ihren Vorstellungen, macht sich sogar Widerstand breit. Dies kann und will ich aber nicht akzeptieren! Schlussendlich liegt die Hauptverantwortung für die jeweiligen Entscheidungen bei mir.

V. Arbeiten in Gruppen

✎ *Teaching Notes*

Stichwörter: Führung in Gruppen • Problemlösung mit Hilfe von Gruppen • Sitzungsleitung • Diversity Management • Umgang mit Professionals • Kommunikation

Die Fallstudie ist zwar kurz, aber vielschichtig. Daher sollte man mind. 45 min für eine Fallanalyse einplanen. Der Fall illustriert, wie schwierig Entscheidungs- und Beurteilungsprozesse in interdisziplinären Teams ablaufen können und welche Herausforderungen sich daraus für die Teamleitenden ableiten lassen. Hinzu kommen hier die weitreichenden Folgen der Teamentscheidung für die medizinische Versorgung von pflegebedürftigen Personen und die Zusammenarbeit mit Professionals, d. h. Ärzten und Fachexperten aus dem Pflegebereich. Die Führungsperson muss Beurteilungen über komplexe Fälle herbeiführen und dafür sorgen, dass dieser Prozess fachlich fundiert im Sinne der betreuten Personen und effizient im Sinne des Pflegeheims abläuft. Es gilt einerseits, stundenlange Sitzungen und ausufernde Diskussionen und Streitereien zu vermeiden, und andererseits, aus der Vielfalt der Expertisen eine möglichst ganzheitliche und fundierte Fallbeurteilung herbeizuführen. Dies fordert die Kommunikationsfähigkeiten des Teamleitenden heraus. Boris Maurer muss hier darauf achten, dass das Betreuungsteam nicht den Boden verliert und das gemeinsame Ziel, die pflegebedürftigen Personen optimal zu betreuen, nicht aus dem Blick gerät. Gegensätzliche Meinungen unter den verschiedenen Disziplinen müssen einerseits Platz haben, das kann auch positive Energie auslösen. Hier besteht jedoch die Gefahr, dass sich das Potenzial einer interdisziplinär zusammengesetzten, heterogenen Gruppe durch zu viel „Reibung" nicht entfalten kann. Gruppenarbeit ist vor allem unter zwei Perspektiven sinnvoll: Ergebnisverbesserung und Akzeptanzsteigerung. Herr Maurer sollte sich in Zukunft genau überlegen, bei welchen Fallbeurteilungen er die ganze Gruppe oder evtl. nur eine Kollegin oder einen Kollegen mit einbezieht. Ist die Akzeptanz nach einem Entscheid auf der Basis von zwei Fachexpertisen bereits gegeben, ist eine Gruppenbeurteilung nicht effizient. Es darf nicht ausser Acht gelassen werden, dass Teamwork zeitintensiv ist.

Mögliche Fragen zur Fallbearbeitung

a) Wie konnten sich diese Verhaltensmuster im Team etablieren? Wo sehen Sie die Hauptursachen?
b) Welche Aufgabe hat Boris Maurer als Teamleiter in dieser Situation? Welche Rolle sollte er Ihrer Ansicht nach einnehmen?
c) Welches Ziel sollte ein Gespräch mit dem Team haben? Wie würden Sie das Gespräch mit den Teammitgliedern aufbauen?

d) Welche Vorteile sehen Sie in Bezug auf heterogene Gruppen und welche Nachteile?
e) Wie beurteilen Sie den Fall in Bezug auf die Frage der Verantwortung für die Beurteilung derartig komplexer Fragestellungen (Krankheitsbild einer Patientin/eines Patienten)?
f) Welche strukturellen Voraussetzungen könnten effizientere Entscheidungsprozesse in diesem Fall begünstigen?

V. Arbeiten in Gruppen   149

Nr. 31 Die Plaudertaschen

Martin Sprenger und Stephanie Kaudela-Baum

Lara Blum ist Leiterin eines Pflegeteams der chirurgischen Abteilung im Spital Wottwil. Insgesamt sind ihr 15 Personen unterstellt, die verschiedene Funktionen ausüben. Die einen Mitarbeiterinnen sind diplomierte Pflegerinnen; sie übernehmen anspruchsvolle Aufgaben im Pflegebereich. Die anderen sind Fachangestellte Gesundheit und Pflegeassistentinnen; beide Gruppierungen unterstützen die diplomierten Pflegerinnen. Die diplomierten Pflegerinnen sind alle zwischen 27 und 30 Jahre alt. Die übrigen Mitarbeiterinnen sind zwischen 25 und 56 Jahre alt. Lara Blum kann mit dem guten Ausbildungsstand und der guten Altersdurchmischung ihres Teams zufrieden sein.

Lara Blum sitzt in ihrem Büro. Ihre Stellvertreterin und gute Freundin, Mirka Vasic, erscheint in der Bürotür: „Na, wie geht's?" „Na ja, in zwei Wochen ist ja wieder unser Teamabendessen. Wir haben schon wieder so wenige Anmeldungen dafür", stöhnt Lara Blum. Sie leitet das Pflegeteam seit fünf Jahren und hat von Beginn an drei Teamabendessen pro Jahr organisiert; zwei unter dem Jahr und ein Weihnachtsessen. Die Abendessen sind freiwillig und erfreuen sich grosser Beliebtheit; es nahmen immer zwölf bis dreizehn Mitarbeiterinnen teil. Dies ist nun der zweite Teamanlass in Folge, bei dem es deutlich weniger Anmeldungen gibt. „Wie viele sind es denn dieses Mal?", fragt Mirka Vasic. „Sechs Mitarbeitende von 15 – ziemlich wenig, finde ich. Heutzutage schauen die Leute einfach mehr auf sich selbst … vielleicht." „Wer ist denn dabei?", fragt Mirka Vasic. „Es sind unsere sechs diplomierten Pflegerinnen und wir beide". „Na ja, ganz erstaunt mich das schon nicht. Ich hatte mir auch überlegt, ob ich überhaupt kommen soll", sagt Mirka zum Erstaunen von Lara. „Ist es dir nicht aufgefallen? Unsere sechs Diplomierten haben sich im Team schon den Spitznamen Plaudertaschen eingehandelt; sie wissen nur noch nichts davon. Bei unseren Teamanlässen wollen sie immer zusammen am Tisch sitzen. Sie sind ähnlich alt, haben sich viel zu erzählen und haben die gleiche Ausbildung gemacht – vier von ihnen sogar gemeinsam. Ihr Verhalten hat mich auch schon irritiert: Wenn eine Plaudertasche früher da ist als die anderen, reserviert sie die Plätze für die anderen Plaudertaschen. Als ich mich das letzte Mal dazusetzen wollte, wurde ich darauf hingewiesen, die Plätze unmittelbar neben ihnen seien für ‚ihre Kolleginnen' – so haben sie es selbst gesagt – reserviert. Ich habe mich dann zwei Plätze weiter gesetzt und sass dort ein paar Minuten alleine, bis Corinne kam – als eine ‚Nicht-Plaudertasche'. Ich fand das total komisch; die zwei Diplomierten, die schon da waren, haben sich ganz angeregt unterhalten und ich habe dann die Bierdeckel gezählt", sagt Mirka mit einem etwas gequältem Lächeln. „So etwas Ähnliches ist auch schon beim letztjährigen Weihnachtsessen passiert. Die Plaudertaschen haben ohne grosse Worte, aber mit deutlichen Gesten klar gemacht, wer neben ihnen sitzen darf und wer nicht. Der Rest des Teams wurde sozusagen an den Tischrand befördert. Corinne und Bettina haben das dann mal bei einer Kaffeepause ihnen gegenüber etwas moniert. Sie haben dann gesagt, dass es ja schliesslich im Sinne solcher Veranstaltungen sein, dass man sich auch mal über private Themen unterhalten könne. Und sie würden sich eben gut verstehen." Lara Blum hört aufmerksam zu und realisiert, dass sie das so nicht mitbekommen hat. Mirka interpretiert das stille Zuhören von Lara richtig: „Das war dir nicht so bewusst, nicht wahr. Sie haben es halt schon elegant gemacht, dir gegenüber haben sie das gar nicht so deutlich zum Ausdruck gebracht." Mirka fährt nach einer kurzen Pause fort: „Schon diverse Kolleginnen haben mir gesteckt, dass sich ihre Lust auf solche Anlässe mittlerweile arg in Grenzen hält, genau aus diesem Grund. Sie wollen zum Schluss nicht alleine dasitzen. Ich finde halt auch, dass solche Teamanlässe für das ganze Team sein sollten und die Diplomierten sich nicht einfach absondern sollten." Nach einer kurzen Pause meint Mirka weiter: „Bei der Arbeit habe ich jetzt nicht den Eindruck, dass sich das auswirkt, aber ich glaube, dass es für die anderen schon ein Thema ist – so nach dem Motto: die Diplomierten halten sich für etwas Besseres." Lara besinnt sich und meint leise vor sich hinmurmelnd: „Das war mir echt nicht so bewusst … da muss ich etwas unternehmen." Lara und Mirka schauen sich länger an; sie sind sich bewusst, etwas Wichtiges benannt zu haben. Ein Piepton unterbricht die Stille. „Ups, Notfall." Mirka nickt Lara aufmunternd zu und verlässt eilig das Büro.

Lara bleibt nachdenklich im Büro zurück und überlegt, wie sie das Thema angehen kann. Eine Möglichkeit besteht darin, dass sie es an der kommenden Teamsitzung anspricht. Dann könnte jede ihre Sicht der Dinge einbringen. Aber irgendwie ist das heikel, es könnte auch peinlich werden. Ist es überhaupt ein Problem, dass es einen Plaudertaschen-Club gibt? Lara muss auch ein wenig schmunzeln, dass sich dieser Begriff eingebürgert hat. Und soll sie die Abendessen überhaupt noch weiterführen? Aber es bleibt ein wichtiges Anliegen, den Teamgedanken und den Teamzusammenhalt zu stärken.

V. Arbeiten in Gruppen

✎ *Teaching Notes*

Stichwörter: Gruppendynamik

Mithilfe dieses Falls kann in die Thematik Gruppendynamik eingeführt werden. Die Vorgesetzte geht sensibel mit den Beziehungsdynamiken innerhalb ihrer Abteilung um und muss sich nun überlegen, wie sie eingreifen kann beziehungsweise ob sie überhaupt eingreifen soll. Die Führungskraft will die Kooperation und das Wirgefühl der Gruppe stärken und wird mit Sub-Gruppenbildung und Ausgrenzung konfrontiert. Für das Lesen des Falls sollten 10 min einberechnet werden. Für eine erste Diskussion in der Gruppe zu den oben formulierten Fragen ca. 30–45 min.

Fragen zur Fallbearbeitung

a) Beschreiben Sie die Führungssituation.
b) Bilden Sie Hypothesen dazu, wie es zur Bildung der Plaudertaschen-Gruppe kommen konnte und wie sich diese Ausgrenzung auf die Gruppendynamik der Gesamtgruppe auswirkt.
c) Versetzen Sie sich in die Situation von Mirka Vasic. Welches weitere Vorgehen würden Sie Lara Blum empfehlen?

Nr. 32 Ein Experte übernimmt die Führung

Erik Nagel

Ich bin im kantonalen Finanzdepartement für den Bereich Gemeinderechnungswesen zuständig. Im Kern beinhaltet dies die kantonale Finanzaufsicht über die Gemeinden sowie die Beratung der Gemeinden in finanzpolitischen Angelegenheiten. Ich habe einen konkreten Fall, den ich schildern möchte.

In der Gemeinde Zweilagern schwelt schon seit langem ein Konflikt zwischen dem Gemeinderat (Exekutive) und der Finanzkommission (Kontrollorgan). Der Konflikt entlud sich zum letzten Mal mit entsprechendem Medienecho in der Budgetdebatte. Der Gemeinderat zog daraufhin das Budget zurück. Im zweiten Anlauf wurde das Budget dann verabschiedet. Beide Seiten waren mit der Entwicklung der Zusammenarbeit nicht zufrieden. Deswegen wurde eine Aussprache einberufen. Einerseits sollten die fachlichen Differenzen im Budget- und Rechnungsprozess geklärt, andererseits die Optimierung der Zusammenarbeit zwischen der Finanzkommission und dem Gemeinderat zur Sprache gebracht werden. Ich sollte an dieser Aussprache als Fachberater und als Angestellter des Kantons teilnehmen. Aus diesem Grund nahm der Gemeindepräsident mit mir telefonisch Kontakt auf. Aufgrund dieses Telefonats erstellte er die Traktandenliste für die besagte Sitzung.

Nun aber zum konkreten Hergang der Aussprache selbst: Die Sitzungsteilnehmer sassen in einem grossen Rechteck. An der einen Längsseite befanden sich die sechs Gemeinderatsmitglieder, auf der anderen, ihnen gegenüber, die sieben Finanzkommissionsmitglieder. An der Kopfseite sass der Gemeindepräsident, flankiert von den Chefbeamten (Gemeindeschreiber, -stellvertreter und Finanzverwalter). Vis-à-vis sass ich.

Der Gemeindepräsident eröffnete die Sitzung. Er stellte die Teilnehmenden vor, ging kurz auf die Ereignisse, die zu der Aussprache geführt hatten, ein und erläuterte die Traktanden und den Ablauf der Sitzung. Er schloss mit der Frage, ob weitere Anliegen oder Fragen zum Ablauf vorlägen.

Der Präsident der Finanzkommission meldete sich daraufhin zu Wort. Er sei erstaunt, einen externen Experten vorzufinden; auf seiner Einladung sei davon nichts vermerkt: „Die Finanzkommission präsentiert ja auch nicht ohne Absprache ihre Experten!" Es kam Unruhe auf. Der Gemeindepräsident war konsterniert. Er nahm Rücksprache mit dem Gemeindeschreiber. Sofort war klar, dass zwei verschiedene Einladungen vorlagen. Der Präsident entschuldigte sich: „Dieses Missgeschick ist mir sehr peinlich, ich nehme den Fehler auf meine Kappe." Ich meldete mich zu Wort und bot an, die Sitzung zu verlassen, wenn dies gewünscht würde. Der Präsident der Finanzkommission begrüsste allerdings meine Präsenz – sie sei für die Klärung der Fragen dienlich. Es gehe ihm vielmehr „um die Art und Weise der wieder einmal mangelnden Absprache."

Der Präsident leitete zum Traktandum „Wie arbeiten wir künftig zusammen?" über. Er schilderte seine Sicht der Dinge. Es fielen Worte wie „falsches Rollen- und Demokratieverständnis", „Misstrauen", „Rechthaberei". Daraufhin entwickelte

V. Arbeiten in Gruppen

sich eine Debatte zwischen dem Präsidenten, dem Finanzchef (Gemeinderat) und dem Kommissionspräsidenten. Ein Wort gab das andere. Nach und nach griffen auch die übrigen Rats- und Kommissionsmitglieder in die Diskussion ein. Die Teilnehmer fielen sich gegenseitig ins Wort, Anschuldigungen wurden gemacht, Hände verworfen. Die Chefbeamten und ich beteiligten sich nicht an der Debatte.

Ich erhob meine Hand und wartete, bis völlige Ruhe herrschte: „Meine Damen, meine Herren. Von aussen betrachtet dürfte sich das eigentliche Problem nicht um fachliche Differenzen drehen, sondern um die Kommunikation zwischen Ihnen, die Art und Weise, wie sie miteinander umgehen." Ich erläuterte, dass vergleichbare Zusammenarbeitsschwierigkeiten auch in anderen Gemeinden vorkämen. An konkreten Beispielen zeigte ich auf, wie in diesen Fällen die Arbeitsfähigkeit wieder erreicht wurde.

In der folgenden Diskussion nahmen die Teilnehmenden die Kommunikationsthematik am Rande auf. Die Voten waren an mich gerichtet und endeten jeweils in der Art: „aber als Fachmann sind Sie doch auch der Meinung, dass..." oder „es geht nicht um uns, es geht um die Sache". Ich stieg zum Teil auf Sachargumente ein. Ich versuchte deutlich zu machen, dass es nicht darum ginge, zu klären, wer Recht hat, sondern was dazu führte, dass die Zusammenarbeit nun blockiert sei. Die Diskussion rannte sich fest. Ich schlug vor, dass wir uns darüber einigen sollten, ob wir weiter bei diesem Thema verbleiben oder uns den weiteren Traktanden zuwenden sollten. Wir beschlossen, den Punkt „Zusammenarbeit" abzuschliessen.

Danach behandelten wir unter meiner Moderation die Traktanden 2 bis 10. Es handelte sich um kontroverse und komplizierte fachliche Fragestellungen. Ich führte souverän durch die Fachfragen. Die Diskussion verlief diszipliniert und konstruktiv, obwohl meine Stellungnahmen und Antworten nicht immer den Erwartungen der jeweiligen Personen entsprachen.

Bei der persönlichen Verabschiedung sagte der Präsident zu mir: „Ich glaube, Sie sehen jetzt, mit welchen Problemen der Gemeinderat zu kämpfen hat." Der Präsident der Finanzkommission dankte mir für meine Ausführungen und merkte an, „wie schwierig es für die Finanzkommission ist, unter diesen Umständen dem gesetzlichen Kontrollauftrag nachzukommen."

Ich frage mich, ob Gemeinderat und Finanzkommission nun einen Schritt weiter sind.

✎ *Teaching Notes*

Stichwörter: Politischer Konflikt in einer Gemeinde • Sitzungsleitung • Gruppendynamik • Expertenberatung

Der Fall eignet sich für Studierende und Führungskräfte, die sich mit der Frage der Arbeit in politischen Gremien sowie dem Einfluss von Experten auseinandersetzen. Die konkrete Situation ereignet sich im öffentlichen Sektor auf politischer Ebene und verweist auf verwaltungstypische Themen, die Erkenntnisse daraus lassen sich aber ebenso gut für politische Prozesse in privatwirtschaftlichen und Non-Profit-Organisationen nutzen. Für das Lesen des Falls sollten 10 min zur Verfügung gestellt werden. Eine erste Aufarbeitung und Analyse des Falls sollte in Gruppen im Rahmen von ca. 30 min passieren.

Mögliche Fragen zur Fallbearbeitung

a) Wie stellt sich Ihnen die Situation dar?
b) Welche Rolle(n) nimmt der Berater ein?
c) Welche Beziehung baut der Berater zum beratenen System auf?
d) Trägt der Unternehmensberater zur Veränderung des Systems bei?

Nr. 33 Hatte ich nicht doch recht?

Martin Sprenger und Paul Bürkler

Ich, Eveline Roth, bin Gemeinderätin in einer ländlichen Gemeinde mit rund 4.000 Einwohnerinnen und Einwohnern. Als Inhaberin des Ressorts Erziehung und Bildung nehme ich von Amts wegen Einsitz in der Schulpflege sowie in verschiedenen schulischen Kommissionen. Präsidiert werden die jeweiligen Gremien nicht von mir, sondern von einem anderen Mitglied. Ich spüre, dass die jeweiligen Ämter mit viel Engagement und Freude ausgeübt werden.

Das Thema Schule beschäftigt mich schon lange Zeit. Nach der Kantonsschule habe ich die Ausbildung zur Primarlehrerin absolviert und auch einige Zeit auf diesem Beruf gearbeitet. Mit der Geburt unserer Kinder habe ich meinen Beruf zwischenzeitlich aufgegeben. Vor sechs Jahren wurde mir in einem Nachbardorf die Stelle als Schulleiterin angeboten, welche ich seither im Teilzeitpensum ausübe. Auch auf politischer Ebene wirke ich seit Jahren im Schulbereich mit. Bevor ich in den Gemeinderat gewählt wurde, war ich Mitglied der Schulpflege, welche ich auch mehrere Jahre präsidierte. Ebenfalls bin ich Vorstandsmitglied im „Kantonalen Verband für Schulpflegen". Ich verfüge somit über langjährige Erfahrung im Bildungsbereich. Dies wird teilweise zum Problem. Wegen meiner Fachkompetenz erhalten meine Vorschläge in den ehrenamtlichen Gremien mehr Gewicht als die der anderen Mitglieder. Ich beobachte, dass ich in den Sitzungen zu dominant wirke. Eigentlich ist es mir wichtig, dass auch die Nichtfachexperten ihren Erfahrungsschatz einbringen. Sonst ist es ja so, dass ich alles entscheide. Wenn ich mich zu stark einbringe, habe ich beobachtet, dass sich die anderen sprichwörtlich „im Stuhl zurücklehnen" und keine gemeinsame Problemlösung entsteht.

Vor etwa einem Jahr hat die Kantonsregierung das Projekt „Schule für Alle" lanciert. Die Schulen erhielten den Auftrag, die Elternmitwirkung zu verstärken. Auch unsere Gemeinde hat sich engagiert und eine Projektgruppe mit je zwei Vertreterinnen bzw. Vertretern aus der Schulpflege, der Lehrerschaft und den Eltern zusammengestellt. Ziel dieser Projektgruppe war es, ein Konzept zu erarbeiten, wie die Elternmitwirkung künftig geschehen soll. Der Lead lag bei der Vertreterin der Schulpflege. Ich nahm in dieser Projektgruppe Einsitz als Gemeinderätin des Ressorts Erziehung und Bildung. Als Vorstandsmitglied des kantonalen Verbandes für Schulpflegen hatte ich bereits beim Aufbau des kantonalen Projektes in der Arbeitsgruppe des Kantons mitgewirkt. Es ergab aus meiner Sicht Sinn, meine Erfahrungen der Projektgruppe unserer Gemeinde zur Verfügung zu stellen. Innert kurzer Zeit wurde ein Konzept erstellt, das sich wie folgt präsentierte:

Es werden zwei Elternräte gebildet, der „Elternrat bis 3. Klasse" und der „Elternrat 4. bis 6. Klasse". Konkret heisst das: In den Elternräten nehmen nur Eltern Einsitz. Beide Elternräte werden von jeweils einem Präsidenten oder einer Präsidentin geleitet. Diese bilden zusammen mit einem Mitglied der Schulpflege und der Schulleitung das Forum. Präsidiert wird das Forum von der Vertreterin der Schulpflege.

Diese hatte erst kürzlich ihr Amt angetreten und war vollkommen unerfahren in solchen Aufgaben.

Das Konzept war aus meiner Sicht schlüssig. Einzig in einem Punkt hatte ich grosse Bedenken angemeldet. Die Projektgruppe war der Meinung, die beiden Elternräte selbständig arbeiten zu lassen. Ich fand diese Idee ganz und gar schlecht und schlug stattdessen vor, dass jemand aus dem Forum bei den ersten Sitzungen dabei sein und die Präsidenten der Elternräte in der Gruppenleitung unterstützen sollte. Zudem erachtete ich es als sinnvoll, den Elternräten ein konkretes Thema zur Bearbeitung vorzuschlagen (z. B. Skilager, Schulwegsicherheit etc.). Damit könnten sie im Sinne von „Learning by Doing" ihre Gruppe aufbauen und sich kennenlernen. Mein Vorschlag wurde aber mit den Worten abgeschmettert: „Das sind doch alles erwachsene Leute. Jetzt müssen wir mal lernen, die selbständig arbeiten zu lassen." Ob die Ablehnung im Zusammenhang mit meinem Auftreten steht? Genau sagen kann ich das nicht….

An den Elternabenden wurden Mitglieder für die Elternräte gesucht. Beide Elternräte waren schnell komplett und nahmen ihre Arbeit auf. Nach wenigen Sitzungen kam es allerdings bereits zum Eklat. Die beiden Elternräte waren sehr heterogen zusammengesetzt, das Arbeitstempo der Mitglieder sehr unterschiedlich und die Vorstellungen über mögliche Themen vielfältig. Statt sich der eigentlichen Aufgabe zu widmen, folgten endlose Diskussionen darüber, wie man Dinge behandeln und welche Schwerpunkte man anpacken solle.

Seit der Einführung ist nun ein Jahr vergangen. Resultate konnten die beiden Elternräte in ihrem ersten „Amtsjahr" keine liefern. Zu gross waren die Differenzen über die Arbeitsweise und in der Themenfindung. Die viele Zeit, die in diese Auseinandersetzungen investiert wurde, hätte anders eingesetzt werden können. Inzwischen haben bereits einige Mitglieder ihren Rücktritt erklärt. Durch das gesunkene Image des Elternrates dürfte die Suche nach neuen Mitgliedern schwierig werden.

Hätte man den beiden Elternräten eine Führungsperson zur Seite gestellt, wäre es sicherlich nicht zu diesem Debakel gekommen. Auch die Leiterin des Forums hat in meinen Augen versagt. Sie hätte viel früher eingreifen müssen. Offensichtlich wurde ihr ihre Unerfahrenheit zum Verhängnis. Die Führungsleistung war schwach – um das Kind beim Namen zu nennen. Ich für meinen Teil habe mich zurückgehalten. Mein dominantes Auftreten wurde ja schon des Öfteren bemängelt. Nun frage ich mich aber, ob ich nicht doch hätte eingreifen und die Leiterin des Forums unterstützen sollen.

✎ Teaching Notes

Stichwörter: Führung von Milizgremien • Expertenwissen/Erfahrungswissen in ehrenamtlichen Gremien • Macht • Rollenbewusstsein • Problemlösung/Kreativität • Auftragsklärung • Coaching als Führungskompetenz

Im Kern geht es um die Frage von Problemlösungen bzw. Entscheidprozessen, in denen immer die Gefahr besteht, dass sich alle Beteiligten zu sehr auf Expertenwissen abstützen. Einerseits ist das angenehm und entlastend. Andererseits beeinträchtigt dies die Problemlösungsfähigkeit und die Innovationskraft des Systems als Ganzes. Die Frage ist: Wie kann man verschiedene Wissensformen, hier konkret Erfahrungswissen und Fach/-Expertenwissen so miteinander zusammenbringen, dass die Problemlösungsfähigkeit gesteigert wird, unproduktive soziale Dynamiken unterdrückt werden und die Kreativität in Teams gesteigert werden kann? Im konkreten Fall wird das Problem manifest an der Laiengruppe „Elternräte", der Auftragsgestaltung und der Führung eines (ehrenamtlichen) Gremiums. Dauer der Fallbearbeitung: 90 min.

Mögliche Fragen zur Fallbearbeitung

a) Beschreiben Sie die Situation.
b) Wie wirkt sich die Führung des Projektes auf den Projektfortschritt aus?
c) Was hätte zu Projektbeginn anders laufen sollen?
d) Gehen Sie von der heutigen Situation aus. Wie soll es weitergehen?

Nr. 34 Unternehmertum im Teilzeitteam?

Martin Sprenger

Sue Gerber ist Länderverantwortliche für die Schweiz bei einer internationalen Ladenkette, die Fair-Trade-Produkte anbietet. Die noch junge Kette verzeichnet ein prächtiges Wachstum. Innerhalb von fünf Jahren konnten in der ganzen Schweiz mehrere Verkaufsstellen eröffnen. Weitere sind in Planung.

Das Sortiment ist breit angelegt und umfasst Produkte aus der ganzen Welt. Nebst Nahrungsmitteln werden auch Kleider und Bücher angeboten. Als Länderverantwortliche ist Sue Gerber auch verantwortlich für die Gewinnung und Betreuung von geeignetem Verkaufspersonal. Bei der Rekrutierung legt sie Wert darauf, dass sich ihre Angestellten mit den zu verkaufenden Produkten identifizieren können. Ihrer Ansicht nach ist es nicht „bloss" ein Job, sondern eine Lebenseinstellung, sich für die Anliegen der benachteiligten Bevölkerung in anderen Ländern einzusetzen. Daher erwartet sie von ihren Mitarbeitenden, dass diese sich mit dem Geschäft identifizieren und sich für den Erfolg der Shops einsetzen.

Vor gut einem Jahr wurde in der Deutschschweiz die sechste und bisher letzte Filiale eröffnet. Bei der Personalsuche stiess die Stellenausschreibung auf grosses Interesse, sind doch fast 150 Bewerbungen eingetroffen. Die Wahl fiel schlussendlich auf drei gelernte Verkäuferinnen im Alter zwischen 23 und 28 Jahren. Alle erhielten einen Arbeitsvertrag im Teilzeitpensum zwischen 40 und 80 %. Bei der Anstellung war Sue bewusst, dass die drei Verkäuferinnen noch jung und unerfahren sind. Einen Laden zu führen verlangt ein hohes Mass an Selbständigkeit. Sie war aber froh, geeignete Personen gefunden zu haben. Der grosse Teil der Bewerberinnen und Bewerber erfüllte das Anforderungsprofil nämlich nicht. Viele Interessentinnen und Interessenten bewerben sich nach Sues Erfahrung, weil sie meinen, „Fair Trade" steht für „Easy Work". „Fair" heisst aber nicht, dass die Organisation ein Auffangnetz für Personen darstellt, welche anderswo keinen Job finden. Ebenfalls haben nur wenige Bewerberinnen und Bewerber ihre Motivation, gerade in einem Fair-Trade-Laden zu arbeiten, überzeugend dargelegt.

Das Team nahm seine Arbeit in den ersten Monaten motiviert in Angriff und arbeitete sich gut ein. Die stressige und anspruchsvolle Weihnachtszeit meisterte das noch junge Team erstaunlich gut. Die Kundschaft wurde freundlich und kompetent bedient, was sich auch im Umsatz widerspiegelte. Auf der Strecke blieb allerdings die Ladengestaltung. Diese wies sichtbare Mängel auf. Aus diesem Grund erarbeitete Sue Gerber eine Checkliste, wie die Gestaltung auszusehen hat. Um das Team zu unterstützen, leisteten zwei Mitarbeiterinnen aus einer anderen Filiale einen Monat lang Hilfestellung. Diese zwei Angestellten sind schon einige Zeit für die Kette tätig und haben nach Ansicht von Sue Gerber ein gutes Auge für dekorative Angelegenheiten. Schon nach kurzer Zeit machte die Ladengestaltung sichtbar Fortschritte und die zwei Kolleginnen aus der anderen Filiale konnten sich wieder zurückziehen.

Seit der Eröffnung waren sechs Monate vergangen. Das Team war mittlerweile gut eingespielt und der Laden konnte sich etablieren. So war es für alle ein schwerer Schlag, als ein Teammitglied einen schweren Unfall erlitt und auf unbestimmte Zeit ausfiel. Für die Zeit des Ausfalls musste Ersatz gefunden werden. So wurden zwei Aushilfen eingestellt, die 40 % der verunfallten Mitarbeiterin übernahmen. Die anderen zwei Mitarbeiterinnen erhöhten ihre Pensen um je 20 % auf 60 % bzw. 80 %. Das war für alle eine gute Lösung. Im Verlaufe der Zeit erholte sich die verunfallte Mitarbeiterin glücklicherweise wieder etwas von ihrem Unfall. Der Arzt erlaubte ihr, bis auf weiteres 30 % zu arbeiten. Eine Erhöhung des Pensums schien aber unwahrscheinlich. Die Pensenverschiebungen waren auch in der Folge ein grosses Thema. Da eine Mitarbeiterin zusammen mit ihrem Freund versuchte, ein eigenes Geschäft aufzubauen, kürzte sie ihr Pensum um 20 % und arbeitete noch 40 %. Diese 20 % wurden durch eine der Aushilfspersonen übernommen.

Sue Gerber besucht die Filiale alle zwei Wochen und unterstützt die Angestellten in Fragen der Geschäftsführung. Zudem fungiert sie als Ansprechperson für alle Probleme, welche vom Team nicht selbst gelöst werden können. Sie nimmt damit die Funktion als externe Leiterin wahr. Die täglichen Arbeiten werden durch das Team selbst ausgeführt.

Vor einigen Wochen hat Sue Gerber einen merklichen Engagementverlust beim Team festgestellt. Die Gruppe hat irgendwie an Herzblut verloren. Während früher die Teamleiterinnen in den Sitzungen angeregt Ideen über die künftige Positionierung entwickelten, führt Sue Gerber heute meist Monologe. Das Team äussert sich nur noch wenig und beteiligt sich kaum an der Diskussion. Auch die allgemeinen Arbeiten wie die Reinigung des Ladenlokals werden schlecht ausgeführt. Betritt Sue den Laden, fällt ihr auf, dass an vielen Stellen Staub und Dreck lagert. Die Lampen an der Decke leuchten nur noch teilweise, da defekte Glühbirnen nicht gewechselt wurden. Die Pflanzen, die den Laden dekorieren sollen, machen einen mitgenommenen Eindruck, weil sie nicht regelmässig bewässert werden. Auch sind Regale nicht aufgefüllt und die Einkäufe für den Laden werden schlecht erledigt. Zudem fallen die vielen Krankheitstage auf. Meistens betragen diese weniger als drei Tage, da es so kein Arztzeugnis braucht. Der Blick in die Buchhaltung verrät auch nichts Gutes. Die Umsätze sind unter dem kalkulierten Budget.

Sue Gerber hat sich umgehend der Situation angenommen. Klärende Gespräche erachtet sie als den richtigen Weg, um die Probleme konstruktiv anzugehen. Sie macht den Anfang bei der verunfallten Mitarbeiterin. Diese teilt ihr mit, dass sie sich nicht mehr ins Team integriert fühlt. Die starken personellen Veränderungen würden es ihr fast unmöglich machen, die anderen ein wenig kennenzulernen. Eine andere Mitarbeiterin beklagt sich über die Unsicherheit, ob die verunfallte Kollegin weiterarbeiten wird: „Wenn sie wieder mehr arbeitet, dann bin ich doch überzählig, schliesslich bin ich nach wie vor im Stundenlohn angestellt." Eine dritte Mitarbeiterin ist mit der unklaren Rollenverteilung unzufrieden. „Wir haben niemanden, der das Heft in die Hand nimmt. Klar bist du da, aber irgendwie auch nicht so richtig. Du schaust schnell vorbei und bist dann wieder weg. Ich glaube, einige von uns wissen nicht mal, welche Funktion du eigentlich genau ausübst. Bist du nun die Chefin oder nicht?" Auch die Aussagen der anderen Mitarbeiterinnen gehen in eine ähnliche Richtung.

Sue Gerber hat ein Feedback dieser Art nicht erwartet und denkt nun darüber nach, was sie unternehmen soll.

≋ Teaching Notes

Stichwörter: Teamleitung • Teilzeitarbeit • Führungsbeziehung • Führen auf Distanz • Selbstverantwortung • Demotivation im Team • Coaching als Führungsmethode • Krisenintervention

Der Fall beleuchtet eine eher spezielle Führungssituation. Die Leitung einer Filiale im Kollektiv und durch Teilzeitangestellte ist eine interessante Konstellation. Immerhin haben die doch recht jungen Mitarbeiterinnen mit einer gewissen Unterstützung den Aufbau der Filiale erfolgreich bewältigt. Probleme entstanden, als das Kernteam infolge unfallbedingten Ausfalls an seine Grenzen gekommen ist.

Der Fall kann auch als Anlass dienen, über Führungs- und Organisationsmodelle ausserhalb der standardgemässen Organisationslehre (Filialleitung durch eine Person mit einem 100 %-Pensum) nachzudenken.

Der Fall ist in einer Lektion (45 min.) gut zu bewältigen. Die Diskussion kann in Gruppen oder direkt in der gesamten Klasse geführt werden. Denkbar ist aber auch eine schriftliche Einzelarbeit zur Lösungssuche.

Mögliche Fragen zur Fallstudie

a) Wie kann Sue Gerber die Unsicherheit der Mitarbeiterinnen in der Filiale und den damit verbundenen Verlust an Motivation auffangen?
b) Wie könnte Sue Gerber die Leitung der Filiale neu organisieren und dabei die erfolgten personellen Veränderungen berücksichtigen?
c) Sammeln Sie einige Vor- und Nachteile einer kollektiven Leitung der Filiale.
d) Wie kann Sue Gerber ihre Rolle klarer zum Ausdruck bringen und über Distanz führen?

VI. Personalmanagement und Personalethik

Stephanie Kaudela-Baum, Christoph Fischer (Bilder), Bruno Frischherz, Dominik Godat, Erik Nagel, Andrea Buss Notter und Martin Sprenger

Nr. 35 Es brodelt in der Lohnküche

Bruno Frischherz

„Die Umsätze steigen, die Kunden sind zufrieden und auch die Erträge lassen sich sehen", so fasst Josef Schwarz den Geschäftsgang seiner Firma zusammen. Vor acht Jahren hatte er die AdvoSoft zusammen mit zwei befreundeten Informatikern gegründet. Die Geschäftsidee bestand in einem Softwarepaket für Rechtsanwälte, das die Informatikbedürfnisse von kleinen und mittleren Anwaltskanzleien umfassend abdeckt. Auch heute noch überzeugt die Geschäftsidee die Kunden. Das Grundpaket von AdvoSoft besteht aus einer Mandatsverwaltung mit Leistungserfassung. Mithilfe der Software erhalten die Benutzer mit einem Mausklick sämtliche Informationen, die zu einem Dossier gehören. Die Kunden können ausserdem verschiedene Zusatzmodule lizenzieren. Neben der guten Funktionalität ist die AdvoSoft auch für erstklassigen Support bekannt. Heute beschäftigt die AdvoSoft rund 30 Personen, wovon rund die Hälfte in der Entwicklungsabteilung tätig ist.

Die guten Zahlen verbergen, dass sich die Stimmung unter den Mitarbeitenden in letzter Zeit verschlechtert hat. Die technische Entwicklung im Softwarebereich verlief rasant, die AdvoSoft nutzte ihre Marktchancen und wuchs in den vergangenen Jahren stark. Fähige Fachleute im Informatikbereich zu finden, war jedoch nicht immer einfach. Um die personellen Löcher zu stopfen, offerierte die AdvoSoft neuen Informatikfachkräften teilweise überdurchschnittliche Löhne. Gerüchte über überrissene Saläre für Neueinsteigende und sagenhafte Boni machen unter den Mitarbeitenden die Runde. Auch zwischen den Abteilungen entstanden Rivalitäten

---

S. Kaudela-Baum (✉)
Institut für Betriebs- und Regionalökonomie IBR, Hochschule Luzern – Wirtschaft,
Zentralstraße 9, 6002 Luzern, Schweiz
E-Mail: stephanie.kaudela@hslu.ch

und Neid. In der AdvoSoft dominieren Gerüchte, Vermutungen und Spekulationen. Manche haben das Gefühl, mit ihrem Lohn gut dazustehen. Andere haben das Gefühl, dass ihre Arbeit nicht ausreichend entschädigt wird.

Die Geschäftsleitung sieht sich nicht nur mit der steigenden Nachfrage konfrontiert, sondern auch mit dem Preisdruck, der in der Branche deutlich zugenommen hat. Vor diesem Hintergrund diskutiert die Geschäftsleitung die Option, Geschäftstätigkeiten vermehrt in die Tschechische Republik auszulagern. Seit drei Jahren arbeitet AdvoSoft bereits mit einem tschechischen Start-up-Unternehmen zusammen, welches vor allem die Programmierung in Java ausführt. Auf dem Schweizer Arbeitsmarkt waren dafür kaum mehr Entwickler zu finden. Die hohe fachliche Qualifikation der dortigen Hochschulabgänger sowie das niedrige Lohnniveau machen einen weiteren Ausbau in Tschechien für die AdvoSoft attraktiv. Obwohl am Schweizer Standort keine Entlassungen vorgesehen sind, befürchtet Josef Schwarz, dass der geplante Ausbau der Produktion in Tschechien zusätzliches Öl ins Feuer der Lohndiskussionen giesst. Beim Thema „Tschechien" prallten wiederholt auch in der Geschäftsleitung die Meinungen aufeinander: „Auf lange Sicht können wir nicht mehr solch fürstliche Löhne bezahlen. Für die gleiche Arbeit und Qualität bezahlen wir in Osteuropa nicht einmal die Hälfte", tönt es auf der einen Seite, und auf der anderen: „Wir können ja jetzt nicht einfach hier die Leute entlassen und dort Leute anstellen. Wir sind schliesslich ein Schweizer Unternehmen und wir müssen mit unseren Leuten und Angeboten konkurrenzfähig bleiben." Zu allem Übel wird die Diskussion über die Löhne nicht nur in der Schweiz geführt, sondern auch zwischen den Standorten. Einzelne Entwickler in der Tschechischen Republik haben vom Lohnniveau in der Schweiz erfahren – die „Schweizer" verdienten mehr als das Doppelte für die gleiche Arbeit. Diese tschechischen Entwickler wollen diese Kluft nicht einfach so hinnehmen. Einer der tschechischen Verhandlungspartner hat Schwarz kürzlich unmissverständlich mitgeteilt: „Eine längerfristige Zusammenarbeit ist für uns nur bei einem angemessenen Lohn interessant."

Die Geschäftsleitung der AdvoSoft hat die heikle Situation erkannt. Sie hat deshalb eine Arbeitsgruppe eingesetzt, mit dem Ziel, ein angemessenes Lohnsystem zu entwickeln. Zum Leiter dieser Arbeitsgruppe wurde Thomas Schaffner ernannt. Schaffner arbeitet seit sechs Jahren als Personalverantwortlicher in der AdvoSoft und kennt sich in der Firma bestens aus. Thomas Schaffner bereitet sich nun auf die erste Sitzung mit der Arbeitsgruppe vor.

VI. Personalmanagement und Personalethik 163

✎ *Teaching Notes*

Stichwörter: Mitarbeiterbindung • Knowledge Management • Mitarbeitergewinnung • Lohngerechtigkeit • Führungsethik • Unternehmensethik • Personalpolitik und -strategie

Es empfiehlt sich, neben der personalpolitischen Dimension ebenfalls die ethische Dimension dieses Falles zu bearbeiten. Die Fallstudie eignet sich für ein dreistufiges Vorgehen. In einer ersten Phase können die Fragen von Thomas Schaffner erarbeitet werden. In einer zweiten Phase können nach der Konsolidierung dieser Fragen die Antworten der Geschäftsleitung formuliert werden. In einer dritten Phase können Studierende als Hausarbeit eine konkrete Lohnpolitik und/oder ein Lohnsystem für die AdvoSoft entwickeln.

Mögliche Fragen zur Fallbearbeitung

a) Versetzen Sie sich in die Lage von Thomas Schaffner und formulieren Sie zentrale Fragen, die die Arbeitsgruppe klären muss, um ein Lohnsystem entwickeln zu können.
b) Überlegen Sie sich, welche Antworten Thomas Schaffner sich vorgängig bei der Geschäftsleitung abholen sollte.

Nr. 36 Was ist los mit Frau Schaub?

Martin Sprenger und Stephanie Kaudela-Baum

Tanja Schweizer, 39 Jahre alt, ist Leiterin der Abteilung Buchhaltung in einem mittelgrossen Produktionsbetrieb in Chur. Ihr sind sieben Personen unterstellt. Neu ins Team kam vor kurzem Brigitte Schaub. Brigitte Schaub ist 35 Jahre alt und verfügt wie Tanja Schweizer über eine Ausbildung zur Fachfrau für Finanz- und Rechnungswesen. Brigitte Schaub war vorher ebenfalls Leiterin einer Buchhaltungsabteilung in einem mittleren Unternehmen. Im Bewerbungsgespräch verwies Brigitte Schaub darauf, dass sie aufgrund von Meinungsverschiedenheiten mit ihrem Vorgesetzten den vorherigen Arbeitgeber verlassen habe und sich nun einer neuen Herausforderung als Fachspezialistin widmen wolle; eine Führungsfunktion strebe sie mittelfristig nicht an. Brigitte Schaub übernahm den Bereich der Mehrwertsteuerabrechnung, einen Bereich, der anderen Mitarbeitenden aufgrund der umfangreichen Regelungen Mühe bereitete. Dank ihrer Ausbildung war Brigitte Schaub durchaus in der Lage, diese anspruchsvolle Aufgabe zu übernehmen. Das Team war froh, nun eine Kollegin zu haben, die sich dieser Aufgabe annehmen würde.

Während der Probezeit arbeitete sich Brigitte Schaub rasch in die Materie ein. Tanja Schweizer war mit Schaubs Leistungen sehr zufrieden. Ihr grosses Fachwissen bereicherte das Team merklich. Tanja Schweizer arbeitete 80 % und war montags immer abwesend. Ihr Vorgesetzter trat mit akuten Anliegen und Fragen aber immer wieder montags an das Team heran. Bis anhin musste er immer warten, bis Tanja Schweizer wieder im Büro war. Nun konnte aber Brigitte Schaub schon nach kurzer Zeit rasch und kompetent Antworten geben. Auch mit ihren Arbeitskollegen und -kolleginnen verstand sich Brigitte Schaub sehr gut und stand stets als Ansprechpartnerin für diese zur Verfügung. Kurz: Sie hatten sich innert Kürze vollkommen ins Team integriert.

Die Unternehmung als Ganze entwickelte sich hervorragend. Durch ihre Innovationskraft konnte sie einzelne Produktneuheiten am Markt präsentieren, die grosse Nachfrage erfuhren. Dies führte aber auch dazu, dass die Arbeitsbelastung in den Abteilungen rasch zunahm. In der Buchhaltungsabteilung entstand so eine personelle Unterdeckung. Die Mitarbeitenden mussten immer häufiger Überstunden machen, die sie nicht mehr abbauen konnten. Anzeichen mehrten sich, dass Mitarbeitende immer häufiger an ihre Belastungsgrenze gerieten. Zudem verliess eine Mitarbeiterin aufgrund ihres Umzugs von Chur nach Zürich das Team; dies verschärfte die Situation zusätzlich.

In diesem Zeitraum stellten sich auch die Ungereimtheiten in der Arbeit von Brigitte Schaub ein. Obwohl sie eine Fachausbildung absolviert hatte, verrichtete sie mehrheitlich Routinearbeiten. So war sie vielfach mit der Ablage von Belegen beschäftigt, erledigte Botengänge oder verrichtete Arbeiten im Bereich der Kreditoren- oder Debitorenbuchhaltung. Anspruchsvolle Tätigkeiten, wie eben die Mehrwertsteuerabrechnung, delegierte sie immer häufiger an andere Kolleginnen oder Kollegen. Sie war zudem schnell aus dem Konzept zu bringen. Mussten Arbei-

VI. Personalmanagement und Personalethik

ten rasch erledigt werden, zeigten sich Anzeichen von Nervosität. Sie agierte dann überstürzt und unüberlegt. Während dieser Phasen war sie nicht empfänglich für Fragen. Mitarbeitende, die etwas von ihr wissen wollten, wurden postwendend mit einer schnippischen Antwort abgefertigt. Zuerst zeigten ihre Kolleginnen und Kollegen Verständnis für die Situation. Im weiteren Verlauf machte sich aber ein gewisser Unmut breit – insbesondere, weil Brigitte Schaub die schwierigen Aufgaben nun meist an Kolleginnen und Kollegen delegierte.

Auch ihre Kritikfähigkeit beschränkte sich auf ein sehr bescheidenes Mass. Dies zeigte sich auch im folgenden Gespräch, das Tanja Schweizer mit Brigitte Schaub führte:

Tanja Schweizer: „Brigitte. Ich muss mit dir über zwei Sachen sprechen. Ich mache das sicher nicht, um dir an den Karren zu fahren. Aber wenn Versäumnisse da sind, möchte ich diese ansprechen und mit dir schauen, wie wir das Problem lösen können. Konkret geht es um die Rechnungsstellung für Logistics International. Da geht es wirklich um eine grössere Summe. Diese Rechnung hatte eine zweiwöchige Verzögerung. Zudem stellten wir fest, dass eine Position in der Rechnung vergessen wurde. Kannst Du mir sagen, was da passiert ist?"

Brigitte Schaub: „Ich verstehe überhaupt nicht, wieso immer ich angegriffen werde. Ich weiss nicht, wie das passiert ist. Ausserdem ist es ja mittlerweile korrigiert. Immer stehe ich am Pranger. Ich ertrage das nicht mehr…"

Tanja Schaub setzte zu einer Antwort an, aber Brigitte Schaub verliess weinend das Büro. Nach diesem kurzen Gespräch meldete sie sich für den nächsten Tag krank. Tanja Schweizer war etwas ratlos, wie sie nun mit dieser Situation umgehen sollte.

Brigitte Schaubs Absenzen begannen sich zu häufen. Schon bei geringstem Unwohlsein meldete sie sich krank. Die Begründungen waren oftmals an den Haaren herbeigezogen. Ein einfaches Kratzen im Hals wurde zu einer Angina, ein Ziehen im Bauch zu einer Magen-Darm-Grippe und Kopfschmerzen wurden zu einem Migräneanfall. So fehlte sie während vier bis fünf Tagen im Monat. Zu Tanja Schweizers Ärger konnte sie aber jedes Mal ein Arztzeugnis vorweisen. Der Gipfel war erreicht, als sie eines Morgens anrief und mitteilte, dass sie für die nächsten acht Tage krank geschrieben sei. Anschliessend sei sie bis auf weiteres nur noch zu 50 % arbeitsfähig. Der Arzt habe bei ihr ein Burn-out diagnostiziert. Tanja Schweizer ist sonst sehr tolerant und bringt ihren Mitarbeitenden grosses Vertrauen entgegen. Im Fall Brigitte Schaub begann sie aber Nachforschungen anzustellen. Eine Auskunft bei ihrem alten Arbeitgeber ergab, dass Brigitte Schaub auch dort überdurchschnittlich viele Absenzen zu verzeichnen hatte.

Nach den besagten acht Tagen nahm Brigitte Schaub ihre Arbeit wieder zu 50 % auf. Die Situation blieb weiterhin schwierig. Sie wirkte rasch irritiert oder nervös, sobald der Arbeitsanfall stieg. Die Konsequenz daraus war, dass die anderen Mitarbeitenden ein grösseres Arbeitspensum absolvieren mussten, um den Ausfall von Brigitte Schaub auszugleichen. Eine zusätzliche Einstellung von Personal war – so die Begründung der Geschäftsleitung – aus Budgetgründen nicht möglich. Die in der Buchhaltung angestellten Mitarbeitenden verfügten zudem, relativ zur Restbelegschaft gesehen, über hohe Einstufungen. Zusätzliche Mittel für Personal wären gegenüber den anderen Abteilungen nur schwer zu rechtfertigen gewesen. Tanja Schweizer machte deshalb Brigitte Schaub den Vorschlag, ihr Pensum zu reduzieren und zusätzlich eine Verstärkung zu engagieren. Birgitte Schaub war von dieser Lösung gar nicht begeistert. „Ich bin auf das Geld dringend angewiesen", sagte sie. „Eine Lohneinbusse kommt für mich nicht infrage."

Wenige Wochen später folgte die nächste Überraschung: Brigitte Schaub teilte mit, dass sich privat eine Veränderung ergeben habe. Sie ziehe mit ihrem langjährigen Freund in eine gemeinsame Wohnung. Da er in Zürich arbeite, hätten sie sich für Ziegelbrücke als Wohnort entschieden. Der Arbeitsweg von Brigitte Schaub erhöhte sich durch den Umzug deutlich. Bei Stau auf der Autobahn – und der kommt häufig vor – kann sich der Arbeitsweg auf zwei Stunden erhöhen. Da ihr der Arzt nur am Vormittag zu arbeiten erlaubte, musste sie nun um 5.00 Uhr morgens aufstehen, um pünktlich zur Arbeit zu erscheinen. In der Unternehmung gelten Blockzeiten von 07.30 bis 11.30 Uhr sowie 13.30 bis 16.30 Uhr. Von der Geschäftsleitung wird eine genaue Einhaltung dieser Blockzeiten gefordert. Aufgrund dieses Umstandes erklärte Brigitte Schaub gegenüber Tanja Schweizer, dass sie nun eine Arbeitsstelle in ihrer Wohnregion suche. Sie wäre aber dankbar, wenn sie Tanja Schweizer als Referenz angeben dürfe. Diese liess die Antwort vorerst offen.

Tanja Schweizer stösst mit dem „Fall Schaub" an ihre Grenzen. Ständig fragt sie sich, wie sie mit der Situation umgehen soll oder ob ihr Fehler unterlaufen sind.

VI. Personalmanagement und Personalethik

✎ Teaching Notes

Stichwörter: Mitarbeitendengespräch • Burnout • Umgang mit Absenzen • Personalauswahl • Freistellung • Coaching • Personalethik • Arbeitsrecht

Anhand des Falles können sowohl Fragestellungen zum Thema Burn-out als auch zu den Themenbereichen der Personalauswahl bzw. Freistellung von Mitarbeitenden diskutiert werden. Auch beinhaltet der Fall eine personalethische Dimension, da es um den Umgang des Unternehmens mit einer kranken Mitarbeiterin geht. Hier könnte man die kurz-, mittel- und langfristigen Folgen (z. B. für die Unternehmenskultur, das Arbeitsklima, das Vertrauen in die Unternehmung, die Loyalität der Mitarbeitenden, den psychologischen bzw. moralischen Vertrag der Mitarbeitenden mit dem Unternehmen) einer möglichen Freistellung einer kranken Mitarbeiterin diskutieren.

Möglich wäre auch ein Rollenspiel mit Tanja Schweizer und Brigitte Schaub, in dem ein Mitarbeitendengespräch durchgeführt wird, in dem der Leistungsabfall der Mitarbeiterin thematisiert wird und Ziele für das kommende halbe Jahr formuliert werden.

Daneben wirft gerade der 2. Abschnitt des Falles arbeitsrechtliche Fragen auf und kann auch zur Übung im Rahmen der Ausbildung von Personalmangerinnen und Personalmanagern eingesetzt werden. Mögliche Themen:

- Kündigung während einer reduzierten Arbeitsfähigkeit, im Krankenstand und in Kombination mit der Ankündigung des geplanten Arbeitgeberwechsels,
- Inhalt und Form eines Arbeitszeugnisses und
- Regeln für eine allfällige Referenzauskunft.

Mögliche Fragen zur Fallbearbeitung

a) Welches sind aus Ihrer Sicht die Hauptprobleme bei diesem Fall?
b) Hätte Tanja Schweizer bereits früher intervenieren können? Und wenn ja: Wie?
c) Hätten Sie Tanja Schweizer zur Übernahme einer Coachingfunktion im Fall Schaub geraten?
d) Hat die Unternehmung bei der Rekrutierung von Brigitte Schaub ausreichend Abklärungen vorgenommen?
e) Wie sollten sich Vorgesetzte und das Unternehmen bei einem diagnostizierten Burn-out und einer nachfolgenden reduzierten Arbeitsfähigkeit verhalten?

Nr. 37 George Nauer ist schuld

Andrea Buss Notter und Erik Nagel

Die Business Communication AG, eine Kommunikationsagentur, hat einen Prestigeauftrag an Land gezogen. Sie wurde von der Sichtex, einer Krankenversicherung, beauftragt, die externe Kommunikationsarbeit betreffend der politisch hochbrisanten Kostensituation im Gesundheitswesen zu gestalten und die Umsetzung zu planen.

Mit der Durchführung des Projekts wurde George Nauer beauftragt. George Nauer arbeitet seit mehreren Jahren bei der Business Communication AG und ist zum Senior Projektleiter aufgestiegen. Da es sich um ein strategisch wichtiges Projekt handelt, wurde ihm sein Vorgesetzter, Peter Lengwiler, als Ansprechpartner zur Seite gestellt. Peter Lengwiler ist schon seit vielen Jahren in der Kommunikationsbranche tätig und verfügt über viel Erfahrung.

George Nauer war stolz, diesen Auftrag ausführen zu dürfen – schliesslich hatte er sich gewünscht, mehr Verantwortung zu übernehmen und dies auch von seinem Vorgesetzten ausdrücklich verlangt. Seitens Sichtex leitete Petra Elsener das Projekt. Voller Elan machte sich Nauer an die Arbeit. Peter Lengwiler hatte den Eindruck, das Projekt laufe gut. An den regelmässigen Projektsitzungen und den Sitzungen mit seinem Vorgesetzten berichteten George Nauer und die Projektkoordinatorin über den Projektfortschritt und informierten über erste inhaltliche Ergebnisse. George Nauer äusserte sich stets positiv auch gegenüber der Projektleiterin auf Kundenseite, Frau Elsener. Er meinte auch, dass er das Projekt zusammen mit der Projektkoordinatorin durchführe und keine weitere Unterstützung benötige. Peter Lengwiler hatte keine Zweifel, dass Nauer die Sache fest im Griff habe.

Kurz vor der ersten Präsentation des Konzeptes wurde es jedoch plötzlich hektisch. George Nauer war mit seinen Arbeiten, im Gegensatz zu den an den regelmässigen Projektsitzungen gemachten Aussagen, heillos im Verzug. So teilte er Peter Lengwiler zwischen Tür und Angel mit, dass er den Zwischenbericht erst über das Wochenende und nicht – wie angekündigt – bis Mitte Woche erstellen werde. Er müsse zudem noch die Folien überarbeiten. Er versicherte Peter Lengwiler aber, dass der Kunde äusserst zufrieden sei. Schliesslich sei er mit dem Kunden immer in Kontakt und nehme dessen Wünsche und Anregungen auf.

Peter Lengwiler war etwas verwundert über die Aussage von George Nauer und dachte: „In den wöchentlichen Meetings betonte er bis jetzt immer, er sei mit dem Projekt auf Kurs und er könne die Termine einhalten. Und jetzt, kurz vor der Abgabe, teilt er mir einfach so mit, er sei nun doch nicht so weit und er brauche noch Zeit. Wenn das nur gut kommt… Aber gut, was soll ich machen?" Peter Lengwiler vereinbarte mit George Nauer, dass er die Folien für die Präsentation sowie den schriftlichen Bericht nicht wie geplant am Freitag, sondern erst am darauf folgenden Montag gegen Mittag erhalte. Er werde dann seinen Input dazu geben. Die

Unterlagen sollten dem Kunden am Dienstag zugestellt werden, und die Kundenpräsentation sollte schliesslich am Mittwoch erfolgen.

Am Montagmorgen erhielt Peter Lengwiler einen Anruf von der Projektleiterin von Sichtex, Petra Elsener: „Guten Tag Herr Lengwiler, hätten Sie kurz Zeit, mit mir den Projektstand zu besprechen?" „Ja, natürlich, guten Tag Frau Elsener. Es freut mich, Sie zu hören." „Herr Lengwiler, ich muss Ihnen sagen, dass der Bericht, den wir heute Morgen von Herrn Nauer erhielten, unseren Anforderungen und auch den Vereinbarungen mit Herrn Nauer überhaupt nicht entspricht. Er ist absolut unvollständig und fasst in keiner Art und Weise die erhobenen Daten zusammen. Vor allem fehlen auch die vereinbarten konkreten Handlungsempfehlungen. Das haben wir ja ganz klar als Ziel unserer Zusammenarbeit definiert und in der Auftragsbestätigung dokumentiert. Sie sind doch der Vorgesetzte von Herrn Nauer?" „Ja das bin ich", antwortete Peter Lengwiler verdutzt. „Dann möchte ich von Ihnen wissen", fuhr Frau Elsener weiter, „wie wir das ganze Thema der Kosten- und Leistungssituation in Zukunft kommunizieren und mit welchen gesellschaftlichen Gruppen wir in welcher Form Kontakt aufnehmen sollen. Wir brauchen Antworten auf die Frage, wie wir unsere Marketing- und Kommunikationsaktivitäten planen sollen." Frau Elsener machte eine kurze Pause. Dann fuhr sie fort: „Ich kann Ihnen sagen, dass ich nun mit Herrn Nauer so viele Telefongespräche führte und E-Mails austauschte, dass ich für die jeweiligen Folien der Powerpoint-Präsentation die Titel selbst definieren musste und das Besprochene nur immer unvollständig wieder an mich zurückgesandt wurde. Und das, obwohl Herr Nauer am Telefon immer sagte, dass alles kein Problem sei und ich es bekommen werde." „Aha", antwortete Peter Lengwiler. Es wurde ihm heiss und kalt und er spürte, dass er selber wohl früher hätte eingreifen müssen. Frau Elsener sprach weiter: „Heute Morgen reagierte Herr Nauer am Telefon auf meine Nachfragen – ich sage mal – nicht sehr entgegenkommend. Er scheint Vereinbartes bereits wieder vergessen zu haben. Von den Terminen, die er versprochen und auch schriftlich dokumentiert hatte, will ich gar nicht sprechen… ich dachte, dass ich einmal mit Ihnen reden muss. So geht das wirklich nicht weiter. Die erste Präsentation bei uns ist in zwei Tagen. Was schlagen Sie vor?"

Peter Lengwiler nahm die konkreten Änderungswünsche von Frau Elsener auf, entschuldigte sich und dankte ihr dafür, dass sie direkt auf ihn zugekommen war. Er teilte Frau Elsener mit, dass er sich der Sache umgehend annehmen werde. Er spreche mit Herrn Nauer und werde sie umgehend schriftlich informieren und morgen telefonisch mit ihr alle weiteren Einzelheiten für den Projektabschluss und die Präsentation besprechen. Innerlich war er hochgradig verärgert. Er fragte sich, ob er schlichtweg zu gutgläubig war.

Gleich im Anschluss an das Telefongespräch marschierte er in George Nauers Büro und teilte ihm den Wortlaut des Gesprächs mit Frau Elsener mit. Zudem hielt er – spürbar verärgert – fest, dass vereinbart gewesen war, dass er die Unterlagen zuerst erhalten würde, bevor Nauer sie weiterleitete. George Nauer antwortete kleinlaut: „Ja, ich bin nun ziemlich im Stress. Die Kundin hat immer mehr Wünsche." „Und was ist mit der Folienpräsentation?", fragte Peter Lengwiler. „Habe ich zu 90 % fertig", antwortete Nauer, „ich schicke sie dir bis Mittag."

Peter Lengwiler hatte ein ungutes Gefühl. Er wollte sich selber vom Stand der Arbeit überzeugen. Zurück in seinem Büro öffnete er die Dokumente am PC. Mit Schrecken stellte er fest, dass unter dem Titel Management Summary erst einige wenige Stichworte formuliert waren. Zur Analyse und zu den Handlungsempfehlungen stand noch gar nichts geschrieben. Die Powerpoint-Präsentation war gespickt mit inhaltlichen und formalen Fehlern. Zudem war das Layout völlig uneinheitlich. Er dachte: Der Kunde hat absolut berechtigt reklamiert. Peter Lengwiler musste nun handeln. Er berief umgehend eine Sitzung mit den zwei Mitarbeitenden ein und informierte in gebotener Kürze über den besorgniserregenden Stand des Projektes.

Das Team arbeitete zusammen mit Peter Lengwiler bis tief in die Nacht hinein und versuchte zu retten, was noch zu retten war. Peter Lengwiler rief tags darauf Frau Elsener an, entschuldigte sich für die Unannehmlichkeiten und versicherte ihr, dass sie die Unterlagen innerhalb der nächsten 24 h erhalten werde. Er garantierte ihr, dass die Präsentation am Mittwoch wie geplant stattfinden könne.

George Nauer beteuerte, die Daten beim Kunden ohne Schwierigkeiten präsentieren zu können, schliesslich habe er ja das ganze Projekt durchgeführt. Peter Lengwiler war davon aber nicht mehr überzeugt. So präsentierte er selber die Ergebnisse. George Nauer war als Projektverantwortlicher bei der Präsentation anwesend. Doch die Präsentation beim Kunden förderte weitere Überraschungen zutage. Kurz nach ihrem Beginn unterbrach der Hauptverantwortliche bei Sichtex, der Vorgesetzte von Frau Elsener, die Präsentation abrupt und teilte Peter Lengwiler die Ziele und Anforderungen des Projektes aus seiner Sicht mit. Diese wichen aber von den bearbeiteten Zielen ab. Unklar war jedoch in diesem Moment, ob George Nauer die Anweisungen ungenau erfasst hatte, oder ob die Missverständnisse vielmehr zwischen Frau Elsener und ihrem Vorgesetzten bestanden.

Am nächsten Tag meldete sich George Nauer krank. Den Lead des Sichtex-Auftrags übernahm nun Peter Lengwiler. Zusammen mit einer Junior Projektleiterin überarbeitete er die Präsentation und ergänzte die Daten mit zusätzlichen Analysen, die vom Kunden ebenfalls gewünscht waren. Der Auftrag wurde eine Woche später abgeschlossen und von Peter Lengwiler präsentiert. Der Hauptverantwortliche bei Sichtex war sichtlich angetan von den Projektergebnissen. George Nauer blieb in dieser Zeit krank geschrieben.

Nach seiner Rückkehr wurde eine Sitzung gemeinsam mit dem höheren Vorgesetzten einberufen. Dieser zeigte kein Verständnis für das Vorgefallene, sagte, dass bei George Nauer solche Probleme ja wiederholt aufgetreten seien. Im Anschluss an das Gespräch teilt der Vorgesetzte mit, dass er George Nauer umgehend entlassen wolle. Peter Lengwiler argumentierte dagegen und bemühte sich darum, Alternativen aufzuzeigen. Er war der Ansicht, dass nicht exakt nachzuweisen sei, dass George Nauer schuld sei. Der Fehler könne auch beim Kunden aufgetreten sein. Doch der Entscheid war gefallen: George Nauer wurde entlassen. Zudem erhielt auch Peter Lengwiler einen vehementen Rüffel. Sein Vorgesetzter meinte bei einem Anschlussgespräch deutlich verschnupft, er erwarte, dass er in Zukunft die

Projekte in seinem Verantwortungsbereich besser im Griff habe. Peter Lengwiler dachte bei sich: „Das war wohl nun eine Warnung. Wenn so etwas nochmals in meinem Verantwortungsbereich passiert, bin ich wohl dran." Er stellte sich die Frage, wie er seine Führung verbessern könne, damit er eine solche Situation in Zukunft vermeiden kann.

✎ Teaching Notes

Stichwörter: Arbeitstechnik • Führungsstil • Teamarbeit • Kommunikationsmanagement • Vertrauen • Führungsethik

Der Fall eignet sich für Studierende, Führungskräfte, die Dienstleistungs- und Beratungsunternehmen beauftragen sowie für Führungskräfte aus Dienstleistungs- und Beratungsorganisationen. Für das Lesen des Falls sollten 15 min zur Verfügung gestellt werden. Eine erste Aufarbeitung und Analyse des Falls kann in Gruppen im Rahmen von 30–45 min passieren. Danach bietet sich eine 30-minütige Diskussion im Plenum an. Inhaltliche Zusammenhänge ergeben sich vor allem im Hinblick auf die Gestaltung von Dienstleistungs- und Beratungsprozessen und hier vor allem in Bezug auf die Auftragsklärung sowie die Verankerung des Mandats in der Kundenorganisation. Die Führungsbeziehung zwischen Herrn Lengwiler und Herrn Nauer kann vor dem Hintergrund des Dilemmas zwischen Nähe und Distanz oder Vertrauen und Misstrauen betrachtet werden. Schliesslich kann der Entscheid zur Personalentlassung aus führungsethischer Sicht reflektiert werden.

Mögliche Fragen zur Fallbearbeitung

a) Wie stellt sich Ihnen die Situation dar?
b) Wie deuten Sie die Verhaltensweise von Herrn Nauer und Herrn Lengwiler? Was ist der Beitrag der beiden zum Projektverlauf?
c) Wie hätten sich die beiden verhalten können oder sollen, damit sich das Projekt produktiver entwickelt?

Nr. 38 Typisch: eine führungsschwache Frau

Bruno Frischherz und Dominik Godat

So hatte sich Anita Rast ihren Berufseinstieg nach dem Studium nicht vorgestellt. Drei Jahre hatte sie neben ihrer Arbeit in einer Werbeagentur an der Fachhochschule Kommunikation und Marketing studiert und dann eine Stelle als Kommunikationsverantwortliche in der Tourismusorganisation „Tour-In" gefunden. Voller Energie und Freude hatte sie sich an die Arbeit gemacht und nun – nach nur sechs Monaten – wünscht sie sich nur noch die Kündigung. Was ist geschehen?

Bis der bisherige Leiter der Kommunikationsabteilung von „Tour-In" in Rente ging, war Fabian Koller seine rechte Hand gewesen. Selbstverständlich hatten er und auch die übrigen Teammitglieder erwartet, dass er dessen Nachfolge antreten würde. Überraschenderweise hatte sich der Vorgesetzte des Leiters der Kommunikationsabteilung, Kuno Felder, aber anders entschieden; der Entscheid wurde per E-Mail wie folgt mitgeteilt: „Es freut mich, Ihnen mitteilen zu können, dass wir mit Anita Rast eine hervorragende Expertin als Leiterin unserer Kommunikationsabteilung gewinnen konnten." Fabian Koller wurde in der E-Mail nicht erwähnt. Anita Rast wollte vermehrt auf das Internet als Kommunikations- und Verkaufskanal setzen und zusammen mit anderen Leistungserbringern der Region einen übergeordneten Webauftritt für die ganze Tourismusdestination erstellen. Dazu war aber aktuelles Wissen im Umgang mit neuen Medien nötig, das Fabian Koller nicht vorweisen konnte. Anita Rast hatte sich einerseits theoretische Kenntnisse in integrierter Kommunikation an der Hochschule erworben und andererseits auch praktisches Wissen im Umgang mit Web-Content-Management-Systemen an ihrem früheren Arbeitsplatz in einer Werbeagentur. Für die Verantwortlichen war sie deshalb die ideale Besetzung.

Doch vom ersten Tag an behandelten die ihr unterstellten Mitarbeitenden der Kommunikationsabteilung Anita Rast wie Luft. Die Teammitglieder sprachen nicht mit ihr, ausser wenn sie gefragt wurden. Insbesondere Fabian Koller zeigte mehr oder weniger offen seine Ablehnung. Zufällig hörte sie auch einmal, wie er in einer Pause ihren Ostschweizer Dialekt nachahmte, um sich über sie lustig zu machen. Er und die Teammitglieder sträubten sich zudem gegen ihre Anweisungen. So blieben zahlreiche Vorarbeiten für den Webauftritt der Tourismusdestination liegen. Zur Rede gestellt, kritisierten die Teammitglieder die Arbeitsaufträge, die zu wenig präzise seien. An der internen Weiterbildung über Onlinekommunikation nahmen die Teammitglieder zwar teil, allerdings ohne jegliches Interesse zu zeigen. Während der Präsentation gab Fabian Koller wiederholt abschätzige Bemerkungen von sich, sodass auch Anita Rast diese hören konnte.

Nichtsdestotrotz will Anita Rast diese Herausforderung nun packen. Sie arbeitet umso intensiver am Projekt des neuen Webauftritts und Arbeitstage mit 10–12 h sind keine Seltenheit. Von ihrem Vorgesetzten Kuno Felder erhält sie kaum Feedback zu ihrer Arbeit, weder Lob noch Kritik. Sie hat den Eindruck, dass er abwarten will, wie sich die Situation im Team entwickelt. Als Anita Rast ausdrücklich bei ihm nachfragt und auch die ablehnende Haltung des Teams anspricht, meint er bloss: „Jedes Team braucht etwas Zeit, bis es sich an eine neue Leiterin gewöhnt hat. Versuchen Sie, die Gefolgschaft Ihres Teams durch Fachkompetenz zu gewinnen." Am Ende des Gesprächs verpflichtet Kuno Felder sie dazu, einen Kurs in Personalführung zu besuchen. Doch auch nach dem Kurs bleiben die Probleme im Team dieselben.

Anita Rast fühlt sich, als ob sie dauernd gegen Mauern anrennen würde. Es fehlt ihr an Unterstützung von oben wie auch von unten. Sie merkt, dass sie selber zunehmend verunsichert und unkonzentriert wird. Einmal verpasst sie einen wichtigen Projekttermin, ein anderes Mal nennt sie an einer Pressekonferenz falsche Zahlen und muss dann eine Richtigstellung veranlassen. Beim anschliessenden Gespräch teilt ihr Kuno Felder mit, dass er die Leitung des Webprojektes für die ganze Tourismusdestination an Fabian Koller übergeben will. Anita Rast befürchtet, dass nun Fabian Koller durch die Hintertüre doch die Leitung der Kommunikationsabteilung zugesprochen bekommt. Als sie ihren Vorgesetzten darauf hinweist, dass Fabian Koller keine Kompetenzen im Bereich der Onlinekommunikation hat, meint dieser: „Im Projekt ist vor allem Führungsstärke nötig. Mit dieser Massnahme will ich Sie entlasten, damit Sie sich voll auf das Tagesgeschäft konzentrieren können." Als Anita Rast nochmals die Ablehnung im Team anspricht, führt Kuno Felder die schwierige Situation auf ihre Führungsschwäche zurück. Er deutet an, dass sie wohl durch die Aufgabe überfordert sei. In der Folge leidet Anita Rast wiederholt unter Schlafstörungen und Migräneanfällen. Bald sind die Anfälle so schlimm, dass sie nicht zur Arbeit gehen kann und dass sie sich krankschreiben lässt.

Als Anita Rast nach drei Tagen wieder an ihren Arbeitsplatz zurückkommt, findet sie Fotos von nackten Männern auf ihrem Pult. Natürlich weiss niemand vom Team, wie die Fotos auf das Pult gekommen sind. Als sie Fabian Koller persönlich anspricht, weist dieser alle Verdächtigungen energisch zurück, und mit einem hämischen Grinsen fragt er sie, ob ihr die drei freien Tage nicht gut bekommen seien. Anschliessend wirft er ihr vor allen Teammitgliedern vor, sie sei hypersensibel und habe zu wenig Vertrauen in das Team. Wenn sie kein Vertrauen mehr in ihr Team habe, könne sie ja in ihrer Kommunikation mit dem Team „Truster" einsetzen. Anita Rast ist sprachlos und geht aus dem Zimmer. Am Abend schaut sie im Internet nach, was Fabian Koller mit dem „Truster" gemeint hat. Auf der Website www.truster.com findet sie folgende Erklärung: „Truster™. Your Personal Lie Detector. Truster provides a realtime analysis of vocal segments from phone or face-to-face conversations right on your computer screen. Now you can know what's really going on behind the words".

Anita Rast weiss nicht mehr, was sie tun soll. Es geht ihr miserabel. Nur eines ist klar: So kann es nicht mehr weiter gehen.

VI. Personalmanagement und Personalethik

✎ *Teaching Notes*

Stichwörter: Personalauswahl • Führungskultur • indirekte Führung • Leistungsbeurteilung • Macht • Führungsethik • Mobbing

Dieser Fall kann breiter diskutiert werden, indem beispielsweise die Führungskultur und die indirekte Führung analysiert werden. Der Fall eignet sich aber auch für eine fokussiertere Betrachtung spezifischer Themen wie z. B. Gender oder Mobbing.

Im Folgenden wird etwas genauer die Thematik *Mobbing* dargestellt. Der Fall eignet sich dazu, das Wissen zu Mobbing aufzubauen, aber auch persönliche Erfahrungen mit Mobbing als Beobachter/in oder Beteiligte/r (Opfer und Täter) zusammenzutragen. Anschliessend können mögliche Verhaltensweisen oder Reaktionen beschrieben und diskutiert werden.

Vorgängig zur Fallbehandlung muss ein konzeptioneller Input zur Thematik Mobbing vorgenommen und dann anhand des Falles sowie mithilfe der folgenden Fragen nochmals aufgenommen werden:

a) Was ist unter Mobbing zu verstehen? Welche Kriterien sind entscheidend? Handelt es sich im vorliegenden Fall um Mobbing? Wenn ja, woran lässt sich dies festmachen?
b) Haben Sie selber schon einmal Mobbing als Beobachter/in oder Betroffene/r erlebt?
c) Was können generell Ursachen für Mobbing sein? Welche Ursachen sind in diesem Fall relevant?
d) Welche Folgen hat Mobbing für die gemobbte Person und für das Unternehmen?
e) Wie können sich Mobbingopfer wehren? Was kann Frau Rast nun konkret tun?
f) Wie sollen Vorgesetzte intervenieren, wenn sie Mobbing vermuten oder feststellen?
g) Wie lässt sich Mobbing durch Präventionsmassnahmen vermeiden? Welche Voraussetzungen müssen auf höherer Stufe, z. B. bei Kuno Felder, gegeben sein?
h) Inwiefern ist Mobbing als ethisches Problem zu verstehen?

Zum Thema „Mobbing" finden sich zudem zahlreiche Websites von Arbeits- und Fachstellen:

http://www.mobbing-web.de/
http://www.portal-mobbing.de
http://www.arbeitsratgeber.com/
http://www.dgb.de/themen/mobbing/
http://www.mobbing-info.ch/
http://www.mobbing-beratungsstelle.ch/

Anleitung zum *Rollenspiel:* Der Vorgesetzte Kuno Felder hat soeben eine Weiterbildung zum Thema Mobbing besucht und ist sich der Führungssituation vollauf bewusst. Er hat realisiert, wie er selber zur Situation beigetragen hat.

Es findet ein ausserordentliches Mitarbeitendengespräch zwischen Kuno Felder und Anita Rast statt, mit dem Ziel, die Situation zu klären und konkrete Massnahmen zu vereinbaren, die zu eine klaren Verbesserung der Führungssituation beitragen.

Mögliche Fragen zur Fallbearbeitung

a) Skizzieren Sie, was sich im Einzelnen ereignet hat. Beschreiben Sie, wie
   – der Auswahlprozess abgelaufen ist, der zur Stellenbesetzung durch Anita Rast geführt hat,
   – sich die folgenden Personen(-gruppen) in der Situation verhalten: Kuno Felder, Anita Rast, Fabian Koller, übrige Teammitglieder.

b) Finden Sie Hypothesen dafür,
   – welches Führungsverhältnis zwischen dem Team und Kuno Felder vor der konkreten Führungssituation bestand,
   – welche Wirkung das Auswahlprozedere auf die Beteiligten und den Prozess hat und
   – wer auf welche Weise dazu beigetragen hat, dass diese unproduktive und gesundheitsschädigende Arbeits- und Führungssituation entstanden ist.

VI. Personalmanagement und Personalethik

Nr. 39 Die Neue (Comic)

Stephanie Kaudela-Baum, Martin Sprenger und Christoph Fischer (Bilder)

VI. Personalmanagement und Personalethik

Nr. 40 Die Entlassung

Erik Nagel

Hugo Birchler ist seit zehn Jahren Aussendienstleiter bei der Pharmafirma Vivafit. Vor zwei Jahren wurde der strategische Entscheid gefällt, als neues Produkt ein Generikum gegen Gliederschmerzen am Markt zu platzieren. Sein Vorgesetzter, Peter Hablützel, hatte ihn stark motiviert, diese Herausforderung anzunehmen. Hugo Birchler nahm sich dieser Aufgabe mit ganzer Kraft an und leistete ungeheure Überstunden, um die gesteckten Ziele zu erreichen. Das Marktumfeld verschlechterte sich aber zunehmend, sodass Hugo Birchler die ambitionierten Ziele nicht erreichen konnte. Dies galt jedoch nicht nur für sein Produkt, auch andere Produkte strauchelten. Als Antwort wechselte der Verwaltungsrat die Geschäftsleitung fast komplett aus. Auch auf den unteren Ebenen folgten zig Entlassungen und Neubesetzungen. „Neue Besen kehren besser" – so das Motto, das „von oben" kolportiert wurde. Von der Entlassungswelle betroffen war der Vorgesetzte von Birchlers Chef. Der neue Chef, Stefan Jenny, ist seit zwei Wochen im Amt.

18.30 Uhr: Hugo Birchler sitzt im Zug nach Hause und reibt sich die Augen. Ist das der Lohn für seinen aufopfernden Einsatz für die Firma? In den vergangenen drei Stunden haben sich die Ereignisse überschlagen. Um 15.30 Uhr erhielt er eine SMS von seinem Vorgesetzten, der ihn bat, Unterlagen aus seinem Büro zu holen und ihm per Post zuzustellen. „Eine merkwürdige Aktion", dachte Hugo Birchler. „Er kommuniziert doch normalerweise direkt, kommt bei mir vorbei, erklärt, worum es geht… eigenartig." Hugo Birchler bog in den Gang ein, in dem sein Chef sein Büro hat – hatte, wie sich herausstellte. Vor dem Büro stand ein Mitarbeiter einer Sicherheitsfirma. Auch auf diverse Bitten hin liess ihn dieser nicht in das Büro seines Chefs. Danach eilte Birchler durch mehrere Gänge und stellte fest, dass vor weiteren drei Büros Leute der Sicherheitsfirma standen. Er ging zurück an seinen Arbeitsplatz. Um 17.30 Uhr klingelte sein Telefon. Stefan Jenny war am Telefon und bat ihn in sein Büro. Hugo Birchler stockte das Blut in den Adern. Er ging zum Büro von Stefan Jenny und klopfte. Stefan Jenny rief: „Herein!" Alles Weitere ging rasch. Stefan Jenny teilte ihm mit steinernem Blick, ohne Einführung, ohne Nervosität, irgendwie mechanisch mit: „Herr Bichler – ich muss Ihnen mitteilen, dass die Geschäftsleitung entschieden hat, Sie zu entlassen. Sie konnten die gesteckten Ziele nicht erreichen. Das können wir uns nicht weiter leisten. Wir brauchen in Zukunft wirkliche Leistungsträger." Hugo Birchler war perplex, setzte aber dennoch zu einer Antwort an: „Aber – das Marktumfeld… und ich arbeite doch schon lange für die Firma… wie stellen Sie sich das vor, ich habe Fam…". Stefan Jenny unterbrach ihn: „Damit müssen Sie selber klar kommen. Sie müssen einfach Leistung bringen. Up or out. Sie sind nun out." Hugo Birchler, sonst ein verhaltener Mensch, konnte sich nicht mehr beherrschen: „Was sind Sie nur für ein Arschloch." Ihm wurde heiss und kalt, ihm wurde schwindelig vor Wut. Stefan Jenny entgegnete nur trocken: „Dort ist die Türe." Nach knapp einer Minute war Hugo Birchler wieder auf dem Gang – im Gang seines ehemaligen Arbeitgebers…

✐ Teaching Notes

Stichwörter: Personalentlassung • Macht • Unternehmensethik

Der Fall eignet sich als Einstieg in die Thematik der Personalentlassung, um die Studierenden auf die konkrete (Führungs-)Praxis der Personalentlassung hinzuweisen – und zwar jenseits (personal-)politischer und (personal-)strategischer Argumente pro und contra Personalentlassung. Die geschilderte Praxis erhellt den Zusammenhang zwischen der (Führungs-)Kultur einer Unternehmung, wie sie in einer (effektiven oder inszenierten) Extremsituation zum Ausdruck kommt und erlaubt eine Reflexion derselben vor dem Hintergrund der Unternehmens- und Führungsethik. Die Studierenden sollten 5 min Zeit haben, den Fall zu lesen. Die Studierenden können anhand der Fragen versuchen, herauszuarbeiten, welche „Werte" in der Unternehmung „gelebt" werden und welche „Werte" ihnen persönlich wichtig sind. Dies kann als Einstieg in die unternehmensethische Diskussion in der Personalpraxis genutzt werden.

Mögliche Fragen zur Fallbearbeitung

a) Erfassen Sie die Situation der Unternehmung und schildern Sie, wie die Unternehmung die Situation bewältigt.
b) Was gilt in dieser Unternehmung als „wertvoll"?
c) Wie lässt sich die Entlassungspraxis deuten, was bringt sie über die Organisations- und Führungskultur zum Ausdruck und wie wirkt sie sich auf den Einzelnen aus?

VII. Organisation und Change Management

Stephanie Kaudela-Baum, Sylvia Bendel Larcher, Joachim Freimuth,
Volker Frenk, Verena Glanzmann, Dominik Godat, Erik Nagel
und Martin Sprenger

Nr. 41 Das neue Beratungsangebot

Sylvia Bendel Larcher und Stephanie Kaudela-Baum

Bei einer mittelgrossen Kantonalbank wurde vor 15 Jahren eine Abteilung gegründet, die auf Schatzungen[1] spezialisiert ist. Die vier Mitarbeitenden dieser Abteilung sind ausgewiesene Experten, die immer dann zum Einsatz kommen, wenn Kunden der Kantonalbank eine Liegenschaft erwerben, umbauen, renovieren oder verkaufen wollen. Die Schatzung dient dabei als Diskussionsgrundlage bei Preisverhandlungen, als Richtwert für die Hypothekarbelehnung seitens der Bank oder als generelle Entscheidungshilfe bei Fragen rund um Immobilienprojekte. Seit zehn Jahren führt die Abteilung auch Schatzungen für Liegenschaftsbesitzer durch, die nicht Kunden der Kantonalbank sind. Mit diesen Mandaten erwirtschaften die Mitarbeitenden unterdessen einen beachtlichen Ertrag. Kein Wunder, dass die langjährigen Mitarbeitenden stolz auf ihren Erfolg und ihre von allen anerkannten Expertisen sind. Reiner Meyer ist einer von ihnen. Er fühlt sich in seiner kleinen Abteilung sehr wohl, seine Kollegen Martin, Isabelle und Lukas schätzen ihn ebenso wie er sie.

Die Schatzungsabteilung ist dem Departement „Services and Logistik" zugeordnet, dessen Leiter, Xaver Salvisberg, Mitglied der Geschäftsleitung ist. Rege interne Kontakte bestehen zur Rechtsabteilung und zum Marketing, die dem Präsidialdepartement angegliedert sind, sowie zu den Abteilungen Hypotheken und Firmenkunden, die zum Marktdepartement zählen.

Die abteilungsübergreifende Zusammenarbeit läuft soweit zufriedenstellend. Die Aufgaben sind klar verteilt und die Schnittstellen definiert. Beste Voraussetzungen also, um ein neues Produkt zu lancieren.

---

[1] Bewertung von Immobilien oder Grundstücken.

S. Kaudela-Baum (✉)
Institut für Betriebs- und Regionalökonomie IBR, Hochschule Luzern – Wirtschaft,
Zentralstraße 9, 6002 Luzern, Schweiz
E-Mail: stephanie.kaudela@hslu.ch

Vor acht Monaten brachte Xaver Salvisberg die Idee für ein neues Produkt auf den Tisch: Bautreuhand. Mit diesem Produkt hoffte er, mehrere Fliegen auf einen Schlag zu erwischen. Erstens sollte die neue Beratung zusätzliche Aufträge generieren und so die Erträge seines Departements erhöhen. Zweitens wollte er das Cross-Selling-Potenzial ausschöpfen, und drittens hoffte er, die neue Aufgabe würde die Motivation seiner Mitarbeitenden steigern. Mit letzterem lag er nicht falsch: Die Idee wurde von Reiner Meyer und seinem Team freudig aufgegriffen. Die Absatzprognosen sahen vielversprechend aus.

Reiner Meyer erhielt den Auftrag, ein konkretes Projekt für die Lancierung und Implementierung des neuen Beratungsangebots auszuarbeiten. Zwei Monate später gab die Geschäftsleitung grünes Licht für das Projekt. Darüber hinaus wurde das Geschäftsfeld „Bautreuhand" in die Gesamtstrategie der Kantonalbank für das kommende Jahr aufgenommen. Das neue Produkt genoss somit die volle Unterstützung der Geschäftsleitung. Der Abteilung Schatzungen wurde der Lead für die neue Dienstleistung übertragen, andere Abteilungen wie „Recht" oder „Finanzplanung und Steuern" sollten bei Bedarf zugezogen werden.

Und so sieht das neue Produkt „Bautreuhand" aus: Die Kantonalbank übernimmt für interessierte Bauherren bei Neubauten auf Mandatsbasis die gesamte Organisation und Entwicklung des Bauprojekts. Dazu gehören die Suche und die Auswahl des Architekten, die Kommunikation mit den Behörden, die Vorbereitung aller baubezogenen Rechtsgeschäfte sowie die Begleitung des Projekts von der Erwirkung der Baubewilligung bis zu Vollendung. Auch Besitzer bestehender Liegenschaften werden mit der Dienstleistung berücksichtigt. Dabei stehen vor allem wirtschaftliche Fragestellungen im Vordergrund. So werden Umnutzungsstudien, Wirtschaftlichkeitsstudien im Sanierungsfall, aber auch planerische Elemente wie beispielsweise die Erarbeitung von Umbaumöglichkeiten im Produkt vereint. Als Abrundung werden letztendlich auch Verkaufsmandate wahrgenommen.

Reiner Meyer und sein Team sind überzeugt, dass für diese ganzheitliche Betrachtungsweise von Liegenschaften ein grosses Potenzial im Markt vorhanden ist. Sie stellen optimistische Prognosen bezüglich der zu erwartenden Auftragslage auf. Nun muss das neue Dienstleistungsangebot nur noch bekanntgemacht werden.

Die Schatzungsabteilung hat keine Erstkontakte mit den potenziellen Kunden; diese finden primär in den Abteilungen Hypotheken und Firmenkunden statt, aber auch im Präsidialdepartement. Es sind demnach die dort tätigen Mitarbeitenden, die potenzielle Kunden ansprechen und ihnen die neue Dienstleistung schmackhaft machen müssen.

Damit die Kolleginnen und Kollegen der anderen Abteilungen die neue Dienstleistung kennen und verkaufen können, erstellt Reiner Meyer eine Powerpoint-Präsentation und lädt alle interessierten Mitarbeitenden der Kantonalbank zu einem Informationsanlass ein. Das Echo ist besser als erwartet: An mehreren Anlässen nehmen insgesamt 100 von 400 Eingeladenen teil. Voller Enthusiasmus präsentiert Reiner Meyer seinen Kolleginnen und Kollegen das neue Produkt „Bautreuhand". Während des Vortrags ist seine Überzeugung für die Geschäftsidee nicht zu überhören. Mehrfach weist er auf das Bedürfnis am Markt hin und erwähnt, dass sich sein Team nun als eine Art „Immobilienzentrum" verstehe.

Die Rückmeldungen sind durchwegs positiv. Niemand hat etwas gegen die neue Beratung einzuwenden, man bedankt sich für die interessante Präsentation.

Die Projektphase ist damit beendet. „Bautreuhand" ist fest im Produktportfolio der Abteilung Schatzungen verankert. Für Xaver Salvisberg ist das Projekt damit abgeschlossen. Seine Idee wurde erfolgreich umgesetzt. Für Reiner Meyer und sein Team beginnt jetzt das eigentliche Geschäft.

Seit drei Monaten ist das Produkt nun am Markt. Mandate tröpfeln aber nur sporadisch ein. Die wenigen Aufträge werden gewissenhaft und, davon ist das Expertenteam überzeugt, zur vollen Zufriedenheit der Kunden erledigt. Nach einem weiteren Monat mit bescheidenem Auftragseingang sitzen die vier an einem Freitagmorgen etwas frustriert beim Kaffee und fragen sich zum zigsten Mal, warum sie nicht mehr Mandate bekommen.

Lukas meint: „Die Leute an der Front erkennen einfach das Potenzial bei den Kunden nicht; sie verkaufen wie gehabt ihre Hypothek und denken gar nicht daran, was wir dem Kunden sonst noch zu bieten hätten." Martin ergänzt: „Das Potenzial erkennen sie vielleicht schon; ich glaube eher, die haben nicht den Mut, unsere Beratung anzubieten, weil sie das Honorar dafür nicht einzufordern wagen." Isabelle wirft ein: „Haben die Leute denn überhaupt etwas davon, wenn sie ein Bautreuhandmandat vermitteln? Ich meine, der Kunde kommt dann ja zu uns, wir machen das Geschäft und können das Honorar auf unsere Kostenstelle verbuchen. Da fehlt doch für die anderen Abteilungen der Anreiz zur Vermittlung!" Reiner antwortet: „So viel ich weiss, kriegen sie keine Vermittlungsprovision gutgeschrieben, das wäre vielleicht ein Ansatzpunkt. Aber ich fühle mich vor allem vom Marketing im Stich gelassen, die tun gar nichts, um unsere Bautreuhand auf dem Markt bekannt zu machen." „Red doch mal mit denen", muntert ihn Isabelle auf.

Schon am Montag sitzt Reiner bei der Marketingleiterin, Barbara. Diese wiegelt ab: „Ich möchte keine grosse Marketingübung daraus machen. Wenn wir die Bautreuhand auf dem Markt offensiv anbieten, sieht das nach Konkurrenz für gewisse Generalunternehmen[2] in der Region aus. Diese sind wiederum unsere Kunden und die will ich nicht vergraulen." Reiner nickt unwillig. So etwas Ähnliches hat ihm schon sein Tennispartner am Wochenende gesagt.

Doch so schnell gibt Reiner nicht auf, zu sehr ist er vom Sinn und der Qualität seiner Dienstleistung überzeugt. Er traktandiert das Problem der mangelnden Auftragseingänge für die nächste Besprechung mit Xaver. Doch dieser scheint an dem Thema nicht besonders interessiert zu sein; er macht keine Vorschläge, wie man die Abteilungen dazu bringen könnte, mehr Aufträge zu vermitteln. Reiner wirft die Frage auf, ob es richtig ist, dass der Lead für das Produkt bei der Schatzungsabteilung liegt, die gar nicht die Erstkontakte mit den Kunden hat. „Vielleicht müsste man den Lead an das Marktdepartement abgeben, damit die einen grösseren Anreiz haben, in dieser Sache aktiv zu werden. Man könnte auch eine eigene Stabsstelle einrichten für die Bautreuhand." Von dieser Idee ist Xaver wenig begeistert: „Jetzt, wo wir das ganze Projekt aufgegleist haben, geben wir es sicher nicht gleich wieder weg. Habt noch ein wenig Geduld, das läuft schon noch an."

---

[2] Ein Generalunternehmen ist ein Unternehmen, das sämtliche Leistungen für die Errichtung eines Bauwerks erbringt. Es ist somit einziger Vertragspartner für den Bauherrn (sogenannter Generalunternehmervertrag) und trägt die Verantwortung für die Gesamtleistung. Im Rahmen der Erstellung vergibt das Generalunternehmen oftmals Aufträge an Subunternehmer (z. B. Schreiner, Plattenleger etc.) und beschränkt sich dann auf die Koordination.

In der Kaffeepause trifft Reiner Marco, einen alten Kollegen aus der Rechtsabteilung. „Was machst denn du für ein Gesicht?", fragt dieser. Reiner erzählt ihm die ganze Geschichte. „Das Verrückte ist", schliesst er, „alle finden das Projekt toll, niemand hat etwas dagegen – aber es tut auch niemand etwas dafür! Wenn jetzt nichts geschieht, dann versandet die Bautreuhand wieder. Du kannst dir vorstellen, wie motivierend das für mich und mein Team ist. Wir haben uns voll auf diese Aufgabe eingestellt, haben uns das entsprechende Know-how erarbeitet, machen die Sache auch gut – und jetzt soll das Baby einfach sang- und klanglos untergehen?" „Oder zur Konkurrenz abwandern", ergänzt Marco. „Du sagst es", schliesst Reiner.

VII. Organisation und Change Management

✎ Teaching Notes

Stichwörter: Dienstleistungsinnovation • Change Management • Strategisches Management • Projektmanagement • Interne Kommunikation • Organisation • Motivation

Dieser Fall ist vielschichtig. Er passt zu Unterrichtseinheiten zu den Themen Dienstleistungsinnovation, Change Management, Kommunikation, strategisches Management, Motivation und Anreizgestaltung. Wir empfehlen die Bearbeitung der Fallstudie in Kleingruppen von 4–5 Personen und eine anschliessende Zusammenführung der Problemhypothesen und der dazugehörigen Handlungsempfehlungen für die Führungsperson Reiner Meyer im Plenum. Der Fall eignet sich vor allem für Masterstudierende und Studierende in Nachdiplomstudiengängen, da er viele Disziplinen der Organisations- und Managementlehre vereint. Man könnte den Fall jedoch durchaus auch im letzten Jahr des Bachelorstudiums einsetzen, evtl. mit etwas fokussierteren Fragen, die gezielter an das jeweilige Vorwissen der Studierenden anschliessen. Hier bietet sich der Fall dann gut zur Anwendung der zuvor vermittelten Inputs zur Thematik an.

Mögliche Fragen zur Fallbearbeitung

a) Wie würden Sie die Situation beschreiben?
b) Wo sollte die Problemlösung ansetzen?
c) Was soll Reiner als nächstes tun? Bei der Beantwortung dieser Frage sind die Haltungen von Barbara und Xaver zu berücksichtigen.

Nr. 42 Der verführerische Grossauftrag

Martin Sprenger

Die Consulting AG ist ein erfolgreiches Beratungsunternehmen und verfügt über einen ausgezeichneten Ruf. Ursprünglich wurde die Firma von zwei alten Schulfreunden gegründet. Zum Angebot zählte damals lediglich der Bereich Wirtschaftsprüfung. Im Laufe der Jahre sind Strategieberatung, Steuer- und Rechtsberatung dazugekommen. Die Unternehmung beschäftigt heute rund 50 Mitarbeitende, verteilt auf zwei Standorte.

Auch organisatorisch hat sich so einiges verändert. Bei der Gründung war das Unternehmen eine Kollektivgesellschaft und wurde aufgrund des steten Wachstums in eine Aktiengesellschaft umgewandelt.

Durch den beachtlichen Leistungsausweis und die umfangreiche Liste an erfolgreichen Referenzprojekten gelingt es dem Beratungsunternehmen immer wieder, Aufträge von namhaften Firmen zu akquirieren. So auch diesmal: Die grosse börsennotierte Unternehmung Insist AG hat das Revisionsmandat neu ausgeschrieben. Dieses beinhaltet die Revision der Rechnung über die nächsten fünf Jahre. Da die Insist AG Quartalsabschlüsse erstellt, ist der Revisionsaufwand sehr gross. Mehrere Unternehmen haben sich für das Mandat empfohlen. Den Zuschlag erhielt aber schlussendlich die Consulting AG, da sie schon vergleichbare Grossaufträge in der Vergangenheit abgewickelt hat.

Die Leitung des Grossprojekts wurde Jan Sommer übertragen. Jan Sommer arbeitet schon viele Jahre bei der Consulting. Nach seiner Lehrzeit hat er bei der Consulting eine Stelle als Treuhandassistent angenommen und sich zum Treuhänder mit eidg. Fachausweis und schliesslich zum Dipl. Wirtschaftsprüfer weitergebildet. Vor drei Jahren hat er die Leitung eines der drei Prüferteams übernommen. Jan Sommer gilt innerhalb der Consulting als kompetent und zuverlässig. Auch geniesst er eine grosse Wertschätzung.

Ein Prüferteam besteht in der Consulting AG aus zwei diplomierten Wirtschaftsprüfern sowie vier Assistenten. Sommers Team besteht aus hochmotivierten Mitarbeitenden, die über grosses Fachwissen verfügen. Immer wieder ist er erstaunt, wie die jeweiligen Mitglieder auch knifflige Situationen meistern. Auch die Stimmung innerhalb des Teams ist gut. Es herrscht ein Klima des gegenseitigen Respekts und Vertrauens. Dies erleichtert die Führungsaufgabe von Jan Sommer erheblich. Er ist froh, auf solch gute Kolleginnen und Kollegen zählen zu können. Jan Sommer freut sich über das ihm geschenkte Vertrauen und die bevorstehende Herausforderung.

Innert Kürze änderte sich aber die Stimmungslage. Da die Consulting AG für ein solch grosses Vorhaben über zu kleine Teams verfügte, wurde ein Pool von Mitarbeitenden aus anderen Teams gebildet. Diese verstärkten Jan Sommers Team. Da die Poolmitglieder aber die Projekte ihres angestammten Teams nicht vernachlässigen konnten, standen Sommer diese Ressourcen nicht permanent zur Verfügung. Die Einarbeitung der Poolmitglieder erfolgte jeweils punktuell und personengebun-

VII. Organisation und Change Management

den. Dies erwies sich als zeitaufwendig und gleichzeitig fühlten sich die zugezogenen Mitarbeitenden nicht ausreichend informiert und integriert.

Das Projektteam glich eher einem Taubenschlag als einem gut organisierten Team. Leute kamen und gingen. Vor allem die Mitarbeitenden aus dem Pool wiesen grössere Wissensdefizite auf, da sie nicht nahe genug am Projekt waren. Ständig mussten sie nachfragen, um weiterarbeiten zu können. Häufig wussten sie jedoch nicht einmal, wen sie fragen mussten. Durch den ständigen Wechsel der Projektteammitglieder schlichen sich auch immer mehr Fehler in die Arbeit ein. Sommer vermutete, dass dies mit der mangelnden Zugehörigkeit und dem unzureichenden Hintergrundwissen über das Projekt zusammenhing.

Passierten Fehler, verzichtete Sommer aus Zeitgründen in den meisten Fällen auf eine Klärung. Die Arbeit blieb trotz des Pools mehrheitlich an Sommers Mitarbeitenden hängen. Dieses grosse Projekt führt zu einer erheblichen Mehrbelastung von Sommers Team. Die Motivation nahm mit zunehmender Projektdauer ab. Die Mitarbeitenden traten deshalb auch mehrere Male an Sommer heran und teilten ihm – obwohl ihnen die Arbeit als solche Spass machte – ihre Unzufriedenheit mit der aktuellen Situation mit. Auch für die Poolmitarbeitenden war die Situation nicht einfach. Ständig mussten sie sich in neue Situationen hineindenken. Im Extremfall wurden sie zu Arbeiten verdonnert, für die sie nicht eingestellt waren. Zudem war es ihnen unangenehm, ständig als Lückenbüsser einzuspringen.

Jan Sommer erkannte die Probleme relativ schnell. Er zögerte deshalb nicht, bei seinem Vorgesetzten, Karl Holzer, vorzusprechen und das Problem zu schildern.

„Herr Sommer, wo drückt denn der Schuh", begann Karl Holzer das Gespräch. „Wir haben ein echtes Problem mit unserem Projekt bei der Insist AG", begann Sommer das Gespräch. „Probleme?", erwiderte Holzer, „das erstaunt mich. Das ist doch eine riesige Chance für Sie, sich zu beweisen." Sommer klärte Karl Holzer über den Sachverhalt auf. „So so", sagte Holzer, als Sommer seine Erläuterungen beendet hatte. „Also so gravierend sehe ich das Problem nun wirklich nicht. Ich bin überzeugt, sie werden die Situation schon meistern. Sie können doch führen, oder nicht?" Ohne eine Antwort abzuwarten, fuhr er fort: „Die Variante mit dem Mitarbeitendenpool finde ich gut, sie wird beibehalten. So können wir auch jene Mitarbeitenden aus anderen Teams auslasten, die an gewissen Tagen nicht so viel zu tun haben. Sie müssen den Leuten einfach klar machen, dass sie für die Firma arbeiten und dass sie vollen Einsatz erwarten. Sehen Sie es doch positiv, so kommt immer frisches Blut ins Team", meinte Holzer lachend. Sommer war gar nicht zum Lachen zumute. Doch wusste er auch nicht, was er nun entgegnen sollte. Er verliess frustriert Holzers Büro.

Zwei Monate sind nun seit dem Gespräch vergangen. Leider hat sich die Situation nicht verbessert. Ganz im Gegenteil: Zwei Mitarbeitende haben gekündigt. Offiziell sagten sie zwar, sie suchten einfach eine Veränderung, Sommer ist sich aber sicher, dass die Kündigungen mit der „verkorksten" Projektstruktur im Grossprojekt zusammenhängen. Aber das Problem liegt wohl auch in der Struktur der gesamten Firma. „Ich kann das zu einem gewissen Punkt auch nachvollziehen. Sie wollten gute Arbeit leisten, konnten dies aber aufgrund der Situation nicht bewerkstelligen", denkt sich Sommer, als er die beiden Kündigungen am Monatsende in seinen Händen hält. „Na ja, irgendwie habe ich es geahnt. Aber mir sind einfach die Hände gebunden. Solange es mir nicht gelingt, die Geschäftsleitung zu überzeugen, die Organisationsform zu überdenken, wird sich auch nichts ändern." So langsam machen sich auch bei Jan Sommer Anzeichen von Frustration bemerkbar. „…aber wenn ich der Geschäftsleitung eine gute Begründung liefern kann, warum wir es anders machen sollten, und gleichzeitig einen Lösungsvorschlag präsentiere, dann sehe ich eine Chance. Ich mache mich gleich an die Arbeit."

VII. Organisation und Change Management

✎ Teaching Notes

Stichwörter: Arbeitsorganisation • Projektorganisation • Personalplanung • Mitarbeiterzufriedenheit • Überbelastung • Qualitätsmanagement • Kommunikation • Coaching als Führungsaufgabe

Dieser Fall eignet sich für eine Gruppenarbeit im Umfang von 60–90 min. Er illustriert die Herausforderung im Umgang mit temporären Arbeitsspitzen im Rahmen von Grossprojekten. Der Fall schildert die Spannungsfelder zwischen Ertragszielen (auch mittels Grossprojekten) und den daraus abgeleiteten Arbeitsüberlastungen in kleineren Organisationseinheiten. Der Fokus liegt im vorliegenden Fall bewusst nicht auf der mangelnden Kompetenz der Führungskraft, sondern im Bereich der Arbeitsorganisation und der mangelnden Unterstützung des Vorgesetzten durch die Geschäftsleitung. Die Geschäftsleitung blendet die Implementierung aus und überlässt diese dem mittleren Management.

Mögliche Fragen zur Fallbearbeitung

a) Zeigen Sie die verschiedenen Problemfelder auf.
b) Welche Alternativen sehen Sie zur bestehenden Projektorganisation?
c) Holzer zeigt kein Verständnis für Sommers Situation. Wie könnte er Holzer beziehungsweise die Geschäftsleitung für Alternativen zur bestehenden Projektorganisation sensibilisieren?
d) Wie könnte Jan Sommer der Unzufriedenheit im Team und bei den Poolmitarbeitenden entgegenwirken?

Nr. 43 Dauernd am Limit

Martin Sprenger, Stephanie Kaudela-Baum und Dominik Godat

Jonas Gubser ist als Informatiker FH in einer europaweit tätigen IT-Firma engagiert. Diese operiert im Bereich Softwareentwicklung, aber auch in der Beratung, im Verkauf und in der Implementierung von Enterprise-Resource-Planning-Lösungen (ERP-Lösungen). Das Unternehmen hat seinen Hauptsitz in der Schweiz, besitzt aber Tochterfirmen in Frankreich und Österreich. Total sind rund 200 Personen für das Unternehmen tätig. Zum Kundenkreis zählen vor allem Grossunternehmen, aber auch Klein- und Mittelunternehmen nehmen die Dienste der Firma in Anspruch.

Jonas Gubser ist Teamleiter. Ihm sind sechs Mitarbeitende unterstellt, die allesamt in der Schweiz arbeiten. Gubsers Team ist vor allem mit Projekten beschäftigt, die die Einführung von ERP-Lösungen bei den Kunden zum Inhalt haben. Im Rahmen solcher Einführungen sind immer Anpassungen an die Bedürfnisse des Kunden vorzunehmen, die Gubser und sein Team selbständig erledigen. Die aufgewendeten Stunden werden dem Kunden anschliessend in Rechnung gestellt.

Die Firma geniesst einen sehr guten Ruf. Sicherlich ein Hauptgrund dafür, dass sich die Firma vor Aufträgen kaum noch retten kann. Eigentlich eine erfreuliche Sache, wären da nicht der Termindruck und die damit verbundenen Konventionalstrafen im Falle einer Nichteinhaltung von Fristen. Diese können für die Firma sehr schnell teuer werden. Die vereinbarten Konventionalstrafen umfassen teilweise beträchtliche Summen.

Im Mai war infolge einer Fehlplanung die fristgerechte Ablieferung von mehr als 20 Projekten erheblich gefährdet. Damit die Termine dieser Projekte eingehalten werden können, sah sich die Geschäftsleitung dazu veranlasst, eine Task-Force mit 14 Personen zu gründen, die dafür verantwortlich war, die Aufträge fristgerecht abzuwickeln. Task-Force ist wohl ein wenig übertrieben: Alle 14 Mitglieder der Arbeitsgruppe durften nebenbei ihre anderen Projekte – sogenannte Kernprojekte – nicht vernachlässigen, so die Weisung der Geschäftsleitung. Bei der Zusammenstellung der Arbeitsgruppe wurde keine Rücksicht auf die jeweilige Situation der beteiligten Arbeitnehmer genommen. Acht der 14 Mitarbeitenden stammten aus der österreichischen Tochterfirma und waren auch in Österreich wohnhaft. Trotzdem mussten sie seit dem Startschuss jeden Tag in die Schweiz reisen und die Arbeit dort verrichten. Eine Homeoffice-Lösung, d. h. ein Arbeiten von Österreich aus, kam für die Geschäftsleitung nicht infrage.

Die Leitung dieser Task-Force wurde Jonas Gubser zugesprochen. Seine Aufgabe bestand darin, alle in die Task-Force einfliessenden Arbeiten zu analysieren und einzuplanen. Daneben musste er die Mitarbeitenden auch in technischen Fragestellungen unterstützen. Durch die Doppelbelastung – bestehende Projekte und Task-Force – wuchs Gubsers zeitliche Arbeitsbelastung schnell auf ein Pensum von 13–15 h pro Tag an. Da alle von einem temporären Einsatz sprachen, nahm Gubser dies vorerst kommentarlos hin.

In seiner Arbeit ist Gubser sehr genau. „Besser zweimal durchdenken, als am Schluss einen Fehler zu machen", denkt er sich. Für seine Mitarbeitenden hat Gubser stets ein offenes Ohr. So ist er sich nicht zu schade, sich selbst an den PC zu setzen und Programmierungen vorzunehmen, wenn ein Kollege oder eine Kollegin nicht weiterkommt. Gubser legt zudem grossen Wert auf ein gutes Arbeitsklima. Er führt deshalb auch regelmässig Gespräche mit seinen Mitarbeitenden, um ihre Probleme zu erkennen und Wünsche entgegenzunehmen. „Speziell bei einem so zusammengewürfelten Haufen ist es sicherlich gut, wenn ich das so handhabe", war seine Meinung.

In den ersten zwei Monaten verlief alles wie gewünscht. Die Mitarbeitenden arbeiteten fleissig mit. Die Arbeitszufriedenheit blieb allerdings immer mehr auf der Strecke. Vor allem die Kolleginnen und Kollegen aus Österreich beklagten sich über den langen Arbeitsweg. Da dies für Gubser ein einleuchtendes Argument war, fällte er eigenmächtig einen Entscheid: „Die Teammitglieder aus Österreich arbeiten per sofort nach folgendem Rhythmus: In allen geraden Kalenderwochen sind die wöchentlichen Arbeitsstunden in der Schweiz zu leisten. Alle Arbeitsstunden der ungeraden Kalenderwochen können in Österreich absolviert werden." Dies funktionierte einwandfrei. Die Zufriedenheit und die Motivation der österreichischen Kolleginnen und Kollegen stiegen nach dieser Massnahme merklich an, was der ganzen Firma zugute kam. Umso unverständlicher war der Entscheid der Geschäftsleitung, als sie von der Regelung Wind bekam. In einer Mitteilung liess sie verlauten, dass per sofort wieder alle Mitarbeitenden ihre Arbeit in der Schweiz zu verrichten hätten. Ausnahmen würden keine gemacht. Bei Gubser löste diese Haltung Kopfschütteln aus. „Diese Ignoranten", dachte er, „da macht man etwas, um die Zufriedenheit seiner Leute zu erhöhen, und dann wird man einfach abgewürgt." Aus Gubsers Sicht war es nämlich gar nicht notwendig, dass die ausländischen Kollegen täglich in die Schweiz reisten. „Wir leben im 21. Jahrhundert", so seine Haltung, „wir haben weiss Gott genügend technische Möglichkeiten, um eine adäquate Kommunikation aufrechtzuerhalten."

Infolge eines Bandscheibenvorfalls litt Jonas Gubser seit längerer Zeit unter starken Rückenschmerzen. Eine Operation sollte Linderung verschaffen. Die lange geplante Operation war dummerweise für zwei Monate nach dem Startschuss der Task-Force angesetzt. Nach der Operation musste Gubser für sechs Wochen in die Reha, wodurch er für total sieben Wochen ausfiel. Eine Verschiebung der Operation kam aus verschiedenen Gründen nicht infrage. Während seiner Abwesenheit wurde für ihn von der Geschäftsleitung ein Stellvertreter bestellt. Gubser selber hatte bei der Auswahl des Stellvertreters kein Mitspracherecht. Es handelte sich aber um einen langjährigen Mitarbeiter, der viel Erfahrung im Bereich Programmierung aufweisen konnte.

Gubsers Operation wie auch die anschliessende Reha verliefen gut, sodass er planmässig nach sieben Wochen wieder zur Arbeit erscheinen konnte. Als er am Montagmorgen das Büro betrat, war aber nichts mehr wie vorher. 60 % der Mitarbeitenden aus Österreich hatten inzwischen die Kündigung eingereicht. Die Begründungen waren ziemlich einheitlich. Die Kolleginnen und Kollegen waren nicht mehr bereit, den langen Arbeitsweg auf sich zu nehmen. Gubser war entsetzt. Ohne zu zögern, berief er ein Meeting mit seinen restlichen Mitarbeitenden ein, um die Stimmung zu erkunden. Keinen Tag zu früh, wie sich herausstellte. Er konnte in letzter Minute zwei weitere Mitarbeitende von einer Kündigung abhalten. Die grosse Arbeitsbelastung nagte zunehmend an der Motivation und der Gesundheit des gesamten Teams. Die Abgänge der österreichischen Mitarbeitenden hatten die Situation natürlich zusätzlich verschärft, waren sie doch nicht von heute auf morgen zu ersetzen. Die Mitarbeitenden waren hochqualifizierte IT-Expertinnen und -Experten.

Daneben stellte Gubser ein weiteres Problem fest. Gubsers Stellvertreter hatte in Sachen Arbeitsplanung mehr oder weniger versagt. Zwar hatten die Mitarbeitenden jeweils viel für die Task-Force gearbeitet, ihre eigenen Projekte jedoch vernachlässigt. Dies machte sich mit voller Härte im Quartalsabschluss bemerkbar. In den verrechenbaren Projekten waren die Zahlen miserabel. „Mist", dachte Gubser, „dabei habe ich meinen Stellvertreter doch unmissverständlich darauf hingewiesen, dass er die Kernprojekte der Mitarbeitenden nicht vernachlässigen darf. Jetzt müssen sie halt in diesem Bereich noch etwas mehr Gas geben. Das wird sie aber nicht gerade erfreuen…"

Gubsers Stellvertreter hatte das Unternehmen inzwischen auch verlassen. Die grosse Arbeitsbelastung hatte ihn zu diesem Entscheid bewegt. Neu besetzt wurde seine Position bis heute nicht. Gubser geht davon aus, dass ihm in absehbarer Zeit auch kein Stellvertreter mehr zur Verfügung gestellt wird.

Gleich nach seiner Rückkehr – und dem Anblick dieses Desasters – unternahm Gubser Bestrebungen, dass die Task-Force aufgelöst werden solle. Er wies die Geschäftsleitung darauf hin, dass seine Leute unter enormem Druck stehen, wenn sie in der Task-Force mitarbeiten müssen und gleichzeitig ihre eigenen Projekte zu bearbeiten haben. Als Alternative schlug er vor, die Mitarbeitenden wieder an ihren bestehenden Projekten arbeiten zu lassen und eine „reine" Task-Force aus neuen Leuten zu bilden. Er machte gleich konkrete Vorschläge. In der Unternehmung gibt es nämlich durchaus Bereiche, die für ein solches Vorhaben gut qualifizierte Leute freistellen könnten. Insbesondere jene, die nicht voll ausgelastet sind. Die Antwort der Geschäftsleitung liess nicht lange auf sich warten: „Antrag abgelehnt!", hiess es aus der Chefetage.

„Na toll", dachte Gubser, „dann werden wohl noch weitere Kündigungen folgen." Auch den Auswirkungen auf seine Person sieht Gubser mit Sorge entgegen. Er arbeitet momentan 12–14 h am Tag. Es versteht sich von selbst, dass ihn seine Familie nicht viel zu Gesicht bekommt. Freizeit ist für ihn inzwischen zu einem sehr knappen Gut geworden. Ein Blick auf die aktuellen und zukünftigen Projekte verrät nichts Gutes. Die Belastung wird seiner Ansicht nach sogar noch mehr zunehmen – ausser er findet eine Lösung…

VII. Organisation und Change Management

✎ *Teaching Notes*

Stichwörter: Selbstmanagement • Projektstrukturen • Projektmanagement • Führungskultur • Macht/Ohnmacht • Führung nach oben • Krisenmanagement

Dieser Fall eignet sich für eine 90–120-minütige Gruppenarbeit im Rahmen der Weiterbildung. Im Fokus können Themen wie Krisenmanagement, Führung nach oben oder Umgang mit Ohnmachtsgefühlen sein. Aufgrund der „ausweglosen" Situation lohnt sich eine detaillierte Analyse der Problemfelder und der Handlungsspielräume.

In diesem Fall sind radikale Lösungsvorschläge zu erwarten, die in die Richtung gehen, dass Gubser kündigen sollte. Hier könnte mit der Frage angeknüpft werden, was Gubser bewegt, sich trotz der scheinbar ausweglosen Situation für eine Lösung zu engagieren.

Der Fall kann auch genutzt werden, um die Möglichkeiten des Führungskräftecoachings vorzustellen und zu vertiefen.

Mögliche Fragen zur Fallbearbeitung

Versetzen Sie sich in die Lage von Jonas Gubser:

a) Welche Probleme stellen sich ihm momentan?
b) Wo sehen Sie aufgrund der obigen Analyse Ansatzpunkte zur Lösung?
c) Wie kann Gubser seine Arbeitsbelastung reduzieren?
d) Wie kann er die Geschäftsleitung dazu bewegen, ihn bei der Suche und Umsetzung von Lösungsvorschlägen zu unterstützen?

Nr. 44 California Dreaming[3]

Erik Nagel, nach Joachim Freimuth und Volker Frenk

Im forschungsorientierten mittelständischen Pharmaunternehmen Gamma-Pharm in der Nordwestschweiz wird von der Geschäftsführung ein junger Mann, Herr Schnell, aus einem kalifornischen Start-up-Unternehmen angeworben, der über eine Bilderbuchvita verfügt. Er stammt aus einer amerikanischen Marketing- und Vertriebskultur und kann auf breite Erfolge auf entsprechenden Positionen in US-Unternehmen zurückblicken. Die Hoffnung der Geschäftsführung besteht im Wesentlichen darin, dass die neue Führungskraft die leicht behäbige Technikkultur des Unternehmens etwas „aufmischt" und „Marktorientierung in die Köpfe bringt". Das ist auch bitter nötig, denn seit einigen Monaten werden deutlich Marktanteile verloren, weil die Wettbewerber einfach schneller und mit unkonventionellen Lösungen auf den Markt kommen. Als Leiter des Marketings wird Herr Schnell unterhalb der Geschäftsleitung neben anderen Bereichsleitern angesiedelt und ist Mitglied des Management-Boards.

Die Strukturen sind jedoch ausserordentlich schwierig. Das Produktmanagement etwa ist der Entwicklung zugeordnet, und der Vertrieb wird national und international von sehr mächtigen, dezentralen Organisationen gesteuert, die weitgehend auch die Preispolitik in der Hand haben. Von daher sind die Einflussmöglichkeiten des Marketingleiters auf wesentliche Parameter des Marketingmixes sehr gering. Folglich konzentriert sich Herr Schnell zunächst auf seine eigene Organisation, verändert dort mit seinem amerikanischen Pragmatismus Strukturen und ersetzt rasch zwei seiner Führungskräfte, von deren Leistungsfähigkeit er nicht überzeugt ist. Innerhalb kurzer Zeit arbeitet seine Abteilung unter Hochdruck, um zunächst die Basiskonzeptionen und -ausstattungen für eine professionelle Marketingkommunikation sicherzustellen. In diesem Zusammenhang werden auch alle Agenturen ausgewechselt. Viele Mitarbeitende fühlen sich überfordert, während insbesondere Jüngere vom frischen Wind begeistert sind.

Herr Schnells Bemühungen, sich innerhalb des Managements für eine ganzheitliche Marketingkonzeption stark zu machen, scheitern am Widerstand seiner Kollegen, die ihn wegen seiner unkonventionellen Art zwar mögen, seine „Kronprinzallüren" aber ablehnen. Es gelingt ihm wegen seiner Ungeduld nicht, die Wissenspotenziale des Unternehmens aufzugreifen und diese mit den Erfordernissen der Marktentwicklung zu vermitteln.

Das Unternehmen fühlt sich mit seinen Produkten sehr der ethischen Tradition der forschenden Pharmaindustrie zugehörig, Vertrieb und Marketing sind verpönt. Die Entwürfe von Herrn Schnell für eine verbesserte Marketingkommuni-

---

[3] Nach Joachim Freimuth und Volker Frenk (2001): Was heisst hier eigentlich Feedback? In: Joachim Freimuth und Michael Zirkler (Hrsg): Lizenz zum Führen? 360-Grad-Feedback in der Personal- und Organisationsentwicklung. Hamburg: Windmühle. S. 108 f.

kation des Unternehmens werden intern ironisierend als „California Dreaming" bezeichnet.

Als nach 100 Tagen der Firmenzugehörigkeit von Herrn Schnell noch immer keine Trendwende auszumachen ist, wird der Ton im Unternehmen rauer. Leise Zweifel an der Kompetenz von Herrn Schnell sind zu hören. So nimmt man jetzt die Unruhe in seiner Abteilung zum Anlass, an seinen Führungskompetenzen zu zweifeln, zumal zwei Mitarbeiter Kündigungsabsichten geäussert haben. Seine unkonventionelle Vorgehensweise wird ihm zuweilen als mangelnde Sensibilität ausgelegt, seine Offenheit als Ignoranz gegenüber vorherrschenden Gepflogenheiten. Natürlich ist das auch nicht ganz falsch, denn es fällt ihm schwer, sich auf die wenig flexible Kultur dieses Unternehmens einzustellen und die Menschen dort zu verstehen. Herr Schnell selber spürt die Veränderung der Stimmung natürlich, nimmt das aber zum Anlass, noch mehr „aufs Tempo zu drücken", zumal er sich von der Geschäftsleitung gedeckt wähnt.

Die Geschäftsleitung jedoch stellt fest, dass sich seit dem Eintreten von Herrn Schnell die Marktposition des Betriebs nicht gebessert hat, sogar weiterhin Marktanteile verloren gegangen sind. Sie ist sich nicht mehr so sicher, die richtige Person für den Marketingbereich gewählt zu haben.

✎ Teaching Notes

Stichwörter: Organisationsstruktur • Unternehmensstrategie • Führungsverständnis • Organisations- und Führungskultur • Helden-Mythos

Der Fall eignet sich für Studierende und Führungskräfte, die sich mit Veränderungsprozessen und Turnaround-Situationen von Unternehmen auseinandersetzen. Für das Lesen des Falls sollten 10 min zur Verfügung gestellt werden. Eine erste Aufarbeitung und Analyse des Falls kann in Gruppen im Rahmen von ca. 30 min passieren. Danach bietet sich eine 30-minütige Diskussion im Plenum an. Für die Besprechung des Falles in Studierendengruppen auf der Ebene Bachelor/Master können grundlegende Modelle des Change Managements, der Unternehmenskultur und der relationalen Führung vorher eingeführt oder anhand des Falles induktiv erarbeitet werden. Bei Führungskräften kann der Fall auch zur Eröffnung einer Lehreinheit zu den oben genannten Themen herangezogen werden.

Mögliche Fragen zur Fallbearbeitung

a) Wie stellt sich Ihnen die Situation dar?
b) Finden Sie Erklärungen dafür, weshalb sich die (Führungs-)Dynamik genau so abgespielt hat.
c) Wie hätten sich die Geschäftsleitung und Herr Schnell anders verhalten müssen, um einen Turnaround der Unternehmung in die Wege zu leiten?

Nr. 45 Die Bürokratiefalle schnappt zu[4]

Erik Nagel

Die Regierung einer Schweizer Verwaltung setzte in Zeiten stark defizitärer Budgets ein Projekt zur managementorientierten Modernisierung (Einführung von New Public Management NPM) in Gang. Die Verwaltungseinheiten sollten mit Leistungsaufträgen und Globalbudgets eine grössere operative Autonomie erhalten. Ziel war es, dass sie sich vermehrt an den Anliegen ihrer Kunden (Bürger) ausrichten und ihre Effizienz erhöhen. Angestrebt wurde gleichzeitig eine partizipativere Amtsführung und eine dadurch herbeigeführte Steigerung der Arbeitszufriedenheit der Mitarbeitenden.

Die Regierung wählte in jedem der fünf Departemente eine Verwaltungsabteilung als Pilotamt aus, um diese mit dem NPM „experimentieren"[5] zu lassen und dort „Instrumente und Techniken des NPM einzuführen". Ein Teil der fünf Pilotämter wurde aufgrund ihrer beschränkten Grösse, des Engagements ihrer Leiter und des damit vermuteten hohen Erfolgspotenzials „angefragt" und „ausgewählt". Andere Ämter wurden einfach als Pilotämter „bestimmt". Die Pilotämter stammten aus verschiedenen Verwaltungsbereichen.

Als oberstes, der Regierung direkt verantwortliches Projektorgan, wurde ein Projektausschuss eingesetzt. Im Projektausschuss nahmen drei Regierungsräte, der Staatsschreiber und zwei Vertreter des Projektteams Einsitz.

Das Projektteam wurde von einem Projektverantwortlichen geleitet, einem hierarchisch hochstehenden Chefbeamten. Er wurde in der Projektadministration durch einen Projektleiter unterstützt. Die weiteren Mitglieder des Projektteams setzten sich aus Führungs- und Stabsmitarbeitern verschiedener Verwaltungsabteilungen zusammen, welche Fachzuständigkeiten in den Bereichen Information und Kommunikation, Methodik und Schulung, Finanzen sowie Personal übernahmen.

Die Projektorganisation, d. h. das Projektteam und die Leiter der Pilotämter, konstituierte sich in einer Klausurtagung und setzte mit Schwung die ersten „Meilensteine" fest.

Nach kurzer Zeit zeigten sich erste Krisensymptome. Im Projektteam spitzte sich eine Auseinandersetzung über die „richtige" Führungsphilosophie zu einem Konflikt zu. Der Projektverantwortliche vertrat die Auffassung, dass die Leiter der Pilotämter als „hochdotierte Führungskräfte" in der Lage sein müssten, eine klar gestellte Aufgabe selbstständig zu erledigen; ausreichende Hilfestellung würden sie dabei in der einschlägigen NPM-Literatur, der „NPM-Bibel"[6], finden. Im Gegensatz dazu forderte ein Mitglied des Projektteams ein umfassendes Betreuungskonzept. Die Leiter der Pilotämter verlangten auch immer dringlicher nach „fachlicher

---
[4] Aus: Nagel, E. (2001): Verwaltung anders denken. Baden-Baden: Nomos.
[5] Die Anführungszeichen kennzeichnen Zitate aus Dokumenten oder Gesprächsprotokollen. Es sollte nicht der Eindruck entstehen, dass die Autoren mit diesen Anführungszeichen diese Sprache ironisieren.
[6] Hier bezieht sich der Projektverantwortliche auf eine Monografie von Schedler & Proeller (1996).

Unterstützung". Eine einvernehmliche Lösung des Konflikts konnte nicht erreicht werden; die Unstimmigkeiten und die unterschiedlichen Auffassungen blieben bestehen und es setzte sich der „Laisser-faire"-Führungsstil des Projektverantwortlichen durch.

Als die Leiter der Pilotämter die vereinbarten Selbstbeschreibungen ablieferten, fand das Projektteam die Berichte „völlig unterschiedlich". Das Projektteam stellte weiter fest, dass die Arbeitssitzungen mit den Leitern der Pilotämter nicht viel mehr als eine „Vorbereitung zum Biertrinken" seien. Auch hätten sie die mit dem Projektausschuss vereinbarten Aufgaben bislang „vor sich hergeschoben". Ausserdem seien im bisherigen Projektverlauf weder die geplanten Aufgaben zufriedenstellend erledigt noch eine Eigendynamik entfacht worden. Verschiedene Projektteammitglieder sahen sich aufgrund ihrer übrigen Belastung ausserstande, dem Projekt „zusätzlich" Zeit und damit das notwendige Engagement zu widmen.

Diese unbefriedigende Entwicklung und die wahrgenommene Hilflosigkeit der Amtsleiter wurden im Projektteam auf verschiedene Ursachen zurückgeführt. Mehrere Mitglieder sahen einen wesentlichen Grund in ihrer „freischwebenden Lage", fernab der bestehenden Hierarchie und der damit verbundenen Möglichkeit, auf die Pilotämter den „nötigen Druck" auszuüben. Einen weiteren negativen Umstand identifizierte das Projektteam in der Ungewissheit, ob der politische Wille für das Projekt, sei es in der Regierung oder im Parlament, vorhanden sei: „Ob die das überhaupt wollen, ist noch nicht ganz raus."

Das als Projektleitung fungierende Projektteam beschloss eine neue Projektorganisation. Das Projektteam löste sich auf und ersetzte sich durch den bisherigen Projektleiter, der jetzt die „Leitung" und die „Verantwortung für das Projekt" übernahm. Zwischen den Pilotämtern und der Departementsspitze (Regierungsräte) wurde ein Koordinationskomitee angesiedelt, in dem die jeweiligen Departementssekretäre Einsitz nahmen. Dem Projektleiter wurde die Funktion übertragen, die „Koordination und Kommunikation" zum Koordinationskomitee und zum Projektausschuss „sicherzustellen". Ausserdem wurde die neue Projektorganisation um eine Unterstützungsgruppe mit verwaltungsinternen Mitarbeitern und Mitarbeiterinnen ergänzt. Diese neue Projektorganisation wurde durch zusätzliche Weisungs- und Kontrollelemente ergänzt.

In einer Projektsitzung informierte das Projektteam schliesslich die Leiter der Pilotämter als quasi letzte Amtshandlung über die Reorganisation. Ein Leiter eines Pilotamts brachte schliesslich die Stimmungslage unter den Leitern auf den Punkt: „Ich habe das Gefühl, wir sollen das da einfach zur Kenntnis nehmen. Es wird wieder mal über uns hinweg verhandelt." Es sei nicht zu erkennen, „wo denn eigentlich die Interessen" der Amtsleiter „zur Geltung" kämen. Bezüglich des Koordinationskomitees kam aus den Reihen der Leiter der Pilotämter die Befürchtung, dass der direkte Zugang zum Departementsleiter nun verstellt sei; eigentlich wolle man „nicht mit Brunchen, sondern mit Brun reden". Das Argument des Projektleiters, dass ein Einbezug weiterer Personen innerhalb der Departemente für das NPM zukünftig notwendig sei, wurde von einigen Leitern der Pilotämter nicht akzeptiert. Allerdings wurde der Forderung der Leiter der Pilotämter schliesslich nachgegeben, „nur für ein paar Sitzungen" einen „NPM-Profi" zur Unterstützung zu engagieren.

Der Projektleiter fertigte einen Bericht über die neue Projektorganisation an und unterbreitete diesen der Regierung zur Beschlussfassung. Damit war die neue Struktur definitiv verabschiedet und konnte im Verständnis der Beteiligten nicht mehr verändert werden. Anschliessend nahm der Projektleiter die personelle Besetzung der Unterstützungsgruppe vor und teilte deren Mitglieder auf die Ämter auf. Schliesslich präsentierte er den Leitern der Pilotämter den Bericht und stellte ihnen die Mitglieder der Unterstützungsgruppe mit den Worten vor: „Es ist erwünscht, dass ihr die Leute einbeziehst." Ihre Aufgabe sei es, die Pilotämter zu „begleiten". Er verknüpfte mit dieser Unterstützungsgruppe die Hoffnung, „verwaltungsinternes NPM-Know-how aufzubauen."

Selbst das Angebot der Unterstützungsgruppe wurde von den Pilotämtern als hierarchisch verordnet erlebt. Die Leiter äusserten ihr Unbehagen über eine Institution, die sie selbst nicht angefordert hätten und die über ihre Köpfe hinweg entschieden worden sei. Ein Amtsleiter stellte die Frage, ob das nun die „fünfte Kolonne" sei; andere fühlten sich „gegängelt" und „bespitzelt". In Anspielung auf den Bericht über die neue Projektorganisation, der ohne Konsultation der Leiter der Pilotämter der Regierung zugestellt worden war, merkte ein Leiter eines Pilotamtes an: „Wir hatten jetzt wieder keine Möglichkeit, diesen Bericht zu sehen. Es geht einfach viel an uns vorbei. Das macht je länger je weniger Lust."

Mit der Zeit war für die Leiter überhaupt nicht mehr erkennbar, wer denn die Prozessbeteiligten waren: „Jetzt kommen sie von der Linie, von extern und dann noch die [Unterstützungsgruppe] und alle wollen jetzt im Birchermüesli mitmischen."

Der Projektleiter nahm die Forderung der Leiter der Pilotämter nach methodischer Unterstützung ernst und engagierte einen „NPM-Profi". Die Leiter der Pilotämter verbanden damit die Erwartung, die geforderten Vorgaben und Regeln nun auch tatsächlich zu erhalten: „Nach dem ersten Workshop mit dem [NPM-Profi] möchte ich abends wissen, nach welchen Kriterien ich das machen muss." Für die meisten Leiter der Pilotämter war dies der „eigentliche" Startpunkt des Projektes.

Der Projektleiter strukturierte zusammen mit dem externen Berater den Projektablauf in einem knappen Zeitplan nach klar definierten „Schritten", denn für die Umstellung auf das Globalbudget stand nur noch wenig Vorbereitungszeit zur Verfügung. Sitzungen mit den Leitern der Pilotämter fanden in einem „zwei-Wochen-Rhythmus" statt, an den sich nun alle, so der Projektleiter, „langsam gewöhnen" müssten. Dort wurde den Leitern der Pilotämter sukzessive das NPM-Instrumentarium (Schritt 1: Produktedefinition, Schritt 2: Leistungsindikatoren, Schritt 3: Kostenrechnung und Bestimmung der Verantwortlichen der Produkte) in Form von „Hausaufgaben" für die jeweils folgende Arbeitsetappe „aufgegeben": „Damit sie wissen, was sie zu tun haben, wenn sie am nächsten Morgen an ihren Schreibtisch zurückkehren."

Der externe Berater liess die Leiter der Pilotämter wissen, dass sie den „Schritt 1 schnell durchziehen" müssten, da bei „Schritt 2" die „eigentliche Knochenarbeit" anfange. Die Leiter der Pilotämter begrüssten diese „Professionalisierung" des Projektes. Manche befürchteten, sonst „nur Fehler" zu machen; sie wollten auf keinen Fall „Schiffbruch erleiden". Die Erledigung dieser „Hausaufgaben" wurde schliesslich immer wieder eingefordert. Der Projektleiter begründete dies damit, dass die Ergebnisse regelmässig dem Projektausschuss vorzulegen seien. Er und der externe Berater erteilten den Leitern der Pilotämter „in geeigneter Form Noten" für die jeweils abgelieferten Berichte. Erfolgskriterien für die Aufgabenerledigung waren z. B., ob die „Tätigkeiten vollständig" erfasst waren oder die „richtige Kundensicht" eingenommen wurde. Der externe Berater kommentierte z. B. eine Produkteliste mit den Worten: „So, wie ihr das gemacht habt, wollen wir das!"

Unklarheiten, die während der Aufgabenerledigung auftraten, wurden in Erwartung klärender Anweisungen an den externen Berater weitergeleitet: „Wir wollen von Ihnen wissen, wie hoch der Detaillierungsgrad sein muss."

Der Projektleiter, in der direkten Verantwortung zum Projektausschuss stehend, hatte dafür zu sorgen, dass dieser auch tatsächlich, wie es im Pflichtenheft hiess, die „Ergebnisse des Projektcontrollings überprüfen" konnte. Nahmen die Leiter der Pilotämter „die falsche Perspektive" ein oder lieferten Teilergebnisse nicht „rechtzeitig" ab, erhielten sie die „Strafaufgabe", diese „nachzuliefern", damit die Projektleitung „das komplett" habe.

Berichteten die Leiter der Pilotämter darüber, wie sie ihre „Hausaufgaben" lösten, stellte sich die Unterschiedlichkeit der „Lösungswege" heraus. Diese Vielfalt löste allerdings kaum gemeinsame Diskussionen und einen Erfahrungsaustausch aus. Vielmehr verknüpften die Leiter damit die Befürchtung, dass ihre Vorgehensweise eventuell falsch sei und sie genauso aufwendige Verfahren anwenden müssten wie in anderen Pilotämtern: „Dieser Detaillierungsgrad [im Amt X] löst bei mir nur die Angst aus, dass wir das auch machen müssen."

Der Projektleiter sah sich zwar auch jetzt noch nicht legitimiert, den Leitern „Termine zu geben". Aber die im früheren Projektteam so schmerzlich vermisste Weisungs- und Kontrollbefugnis gegenüber den Leitern der Pilotämter liess sich nun über das linienkonforme Koordinationskomitee aktivieren. Es konnte als hierarchisches Organ eingeschaltet werden, um die jeweiligen Arbeitsergebnisse der Pilotämter auf ihre zeitliche Einhaltung und ihre „Vollständigkeit und Richtigkeit" hin zu prüfen.

Reibungslos verlief diese Umstellung nicht. Die Leiter der Pilotämter wehrten sich gegen die engen Terminvorgaben: „Da sind wir selbst verantwortlich. Wir lassen uns doch da nicht reinreden und uns einfach mit Fristen bombardieren."

Es ereigneten sich auch „Regelbrüche": Manche Regelbrüche (im Sinne von Nichterledigungen) wurden einfach „vergessen", andere wurden allerdings über den Projektausschuss sanktioniert. Ein Leiter erhielt z. B. eine Ermahnung, seine Aufgaben zu erledigen.

Allerdings fanden zwei Amtsleiter auch innerhalb dieser engmaschigen Vorgaben Freiräume. Eine Auseinandersetzung mit den Mitarbeiterinnen und Mitarbeitern über ihre „Produkte" klärte das gemeinsame „Verständnis" der eigenen Arbeit und löste viele neue Fragen und Überlegungen aus. Ein Amtsleiter überlegte sich im Zuge der Festlegung neuer Verantwortlichkeiten, sein Amt „weniger hierarchisch" zu organisieren.

VII. Organisation und Change Management

Im weiteren Verlauf akzeptierten die Amtsleiter das entstandene formale, hierarchische „Auftragsverhältnis" zwischen ihnen und dem Projektleiter immer häufiger nicht mehr: „Wie ist das eigentlich zu verstehen? Ist das hier eine Organisations*beratung* oder sollen *wir* das so tun? Steuert uns da eine zentrale Projektleitung in eine bestimmte Richtung? So etwas lässt sich doch nicht per Weisung machen."

Die Leiter der Pilotämter brachten ihre Enttäuschung darüber zum Ausdruck, dass der Projektleiter nicht konsequent ihre Interessen vertrat. Im Rahmen der Controllingdiskussion beispielsweise formulierten die Leiter ihre gemeinsame Position, drei Mal pro Jahr über ihre Leistungen und Finanzen zu berichten. In der folgenden Sitzung präsentierten der Projektleiter und der externe Berater einen Bericht, in dem von einer quartalsweisen Berichterstattung die Rede war. Die Leiter fühlen sich übergangen: „Ich finde das alles komisch. Wir hatten das doch schon einmal besprochen. Jetzt müssen wir das alles noch einmal begründen." Da wolle jemand „nur seine Interessen unterjubeln".

Auch in anderen Situationen fühlten sich die Leiter der Pilotämter immer wieder unterlaufen und ausgeliefert: „Wir werden hier behandelt wie Aussätzige" oder „Ich habe die Vermutung, wir sind hier Versuchs-, nein, Dressurkaninchen!"

Die Leiter der Pilotämter antworteten auf diese Situation mit einer „Revolution": Eine Delegation der Leiter der Pilotämter wandte sich direkt an den Vorsitzenden des Projektausschusses und forderte den personellen Wechsel der Projektleitung. Der Vorsitzende „traf keine Entscheidung" über den Verbleib des Projektleiters, sondern „beauftragte" die Delegation, eine „neue Projektorganisation" zu entwickeln. Es wurde vereinbart, einen Ausschuss mit Beteiligung des Projektleiters zu bilden, der den „Auftrag" des Projektausschusses erfüllen solle. An einer Sitzung wurde gemeinsam eine neue Struktur erarbeitet. Zur Überraschung aller präsentierte der Projektleiter am Schluss eine andere Projektstruktur. Die sich anschliessende Diskussion verlief sehr emotional und konnte ob der knappen Zeit nicht zu Ende geführt werden. Der Vorschlag des Projektleiters blieb im weiteren Verlauf einfach unberücksichtigt. Er schied schliesslich im Einvernehmen mit dem Vorsitzenden des Projektausschusses aus der Projektorganisation aus.

Die Pilotamtsleiter hatten die Absetzung des Projektleiters und damit die Auflösung der Projektstrukturen bewirkt. Sie nahmen nun die Gestaltung der neuen Projektorganisation und die Leitung des Prozesses selber in die Hand: „Es geht darum, die Probleme jetzt selbst zu lösen, denn die kann niemand für uns lösen."

Die Pilotamtsleiter einigten sich darauf, die bisherige Funktion „Projektleiter" aufzulösen. Sie selbst übernahmen nun die Projektleitung. Da sie „nicht alles alleine machen" konnten, benötigten sie allerdings eine unterstützende Instanz. Man einigte sich darauf, dass ein Projektbegleiter nötig wäre: Dieser sollte „unterstützen", „vorbereiten", „koordinieren" und Anlaufstelle für die Pilotämter und weitere, am NPM interessierte Ämter sein. Des Weiteren wurde eine Untergruppe der Projektleitung gebildet, die die Amtsleiter im Projektausschuss „vertreten" sollte. Sie war „verantwortlich für die termingerechte sowie nach Schwerpunkten gegliederte

Abwicklung" des Projektes. Schliesslich sollte sie zum „Wissenstransfer" innerhalb und ausserhalb des Projektes zur Verfügung stehen.

Die Untergruppe der Projektleitung nahm Einsitz im Projektausschuss. Die Amtsleiter benannten dafür zwei Amtsleiter, denen sie „unterschiedliche Sichtweisen" oder „Kulturen" zuschrieben, damit die Projektarbeit „besser abgestützt" sei. Die beiden Leiter der Pilotämter aus der Untergruppe der Projektleitung vereinbarten, die Sitzungen der Projektleitung alternierend zu „moderieren".

VII. Organisation und Change Management

✎ Teaching Notes

Stichwörter: Change Management • Organisationskultur • Widerstand • New Public Management (NPM) • Projektmanagement • Organisationsberatung

Der Fall eignet sich für Studierende und Führungskräfte, die sich mit der Frage der Gestaltung von Veränderungsprozessen auseinandersetzen. Der Fall ereignet sich in einer öffentlichen Verwaltung. Da der Fall sehr verwaltungsspezifisch ist, lässt er sich nur beschränkt auf privatwirtschaftliche und Non-Profit-Organisationen übertragen. Die Studierenden sollten den Fall vor dem Unterricht lesen und mithilfe der unten aufgeführten Fragen vorbereiten. Eine erste Aufarbeitung und Analyse des Falls sollte in Gruppen im Rahmen von ein bis eineinhalb Stunden im Unterricht passieren. Bei der Auswertung kann das Augenmerk auf die Gesamtdynamik im Fall gelegt werden, um so zu Erklärungen für die diversen Phänomene im gesamten Fall zu gelangen, zum Beispiel wie sich das paradoxe Verhalten der Pilotamtsleiter erklären lässt, dass sie sich gegen die von ihnen selber eingeforderten Regeln wehren. Eine umfassende Interpretation der einzelnen Ereignisse findet sich im Buch Nagel (2001).

Anleitung zum Rollenspiel:

Studierende übernehmen die Rolle der Amtsleitenden. Sie treffen sich zu einer Arbeitsgruppensitzung und definieren gemeinsam Spielregeln, wie der Veränderungsprozess in Zukunft gestaltet werden soll.

Mögliche Fragen zur Fallbearbeitung

a) Rekapitulieren Sie, was im Einzelnen passiert ist. Dabei hilft es, grafische Darstellungen der (wechselnden) Projekt- und Organisationsstrukturen vorzunehmen.
b) Interpretieren Sie den Fall in dreierlei Hinsicht:
   – Rollen und Verhalten der Akteure,
   – Verhalten der Gruppen und Bedeutung der (wechselnden) Projektstrukturen und
   – Dynamiken und Muster im Projektverlauf (z. B. Euphorie zu Beginn, Widerstand).
c) Was hat die Organisation im Verlauf des Prozesses gelernt?
d) Ist die Organisation nun auf einem eindeutigen Erfolgspfad?

Nr. 46 Die übernommene Firma führen

Martin Sprenger und Verena Glanzmann

„Schöne Möbel brauchen Licht." Frei nach diesem Grundsatz hat die Schönwohn AG unlängst die konkursite Licht AG aufgekauft, die Leuchten, aber auch gesamte Beleuchtungssysteme herstellt. Es handelt sich dabei um eine kleine Firma mit 25 Mitarbeitenden, welche in den Augen der Schönwohn AG qualitativ sehr gute Erzeugnisse produziert. Nach Ansicht des Verwaltungsrats der Schönwohn AG sind solche hochwertigen Leuchten eine ideale Ergänzung ihres Sortiments, insbesondere, da sich die Leuchten durch niedrigen Stromverbrauch auszeichnen. Da die Produkte von der Licht AG selbst produziert werden, bleiben zudem die Flexibilität und die Unabhängigkeit der Schönwohn AG erhalten.

Die Licht AG hatte auf dem Markt seit jeher einen schweren Stand. Dies hatte weniger mit ihren Produkten zu tun als vielmehr mit der Schwerfälligkeit und dem fehlenden Weitblick des Managements. Die beiden Eigentümer und gleichzeitigen Geschäftsführer der Firma, Franz und Josef Hausmann, hatten weder eine glückliche Hand in Bezug auf die Finanzen noch Geschick im Umgang mit den Mitarbeitenden. Einige ehemalige Mitarbeitende sprachen gar von „Psychoterror". Als die Schönwohn AG die Licht AG übernahm, war diese in einem beklagenswerten Zustand. Franz und Josef Hausmann hatten sich zuletzt durch übermässig hohe Dividendenausschüttungen bereichert und sich danach aus dem Staub gemacht. Zurück blieb eine hochverschuldete Unternehmung mit vielversprechenden Produkten und erfahrenen Mitarbeitenden. Mit der Übernahme durch die Schönwohn AG konnte die Licht AG in letzter Minute vor dem Aus gerettet werden.

Mit diesem Kauf ist selbstverständlich auch auf der Managementebene eine neue Ära eingeläutet worden. Thomas Kopp hat die Leitung der Firma übernommen. Ihm stehen Jonas Aerni und Max Widmer tatkräftig zur Seite. Max Widmer ist schon seit einigen Jahren Produktionsleiter bei der Licht AG und kennt sich mit Beleuchtungssystemen bestens aus. Jonas Aerni ist Unternehmensberater. Durch sein Studium der Elektrotechnik hat er umfangreiche Kenntnisse im Beleuchtungsbereich. Er führt die Co-Leitung als Externer auf Mandatsbasis aus. Während sich Aerni und Widmer vornehmlich um operative Belange in der Firma kümmern, besteht Thomas Kopps Aufgabe darin, die Licht AG in die Strukturen der Schönwohn AG zu überführen.

Thomas Kopp ist ein Mann der Tat. Kaum hat er seine Aufgabe bei der Licht AG angetreten, fällt er gleich gewichtige Entscheide, welche allerdings zu einigem Unbehagen und zu Unsicherheit unter der Belegschaft führen. Diese ist gegenüber Kopp eher skeptisch eingestellt. Thomas Kopp hat zwar einen beachtlichen Leistungsausweis in der Wohnbranche, mit Beleuchtungssytemen fehlt ihm allerdings jegliche Erfahrung. „Keine Ahnung von Technik, Hauptsache, es sieht hübsch aus. Ob es sich auch realisieren lässt, ist Nebensache", so der Tonfall in der Belegschaft. Es wurde zwar versucht, dieses Manko durch Jonas Aerni, einen echten Techniker, zu kompensieren, der verfügt jedoch nicht über eine Zeichnungs- bzw. Weisungsbefugnis. Diese liegt ausschliesslich bei Kopp. Auch kann Kopp nicht immer vor

Ort sein, da er auch in der Schönwohn AG stark eingebunden ist. Seine physische Präsenz in der Licht AG beschränkt sich auf zwei bis drei Tage in der Woche. Dieser Umstand wirkt sich natürlich ebenfalls negativ auf die Vertrauensbasis der Mitarbeitenden innerhalb der übernommenen Firma aus.

Seit der Übernahme ist nun ein halbes Jahr vergangen. Die Reorganisation des Übernahmeobjektes geht aber nur zögerlich vonstatten. Das angestrebte Ziel, die Licht AG innert Jahresfrist in die Strukturen der Schönwohn AG zu integrieren, scheint aus der Sicht von Thomas Kopp nur schwer realisierbar. Das mangelnde Vertrauen und unterschiedliche Vorstellungen über die Zukunft der Licht AG bremsen den Prozess. Obwohl er sich sehr bemüht, eine Vertrauensbasis aufzubauen, werden teilweise Entscheide trotz ausführlicher Begründung angezweifelt und nur schwerfällig umgesetzt. Aber nicht nur das fehlende Vertrauen der Licht-Belegschaft bereitet Kopp Sorgen. Auch das gute Verhältnis zu seinem Vorgesetzten sieht er in Gefahr. „Erreiche ich das Ziel der Firmenintegration nicht, wird mir das als Verfehlung meiner Vorgaben ausgelegt. Das Vertrauen für weitere Projekte dürfte dann wohl dahin sein", denkt sich Kopp. Er schaltet seinen PC an, öffnet ein leeres Word-Dokument und beginnt seinen Denk- und Schreibprozess mit dem Titel: „Massnahmenplan zur Schaffung von Vertrauen und Akzeptanz."

✎ Teaching Notes

Stichwörter: Change Management • Firmenübernahme • Organisationsentwicklung • Unternehmenskultur

Der Fall eignet sich für Studierende und Führungskräfte, die sich mit Fragen des Wandels und der Gestaltung von Veränderungsprozessen, Unternehmenskultur usw. beschäftigen. Der Fall eignet sich vor allem auch für Weiterbildungsstudierende in einem ökonomisch-technischen Umfeld. So kann beispielsweise die Zusammenarbeit zwischen Ingenieuren und Ökonomen thematisiert werden (Managementwissen versus technisches Wissen). Der Fall kann sowohl zur Einzelarbeit als auch zur Gruppenarbeit herangezogen werden.

Mögliche Fragen zur Fallbearbeitung

a) Versetzen Sie sich in die Lage von Thomas Kopp. Welche Massnahmen müsste sein Plan beinhalten?
b) Welche Stolpersteine müsste er dabei beachten?
c) Wer könnte ihn bei der Umsetzung der Massnahmen unterstützen?

Nr. 47 Vom Hörensagen

Martin Sprenger, Stephanie Kaudela-Baum und Dominik Godat

Die polizeilichen Aufgaben in einem Schweizer Kanton werden derzeit von der Regionalpolizei RePol und der Kantonspolizei KaPo gleichzeitig wahrgenommen. Die Regionalpolizei ist in drei geografische Bereiche aufgeteilt: RePol Ost, West und Mitte. Den drei Abteilungen steht der Kommandant Major Brühwiler vor. Die Abteilungen selber werden jeweils durch einen Chef oder eine Chefin geleitet, der oder die direkt Major Brühwiler unterstellt ist. Die Kantonspolizei wird durch ihren Kommandanten, Oberst Holzer, kommandiert. Sie gliedert sich in die Abteilungen Kriminalpolizei KriPo sowie die zwei geografischen Bereiche Ost und West. Auch bei der Kapo steht den Abteilungen jeweils ein Chef oder eine Chefin vor.

Die Aufgabenteilung der beiden Korps ist im Polizeigesetz festgelegt. Genau diese Aufgabenteilung aber gab in letzter Zeit immer wieder zu Diskussionen Anlass. „Kompetenzstreit", titelten lokale Zeitungen bereits mehrere Male. Aus diesem Grund hat das Parlament das Projekt „NePolOrg2" ins Leben gerufen. „NePolOrg2" sieht vor, dass die RePol mit dem Korps der Kantonspolizei verschmolzen wird. Damit werden die Ziele verfolgt, ein einheitliches Erscheinungsbild sicherzustellen, die verwirrende Aufgabenteilung zwischen Regionalpolizei und Kantonspolizei zu beseitigen sowie den bestehenden Konkurrenzkampf zwischen den Korps zu unterbinden. Mit der Verschmelzung werden auch die Abteilungen neu gebildet. Die Aufteilung erfolgt nicht mehr nach Regionen, sondern nach Funktionen. Konkret sind dies die mobile Einsatzpolizei MePo sowie die Bereitschaftspolizei BePo. Die Kriminalpolizei KriPo bleibt unverändert bestehen. Abbildung 1 zeigt die Organisation der beiden Korps vor und nach der Reorganisation.

Anfang des Jahres wurde Daniel Merz zum Chef der RePol Mitte im Range eines Leutnants befördert. Ihm unterstehen nun 15 Mitarbeitende. Merz' Stelle war acht Monate lang nicht besetzt gewesen. Das Kommando lag während dieser Zeit bei Oberleutnant Blättler, Chef RePol Ost, der dieses so gut wie er konnte ausführte.

Vor einer Woche war nun in der Presse zu lesen, dass das Korps Mitte als erstes in die Kantonspolizei integriert werden soll. Da einige Polizisten in externen Projektgruppen mitarbeiten, in welchen Aussagen zum Projekt „NePolOrg2" gemacht werden, machen diese ebenfalls im Korps die Runde. Was genau stimmt, lässt sich aber nicht eruieren. Gerüchte haben also Hochkonjunktur. Dies führt zu grosser Unsicherheit und Unruhe bei den Korpsangehörigen. Daniel Merz' Stellvertreter und guter Freund, Roger John, hat ihn anlässlich eines Rapports auf die Situation angesprochen. Aus dem Rapport wurde ein offenes und ehrliches Gespräch:

„Wie ist der Stand der Dinge in Sachen NePolOrg2?", fragte Roger John. „Ich bin nicht bis ins Detail orientiert, zumindest nicht so, dass es für eine ausführliche Orientierung ausreicht", antwortete Merz. „Mir steht es zudem nicht zu, meine Mitarbeiter mit Informationen zu versorgen, auch wenn ich das gerne tun würde. Die Federführung liegt definitiv bei Brühwiler. Er ist dafür verantwortlich, wann

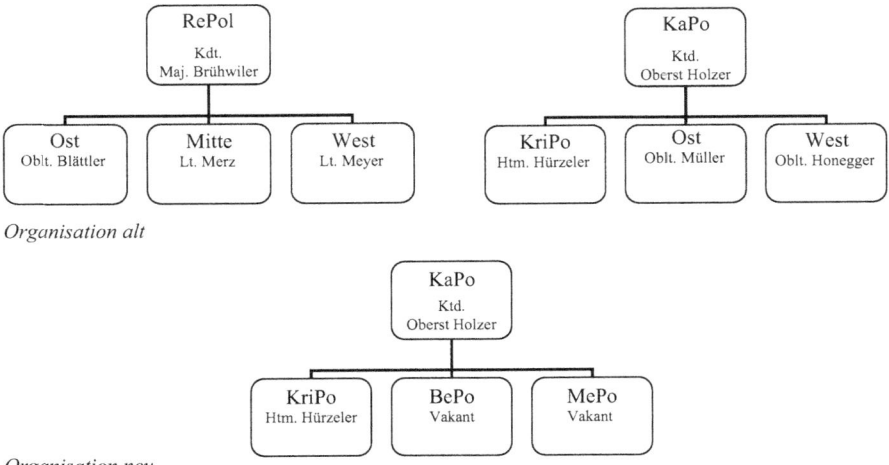

Abb. 1 Organigramm der Polizei vor und nach der Reorganisation

was kommuniziert wird." „Wie sieht es aus in Bezug auf Stellenabbau und Versetzungen?", fragte Roger John. „Ich hoffe, wir können dies nach Möglichkeit vermeiden, schliesslich ist es ja nur eine Neuorganisation, keine Rationalisierung. Aber wie gesagt, Brühwiler ist dafür zuständig." „Dir ist schon klar, dass die Gerüchteküche brodelt? Bei den Mitarbeitenden herrscht Unzufriedenheit, weil sie nicht informiert werden. Ich habe momentan Mühe, meine Teams zu motivieren. Ständig versuchen sie mich auszuquetschen, ob ich etwas weiss." „Ich versuche ja zu beruhigen. Jedes Mal in den Einsatzbesprechungen weise ich darauf hin, dass nichts von heute auf morgen umgesetzt wird und dass es keine allzu grossen Einschnitte geben wird", erwiderte Daniel Merz. „Ausser, dass wir nun blaue statt schwarze Uniformen erhalten", murmelte John sarkastisch. „Ja, du kannst gut reden. Ich würde ja gerne offen kommunizieren. Wenn ich das aber tue, greife ich Brühwiler vor und sage vielleicht mehr als die anderen RePol Chefs. Dann ist das Chaos perfekt! Die Sache ist nach wie vor vertraulich." „Ach komm", meinte Roger John, „wenn wir ehrlich sind, intervenierst du bei Brühwiler auch nicht, damit er Klarheit schafft."

„Apropos andere Chefs, hast du schon mitbekommen, dass Oberleutnant Blättler, der ad interim Chef, gekündigt hat?", wechselte John das Thema. „Ja, hat mir Brühwiler heute Morgen am Telefon gesagt. Er will angeblich zusammen mit seiner Frau den Betrieb seiner Eltern übernehmen", antwortete Daniel Merz. „So kann man es auch sehen", meinte Roger John. „Meine Mitarbeitenden vermuten aber, dass er wegen der Reorganisation geht. Durch diese werden einige Chefs überflüssig. Blättler soll die Vorstellung gestört haben, nicht mehr Chef einer Abteilung zu sein." „Quatsch!" rief Daniel Merz. „Sei doch nicht so blauäugig, Daniel, hast du dich eigentlich schon einmal gefragt, was mit deinem Job passiert? Die Stellen des Leiters BePo und MePo sind zwar noch vakant, du weisst aber so gut wie ich, dass deine Karten am schlechtesten sind." Daniel Merz schweigt. „Kann es sein, dass du gar nicht wissen willst, wie die künftige Organisation aussehen wird, weil du Angst hast, dass du deinen jetzigen Posten verlierst? Kann es sein, dass du dich deshalb nicht aktiv um die Informationsbeschaffung kümmerst?" Daniel Merz schweigt weiter. „Wer schweigt, stimmt zu", sagte Roger John, „ich empfehle dir als dein Freund, die Sache so schnell wie möglich zu bereinigen. Notfalls musst du halt das kommunizieren, was du weisst. So kommt wieder etwas Ruhe in das Korps und wir können uns wieder auf unsere eigentlichen Aufgaben konzentrieren."

✎ *Teaching Notes*

Stichwörter: Change Management • Vertrauen • Gerüchte • Sandwichposition

Dieser Fall eignet sich für eine 45-minütige Gruppenarbeit. Themenbereiche, die angesprochen werden können, sind zum einen die Position von Daniel Merz, die man als klassische „Sandwichposition" (stuck in the middle) bezeichnen kann. Eine Übungsaufgabe bzw. Frage könnte lauten:

- Beschreiben Sie die Dilemmata von Daniel Merz. Inwieweit sind diese typisch für eine Führungskraft auf der mittleren Managementebene?

Zum anderen könnte der Fall aus Sicht der Change-Kommunikation betrachtet werden. So könnten Fragen lauten:

- Wie könnte Merz der Gerüchteküche entgegenwirken?
- Welche Kommunikationsinstrumente bieten sich in einem solchen Veränderungsprozess an?
- Wie soll Merz die Situation bei seinem Vorgesetzten ansprechen? Bereiten Sie ein Gespräch aus der Perspektive von Merz vor.

Insbesondere die letzte Frage eignet sich für ein *Rollenspiel,* in welchem Daniel Merz sein Argumentarium gegenüber seinem Vorgesetzten darlegt.

Mögliche Fragen zur Fallbearbeitung

a) Skizzieren Sie die vorliegenden Dilemmata. Wer nimmt welche Rolle ein?
b) Benennen Sie die Hauptprobleme.
c) Wie kann man diesen entgegenwirken?
d) Welche klassischen Regeln des Change Managements werden hier vernachlässigt bzw. nicht beachtet?

Nr. 48 Der autoritäre Chef

Martin Sprenger und Stephanie Kaudela-Baum

„Der Antrag wurde abgelehnt!" Dieter Kunz schaute ungläubig auf die interne Mitteilung, die ihm der Heimleiter zukommen liess. „Mit welcher Begründung?", fragte Dieter Kunz' Arbeitskollege Reto Schmied. „Wir können aus organisatorischen Gründen in unserer Stiftung Supervision als Arbeitsinstrument nicht einführen… bla bla bla. Lachhaft! Natürlich können wir, es stehen doch genügend Mittel dafür zur Verfügung."

Dieter Kunz ist Sozialpädagoge und arbeitet im Eichwiler, einem Heim für verhaltensauffällige Kinder. Gegründet wurde dieses vor 25 Jahren von Heinrich Koller, der heute noch als Chef agiert. Total sind in diesem Heim 21 Mitarbeiterinnen und Mitarbeiter beschäftigt, vornehmlich Sozialpädagogen oder Psychologen, die insgesamt 32 Jugendliche betreuen. Das Klima im Betrieb ist sehr familiär und durch starke Traditionen geprägt. Kunz arbeitet nun seit bald zwei Jahren als Leiter eines fünfköpfigen Teams in dem Heim. Ihm liegt diese Institution sehr am Herzen. Zu einigen der Arbeitskolleginnen und -kollegen pflegt er eine freundschaftliche Beziehung. Ab und zu geht das Team nach Feierabend ein Bier trinken.

Als erfahrener Sozialpädagoge ist er stets bemüht, etwas von seinem Erfahrungsschatz in die Organisation einzubringen. So war es für ihn bisher selbstverständlich, dass Supervision als Reflexionsinstrument eingesetzt wird. Supervision ist schliesslich in psychosozialen Arbeitsfeldern ein weit verbreitetes Arbeitsinstrument. Sie begleitet Menschen bei der Reflexion und Verbesserung ihres beruflichen Handels. Aber auch zur Qualitätssicherung trägt sie wesentlich bei. Da Supervision in diesem Heim noch nicht eingeführt wurde, stellte Kunz bei der Geschäftsleitung den Antrag, dieses Instrument künftig zu institutionalisieren.

„Ich kann auch nicht nachvollziehen, warum sie deinen Antrag abgelehnt haben", tröstete Reto Schmied seinen Kollegen. „Meiner Ansicht nach wurde in deinem Antrag die Notwendigkeit aufgezeigt und gut begründet." „Ja, finde ich auch. Ich bin mir sicher, der Grund für die Ablehnung liegt einzig und allein darin, dass der Chef einfach kein Fan von Supervision ist. Ich für meinen Teil habe jedenfalls die Schnauze voll von dieser Art von Entscheidungen. Ständig wird alles abgeblockt, was unserem Oberboss nicht in den Kram passt. Unser Arbeits- und Qualitätsverständnis interessiert ihn überhaupt nicht. Ich fasse das im höchsten Masse als Geringschätzung meiner Erfahrung, ja meiner Arbeit auf. In solchen Situationen würde ich am liebsten meinen Job schmeissen." „Jetzt beruhig dich mal wieder." Reto Schmied versuchte seinen aufgebrachten Kollegen zu besänftigen. „Kündigung ist auch nicht die Lösung. So attraktive Arbeitsbedingungen wirst du so schnell nicht wieder finden." „Ja, ist schon klar. Trotzdem gehen mir solche Dinge tierisch auf den Keks", antwortete Dieter Kunz. „Versteh ich", erwiderte Reto Schmid, „aber lass uns doch nach einer Lösung suchen. Von einem anderen Team habe ich beispielsweise gehört, dass die eine Intervisionsplattform eingerichtet haben." „Und das hat der

Chef bewilligt?", fragte Dieter Kunz verwundert. „Nein, natürlich nicht", winkte Reto Schmied ab. „Sie haben den Chef auch gar nicht gefragt, sondern haben diese einfach eingeführt. Die Obrigkeit wurde lediglich über ihr Tun informiert." „Intervision sagst du", murmelte Kunz. „Na ja, nicht ganz dasselbe wie die Supervision", fährt er fort. „Bei der Intervision geht es bekanntlich darum, Fälle miteinander zu besprechen. Da steht mehr der Austausch unter Kollegen im Vordergrund. Sicherlich ein Schritt in die richtige Richtung, aber das wird meinem Anspruch nicht gerecht." „Und übrigens führen diese Kolleginnen und Kollegen die Sitzungen in ihrer Freizeit durch. Sie können die Arbeitszeit also nicht geltend machen", unterbrach ihn Reto Schmied. „Was? Das ist ja unerhört!", rief Dieter Kunz erzürnt, „das kann ja nicht die Idee sein." „Wie bekommen wir unseren Chef dazu, die Wichtigkeit der Supervisions- und Intervisionsarbeit für unsere Arbeit anzuerkennen und uns Zeit dafür zur Verfügung zu stellen? In solchen Situationen fühle ich mich so ohnmächtig."

VII. Organisation und Change Management

✎ *Teaching Notes*

Stichwörter: Führung von unten • Motivation • Psychologischer Vertrag • Führungsstil • Organisationsentwicklung • Qualitätsmanagement • Unternehmenskultur

Dieser Fall eignet sich sowohl als Gruppen- wie auch als Einzelarbeit. Der Zeitbedarf beträgt 45–60 min. Der Fall kann aus mehreren Perspektiven diskutiert werden. Erstens können die Einflussgrössen in Bezug auf die Möglichkeit der „Führung von unten" behandelt werden. Zweitens könnte die oben genannte Thematik in einem breiteren Kontext aus einer unternehmenskulturellen Perspektive bzw. einer Perspektive der Organisationsentwicklung diskutiert werden. Dabei können aus dem Fall divergierende Grundannahmen, Selbstverständnisse, Normen und Werte herausgelesen werden, die zu kulturell bedingten Konflikten führen und die Entwicklung der Organisation beeinflussen. Drittens könnte man die Folgen dieses Führungsentscheids im Hinblick auf die Gefahren der Demotivation von unterstellten (intrinsisch motivierten) Mitarbeitenden reflektieren.

Mögliche Fragen zur Fallbearbeitung

a) Halten Sie die Entscheidung von Heinrich Koller für richtig?
b) Worin bestehen jetzt die Hauptprobleme?
c) Wie beurteilen Sie Herrn Kunz in Bezug auf seine Einstellung zur Supervision und in Bezug auf seine Erwartungen gegenüber der Organisation bzw. seinem Vorgesetzten?
d) Beschreiben Sie den Führungsstil von Herrn Koller.
e) Wo sehen Sie ganz generell Risiken eines solchen Führungsstils, insbesondere in Unternehmen mit einem grossen Anteil an hochqualifizierten Mitarbeitenden?
f) Welche Möglichkeiten hat Dieter Kunz für eine erfolgreiche „Führung von unten"?

VIII. Führung im interkulturellen Kontext

Claus Schreier

Nr. 49 Eine interkulturelle Traumhochzeit?

Lohne Soderstrom, Projektleiterin und Human Capital Managerin des im dänischen Pandrup gelegenen Gentechnologieunternehmens GenTherapeutics AG, wurde von ihrem Vorgesetzten, dem CEO Peter Landberg, beauftragt, die Fusion mit dem schweizerischen Pharmaunternehmen PharmaLucerne AG zum Erfolg zu führen. Die zurückliegenden Wochen der Diskussion mit dem Luzerner Beat Siegrist, ihrem neuen Kollegen und Counterpart von PharmaLucerne, hinterlassen bei Lohne Soderstrom ein Gefühl der Müdigkeit, verbunden mit Machtlosigkeit. Niemand scheint ihre Sorgen zu verstehen. Mehr noch, Peter Landberg und Kurt Schlatter, CEO von PharmaLucerne, haben ihr und Beat Siegrist zu verstehen gegeben, dass sie nun binnen Wochenfrist mit Lösungen aufzuwarten haben.

Dabei fing alles so gut an: In kurzer Zeit waren sich Peter Landberg und Kurt Schlatter einig, eine „Fusion unter Gleichen" solle das Gentechnologie-Know-how von GenTherapeutics mit dem Pharma-, Prozess- sowie Produktionswissen von PharmaLucerne verschmelzen. Die Fusion zwischen dem Luzerner Pharmaunternehmen mit seinen 1400 Mitarbeitenden und den 290 Mitarbeitenden der dänischen GenTherapeutics war keine „Liebe auf den ersten Blick". Die prognostizierten Synergien waren jedoch schlicht überwältigend.

Die beiden CEOs – sie schienen von Anfang an einen guten Draht zueinander zu haben – interessierten sich offensichtlich nicht für die vielen kleinen und grossen Unterschiede ihrer Unternehmen. So wird das Traditionsunternehmen PharmaLucerne von seinen Mitarbeitenden als eine komplexe, in weiten Teilen strukturierte und formalisierte Organisation beschrieben. Dies kommt unter anderem in einer sehr spezifischen Symbol- und Unternehmenssprache zum Ausdruck. Die Stärken des Unternehmens liegen in dessen Kompetenzen bei der Produktion und Weiterentwicklung ihres Magen-Darm-Präparates Pentolox. Aufgrund der chemischen

---

C. Schreier (✉)
Institut für Betriebs- und Regionalökonomie IBR, Hochschule Luzern – Wirtschaft,
Zentralstraße 9, 6002 Luzern, Schweiz

Komplexität von Pentolox ist es schwer, bei der Massenproduktion die notwendige Qualität bei gleichzeitig geringer Ausschussquote zu erreichen. Die langjährige Erfahrung und das strikte Qualitätsmanagement von PharmaLucerne machten das Unternehmen jedoch zu einem erfolgreichen Pentolox-Produzenten. Währenddessen gelang es in den letzten Jahren aber nur noch mit Mühe, das Basismedikament so weiterzuentwickeln, dass dafür ein erneuter Patentschutz beantragt werden konnte. Es schien fast, als sei die Innovationsfähigkeit von PharmaLucerne in den Jahren des Erfolgs verloren gegangen. Durch den Zusammenschluss mit GenTherapeutics erhofft sich Kurt Schlatter, die Innovationsfähigkeit zurückzugewinnen, um mit Pentolox das Überleben von PharmaLucerne noch viele Jahre zu sichern. Vielleicht gelingt es im Verbund mit GenTherapeutics sogar, PharmaLucerne von einem Einprodukt- zu einem Mehrproduktunternehmen zu entwickeln.

Auch für GenTherapeutics, deren Kompetenz ebenfalls im Bereich der Magen-Darm-Präparate zu finden ist, offenbarte die Fusion mit PharmaLucerne auf Anhieb einen besonderen Charme. GenTherapeutics hatte seit jeher Probleme, ihr ausgezeichnetes Innovations-Know-how in marktfähige Produkte zu verwandeln. Innovationen in eine solide Massenproduktion zu überführen und konstant eine hohe Anzahl qualitativ hochwertiger Produkte auszuliefern, erwies sich in der Unternehmenshistorie als ausgesprochen problematisch. In der Folge gelang es GenTherapeutics nie, die notwendige kritische Grösse zu erreichen, um marktreife Produkte erfolgreich und eigenständig platzieren zu können. So kam es, dass das Unternehmen seine wertvollen Patente immer wieder zu meist unvorteilhaften Konditionen verkaufen musste. Mit PharmaLucerne fusioniert GenTherapeutics nun mit einem finanzstarken Unternehmen und kann ihre Forschungskompetenz in ein gemeinsames Unternehmen einbringen und ausbauen.

So schön sich die Synergien auf dem Papier darstellen, so schwierig erscheint Lohne Soderstrom die Fusion im Detail umsetzbar. Von Beat Siegrist und ihr verlangen die beiden CEOs konkrete Vorschläge bezüglich der Organisationsstruktur, und, noch viel kniffliger, sie sollen Vorschläge ausarbeiten, welche Positionen mit Führungskräften der jeweiligen Unternehmung besetzt werden können. Zu allem Überfluss klappt die Zusammenarbeit und Kommunikation mit Beat Siegrist nicht so wie von ihr erhofft. „Wir erwarten von Ihnen Lösungen für unsere Probleme und nicht, dass Sie selber zum Problem werden", mussten Beat Siegrist und Lohne Soderstrom sich schon von Kurt Schlatter im Beisein von Peter Landberg sagen lassen. „Dass Sie beide die jeweils „richtigen Manager" aus beiden Unternehmen an den „richtigen Stellen" platzieren, ist die kritische Erfolgsgrösse bei dieser Fusion. Nur wenn es uns gelingt, eine überzeugende Unternehmensstruktur und -strategie zu verkünden, können wir uns der Zustimmung der Aktionäre sicher sein!", ergänzte Peter Landberg, dem der Erfolgsdruck anzusehen war.

Zurück im Büro von Lohne Soderstrom bricht es aus Beat Siegrist heraus: „Wir müssen mit unserer Planung dringend in die Details gehen!" Da ist es wieder, denkt sich Lohne Soderstrom, alles muss geplant und protokolliert und dann einem ihr unverständlichen Vernehmlassungsprozess unterworfen werden, mit dem Ergebnis, dass Tage später alle aufwendig erstellten Protokolle aufgrund marginaler Änderungswünsche nochmals überarbeitet werden müssen. Erkennt

Beat denn immer noch nicht den Zeitdruck, unter dem sie beide stehen? Sie müssen handeln, jetzt!

„Beat, wir sollten pragmatisch vorgehen und die geforderten Strukturen fixieren sowie alle Stellen ad hoc besetzen. Sonst haben wir bald keine Managerinnen und Manager mehr, denen wir Führungspositionen anbieten können. Ich habe schon erste Kündigungen entgegennehmen müssen. Und es sind natürlich die Besten, die anfangen, ihre Koffer zu packen!" In einem Anflug von Verzweiflung formuliert Lohne Soderstrom weiter: „Wenn wir erst mal Nägel mit Köpfen gemacht haben, kommt der Rest von allein. Die gelebten Strukturen entwickeln sich dann eigenständig im Daily Business, und auch die ernannten Manager bewähren sich in den ihnen zugesprochen Positionen – oder auch nicht." Für Lohne Soderstrom ist klar: Ob sich eine Führungskraft in einer leitenden Position bewährt, hängt nur zum Teil von der Person ab und kann nicht wirklich geplant werden.

Und wieder bricht zwischen Lohne Soderstrom und Beat Siegrist die Diskussion vom Zaun, wie die „besten Manager" zu selektionieren seien. Beat erklärt zum wiederholten Male, dass bei PharmaLucerne das Thema Leadership und Personalentwicklung schon bei der Rekrutierung neuer Mitarbeitender beginnen würde. Nur qualifizierte Mitarbeitende mit einem stringenten Lebenslauf und ausgewiesener Expertise im Pharmabusiness würden zu Vorstellungsgesprächen eingeladen. Ein Hochschulabschluss sei eine notwendige Bedingung für eine Anstellung bei PharmaLucerne. Einmal im Unternehmen stehe erfolgreichen Mitarbeitenden ein klarer Karriereweg offen, der mit einem strukturierten Managementtraining beginne und nach ein paar Jahren mit einem vom Unternehmen bezahlten, berufsbegleitenden Executive MBA einer renommierten Hochschule und einem anschliessenden Sitz in der Geschäftsleitung sein vorläufiges Ende fände.

Ganz anders bei GenTherapeutics. Hier, weiss Lohne Soderstrom, ist ein abwechslungsreicher Lebenslauf, aus dem Pionier- und Forschergeist ersichtlich wird, viel bedeutender als ein Hochschulabschluss. Warum sollte man Abschlüsse auch so wichtig nehmen? Bei GenTherapeutics beginnt die Managemententwicklung an dem Tag, an dem ein neuer Mitarbeitender das Unternehmen betritt. Leadership und Selbstkompetenz zeigen sich „on the Job" von der ersten Minute an. Natürlich akquiriert GenTherapeutics weltweit von den besten Business Schools und Pharmaforschungsschmieden, aber allen im Unternehmen ist klar, dass gelerntes Wissen – auch das MBA Know-how um Leadership-Skills – an der „Front" sehr schnell obsolet wird und langfristig kaum mehr in Korrelation zum individuellen Erfolg einer einzelnen Führungspersönlichkeit steht.

Kreativität und Unternehmertum sind die Erfolgsfaktoren, auf die GenTherapeutics von der ersten Stunde an setzt. Tage oder gar Jahre in Klassenzimmern zu verbringen, um Managerinnen und Managern Unternehmergeist einzuhauchen, ist für eingefleischte Leitende von GenTherapeutics eine befremdende Vorstellung. Und Lohne Soderstrom wird angst und bange, wenn sie sich vorstellt, dass „MBA-Retortenmanager" zukünftig die GenTherapeutics-Kultur prägen könnten.

„Wie sollen wir uns nur einigen?", hört sich Lohne Soderstrom sagen. Ihr ist in den vielen Diskussionen mit Beat Siegrist klar geworden, dass die beiden Unternehmen völlig unterschiedliche Unternehmens- und damit Führungs- und Kommunikationskulturen haben. In einem Punkt sind sich Beat Siegrist und Lohne Soderstrom aber einig: Mit den Entscheidungen zur Besetzung der Managementpositionen sind zugleich auch unternehmensstrukturelle Entscheidungen zu treffen. Im „Memorandum of Understanding" wurde dazu schon Folgendes von Peter Landberg und Kurt Schlatter vereinbart:

PharmaLucerne und GenTherapeutics haben sich im Grundsatz entschlossen:

- GenTherapeutics als alleiniges Kompetenzzentrum für die Pharmaforschung auszubauen.
- die Produktionskapazitäten am Standort von GenTherapeutics zu schliessen und an den Standort Luzern zu verlegen.
- ein Kompetenzzentrum an beiden Standorten zu etablieren, mit der Aufgabe, Patente und Marktzulassungen zu sichern.
- den Vertrieb und alle Marketingaktivitäten in Luzern zu bündeln.

Auch hier stellt sich Lohne Soderstrom die Frage, ob die 100 %ige Trennung von Forschung und Produktion sinnvoll und richtig ist. Und was bedeutet die Zentralisierung aller Vertriebs- und Marketingaktivitäten im schweizerischen Luzern? Sind der Vertrieb und das Marketing nicht das „Auge und Ohr" zum Kunden? Und welche Konsequenzen hat es für GenTherapeutics, dass sie die alleinige Kontrolle über Patente und Marktzulassungen verliert, wohl wissend, dass hier im Alltag von GenTherapeutics immer wieder grosse Schwächen zutage traten und der Schulterschluss mit PharmaLucerne eine grosse Hilfe darstellt?

Lohne Soderstrom jedenfalls scheint es, dass Beat Siegrist gut mit den „Reissbrettstrukturen" und der klaren Trennung von Unternehmensfunktionen zwischen dem Standort in Dänemark und der Schweiz leben kann. Je mehr sie darüber und über ihre Kommunikationsprobleme mit Beat Siegrist nachdenkt, desto deutlicher wird ihr, dass Schweizer eben anders denken als Däninnen! Wehmütig hört sie sich selber sagen: „Warum können sie nicht ein wenig so sein wie wir?"

VIII. Führung im interkulturellen Kontext 221

☙ *Teaching Notes*

Stichwörter: Interkulturelles Management • Konfliktmanagement • Kommunikation • Change Management • Organisationsstrukturen

Der Fall eignet sich für Projektleiter und Führungskräfte in interkulturellen Schnittstellen. Unter anderem geht es darum, die Selbst- und Sozialkompetenz zu stärken, auch in interkulturellen Konflikten die Situation mit den Augen des anderen wahrzunehmen, zu interpretieren und zu verstehen. Auf der Metaebene zielt der Fall darauf ab, kulturfremdes Verhalten erkennen und richtig einordnen zu können.

Mögliche Aufgabenstellung:
- Gruppe 1: Sie sind Lohne Soderstrom. Bitte überlegen Sie sich den Sachverhalt und führen Sie ein klärendes Gespräch zur Festlegung von gemeinsamen Zielen und passenden Umsetzungsmassnahmen mit Beat Siegrist.
- Gruppe 2: Sie sind Beat Siegrist. Lohne Soderstrom hat Ihnen vor zwei Tagen per E-Mail mitgeteilt, dass sie gerne mit Ihnen die gemeinsamen Ziele und passenden Umsetzungsschritte planen und festlegen möchte. Bitte bereiten Sie sich auf dieses Gespräch vor.
- Gruppe 3: Sie sind die Jury. Überlegen Sie sich, nach welchen Kriterien Sie das nun folgende Planungsgespräch zwischen den beiden unterschiedlichen Führungspersönlichkeiten beurteilen wollen. Beobachten Sie danach das Gespräch und geben Sie den beiden Gesprächspartnern Feedback.

Mögliche Fragen zur Fallbearbeitung

a) Wie kam es zu dieser für Lohne Soderstrom so frustrierenden Situation?
b) Haben Lohne Soderstrom und Beat Siegrist etwas falsch gemacht?
c) Was am Verhalten von Beat ist typisch schweizerisch? Beschreiben Sie die Wahrnehmung der Situation und die Erwartungen von Lohne Soderstrom im Vergleich zu Beat Siegrist.
d) Welche kulturellen Muster stecken hinter den Aussagen und den Verhaltensweisen der Protagonisten?
e) Diskutieren Sie, ob im vorliegenden Fall ein interkultureller Konflikt vorliegt.
f) Welche Auswege aus der Situation sehen Sie für Lohne Soderstrom und Beat Siegrist? Müssen sich Ihrer Ansicht nach für eine Lösung die Vorgesetzten von Lohne Soderstrom und Beat Siegrist einbringen?
g) Wie beurteilen Sie die Rolle der beiden CEOs als Auftraggeber und Führungskräfte? Welche Führungsverständnisse kommen bei den beteiligten Personen zum Ausdruck?
h) Welches Führungsverständnis liegt Ihnen näher, das von Lohne Soderstrom oder das von Beat Siegrist? Warum? Begründen Sie Ihre Meinung.
i) Wie könnte eine Intervention aussehen, damit Lohne Soderstrom und Beat Siegrist ihre Probleme alleine lösen können? Ist das überhaupt möglich?

Nr. 50 Innovationsagenda Futura

Claus Schreier

Hinweis: Der folgende Fall wird aus vier verschiedenen kulturellen Perspektiven dargestellt.

Der Fall wird aus der Perspektive von Hans Baumann (Deutscher, 47 Jahre, leitender Entwicklungsingenieur und seit 10 Jahren in der Schweiz, Abschluss: MBA Luzern) erzählt.

Hans Baumann sitzt missmutig mit seiner Frau Beate beim Abendessen. Dabei hat alles so gut angefangen. Er, Hans Baumann, wurde vom obersten Entwicklungschef der Digatec AG angefragt, beim Projektteam „Innovationsagenda Futura" mitzumachen. Er erkannte sofort die besondere Qualität der Herausforderung, in einem internationalen Projektteam die Innovationsstrategie seines Arbeitgebers mitgestalten zu können. „Das liess mich erwartungsfroh zusagen", erzählt er Beate.

Weitere Mitglieder des Projektteams sind der Schweizer Beat Schäli, ein verdienter Abteilungsleiter, der schon viele Jahre im Thema Innovationen bei Digatec arbeitet, die Engländerin Joanne Brown, die erst seit kurzer Zeit bei der Digatec AG ist, aber sich schnell einen guten Ruf als innovative Querdenkerin erworben hat, und der Italiener Roberto Cello, den alle nur „den Pragmatiker" nennen, weil er auch in unübersichtlichen Situationen unerwartet gute Lösungen erarbeiten kann.

Sabine Stähli, neuer CEO von Digatec, verspricht sich viel von diesem Projektteam und lässt den Mitgliedern „freie Hand". Auch und gerade die Projektstruktur lässt sie offen und so ist unter anderem unklar, ob es einen formalen Projektleiter gibt oder nicht. Auch steht es dem Team offen weitere Mitglieder zu benennen.

Soweit so gut. Doch die Schwierigkeiten begannen schon bei der Festlegung des Kick-off Termins. Beat Schäli hatte eine entsprechende Anfrage gestartet aber keiner schien sich Gedanken um eine Agenda gemacht zu haben. Hans wollte nicht gleich wieder als „zackiger Deutscher" erscheinen und warf das Thema „Agenda" deshalb sehr „unauffällig" in die Runde. Dankenswerterweise nahm Beat Schäli den Ball auf und erklärte sich bereit, eine Agenda für das Kick-off zu erarbeiten. „Man kann nicht einfach so „durchstarten" bei einem so wichtigen Projekt", so Hans Baumann zu seiner Frau, die wohlwollend nickt. Interessant war es dann aber trotzdem, dass es fast vier Wochen dauerte bis zum Kick-off. Aber Hans Baumann liess sich die Laune nicht verderben.

Da Beat Schäli zum Kick-off eingeladen hatte, übernahm er nach der obligatorischen Vorstellungsrunde die Moderation und präsentierte seine Agenda. „Du glaubst es nicht", so Hans zu seiner Frau, „das Mobiltelefon von Roberto Cello hat permanent geklingelt, und statt sich zu entschuldigen, nahm er die Gespräche dreist an." Auch war es Roberto Cello, der das Meeting nach kaum 15 Minuten in die Cafeteria verlegen wollte und mit gewissem Wehklagen die fehlenden Getränke monierte. „Ich kann mir vorstellen, dass das Beat Schäli, der die Agenda präsentierte, mächtig gegen den Strich gegangen sein muss", sinniert Hans Baumann. Und so schien es niemanden etwas auszumachen, dass Roberto Cello nach einem weiteren „wichtigen" Anruf überstürzt das Meeting verlassen musste.

Hans Baumann kennt Innovationsprojekte aus langjähriger Erfahrung und immer wieder musste er feststellen, dass ein so weiches Projektziel wie „seid kreativ und liefert Innovationen" umso klarer in seinen anderen Projektdimensionen gestaltet sein muss. Folglich stellte Hans Baumann die unvermeidliche Frage nach der Projektleitung mit dem Zutrauen, diese auch übernehmen zu können. Weiter liess Hans Baumann seine Kollegen wissen, was an Ressourcen, Strukturen und Beschreibungen notwendig wäre, um aus der Idee der Innovationsagenda etwas „Handfestes" zu kreieren.

„Von Beat Schäli spüre ich immer eine unterschwellige Zustimmung, aber wenn es drauf ankommt, dann hält er sich vornehm zurück", so Hans Baumann der solche oder ähnliche Erfahrungen schon mehrfach in der Schweiz gemacht hat. Hans Baumann hat lernen müssen, dass Zurückhaltung eines der „Zehn Gebote" im schweizerischen Business ist und glaubt sich auf guten Weg dieses Gebot verinnerlicht zu haben.

Kompliziert wurde es dann aber mit Joanne Brown. „Hans, lass uns einfach einmal beginnen. Wir haben uns heute doch nicht nur getroffen um zu diskutieren, wer im Projekt mehr oder weniger zu sagen hat. Wir sollten uns sofort an die Arbeit machen und Innovationen diskutieren. Der Rest kommt von allein", so Joanne Brown. „Ich bin immer wieder irritiert, wenn Engländer die „Du"-Anrede verwenden, wohl wissend um deren Aussage und der implizierten sozialen Nähe. Was mich dabei besonders irritiert ist, dass Joanne Brown trotz des „Dus" beinhart in der Sache ist. Ich empfinde dieses weiche „Du" in der Anrede immer ein wenig als einen Kommunikationstrick, um die eigenen Argumente durchzubringen", führt Hans Baumann während des Abendessens mit seiner Frau aus. Doch so schnell liess sich Hans Baumann nicht aus dem Konzept bringen, und als „alter Hase" hinterfragte er sachlich die Argumentation von Joanne Brown und diskutierte Vor- und Nachteile ihrer vorgeschlagenen „Spring-ins-Feld"-Vorgehensweise.

„Beate, nach dem Kick-off muss ich sagen, dass ich mich schon etwas unwohl fühlte, wie sollen wir uns nur finden? Roberto Cello scheint nicht sonderlich am Projekt interessiert, Joanne Brown irritiert mich mit ihrer „Einfach-mal-machen"-Art und Beat Schäli bezieht kaum eine Position. Was sollen wir nur tun? Wir sind keinen Schritt weiter. Wie lange wird sich unser neuer CEO Sabine Stähli das anschauen?"

Beate Baumann, die die ganze Zeit über geschwiegen hatte, sagte nur: „Ihr scheint sehr mit euch beschäftigt zu sein, statt eure Energie für das Innovationsprojekt zu nutzen. Sicher, das Projektteam ist sehr unterschiedlich in der Zusammensetzung seiner Persönlichkeiten. Aber ihr müsst einen Weg finden, diese Unterschiedlichkeit zu überbrücken, um die geforderte Kreativität frei setzen zu können."

Dem kann Hans Baumann nur zustimmen!

Der Fall wird aus der Perspektive von Joanne Brown (Engländerin, 39 Jahre, leitende Human-Capital-Managerin und seit vier Jahren in der Schweiz, Abschluss: Master of Arts der London School of Business) erzählt.

Joanne Brown sitzt vor einem geöffneten Skype-Fenster an ihrem PC und berichtet ihrer Kollegin Megan Lewis von ihren befremdenden Erfahrungen aus dem

Projekt Innovationsagenda Futura. Eigentlich hatte alles recht gut angefangen. Sie, Joanne Brown, wurde vom obersten Entwicklungschef der Digatec AG angefragt, beim Projektteam „Innovationsagenda Futura" mitzumachen. Sie erkannte sofort die besondere Qualität der Herausforderung, in einem internationalen Projektteam die Innovationsstrategie ihres Arbeitgebers mitgestalten zu können. „Das liess mich erwartungsfroh zusagen", erzählt sie Megan Lewis.

Weitere Mitglieder des Projektteams sind der Deutsche Hans Baumann, ein erfahrener Entwicklungsingenieur, der schon in vielen anderen Firmen Innovationen vorangetrieben hat, der Schweizer Beat Schäli, ein verdienter Abteilungsleiter, der schon viele Jahre im Thema Innovationen bei Digatec arbeitet, und der Italiener Roberto Cello, den alle nur „den Pragmatiker" nennen, weil er auch in unübersichtlichen Situationen unerwartet gute Lösungen erarbeiten kann.

Sabine Stähli, neuer CEO von Digatec, verspricht sich viel von diesem Projektteam und lässt den Mitgliedern „freie Hand". Auch und gerade die Projektstruktur lässt sie offen und so ist unter anderem unklar, ob es einen formalen Projektleiter gibt oder nicht. Auch steht es dem Team offen, weitere Mitglieder zu benennen.

Soweit so gut. Wenig später flatterte bereits eine Einladung zu einem Kick-off-Meeting in ihr Mail-Postfach. „Man kann doch nicht mit einem bürokratisch-organisatorischen Meeting bei einem so wichtigen Projekt beginnen", beschwert sich Joanne Brown bei ihrer Kollegin. Doch damit nicht genug: Sogleich folgte noch ein weiteres Mail mit einer detaillierten Agenda für das Kick-off, was die Vorfreude auf eine innovative Zusammenarbeit bei Joanne merklich dämpfte. Es schien immer das Gleiche zu sein: Bevor es richtig losgeht, wird schon im Vorfeld des eigentlichen Projekts alles verplant und zerredet.

Wochen vergingen, ohne dass die Mitglieder des Projektteams voneinander hörten, bis schliesslich ein gemeinsamer Termin gefunden war und das geplante Treffen stattfinden konnte. Da Beat Schäli zum Kick-off eingeladen hatte, übernahm er nach der obligatorischen Vorstellungsrunde die Moderation und präsentierte – wie von Joanne Brown prognostiziert – eine detaillierte Agenda. „Robert Cello scheint mir die Projektgruppe zu beleben, aber du glaubst es nicht", so Joanne zu Megan Lewis, „das Mobiltelefon von Roberto hat permanent geklingelt und natürlich nahm er mit südländischem Esprit die Gespräche jeweils an. Spontaneität finde ich eine gute Sache – aber doch bitte auf das Projekt fokussiert." Auch war es Roberto Cello, der das Meeting nach kaum 15 Minuten in die Cafeteria verlegen wollte und mit gewissem Wehklagen die fehlenden Getränke monierte. „Beat Schäli schien mir völlig aus dem Konzept gebracht", kommentiert Joanne Brown.

Letztlich schien es auch Joanne nichts auszumachen, dass Roberto Cello nach einem weiteren Anruf das Meeting verlassen musste. In ihm sah sie sowieso keinen wirklichen Verbündeten gegen die in ihren Augen bürokratischen Kollegen Baumann und Schäli.

Joanne Brown kennt Innovationsprojekte aus langjähriger Erfahrung und immer wieder musste sie feststellen, dass Projektziele der Art „Seid kreativ und liefert Innovationen" nur dann erfolgreich sein können, wenn es zu einem freien Fluss der Gedanken in einem offenen Kommunikationsraum kommt. Im Widerspruch zu ihren Überzeugungen stellte Hans Baumann die unvermeidliche Frage nach den zu definierenden Projektstrukturen. Weiter liess er seine Kollegen wissen, was in seinen Augen an Ressourcen, Strukturen und Beschreibungen notwendig wäre, um aus der Idee der Innovationsagenda etwas „Handfestes" zu kreieren. „Nur mühsam konnte ich den Impuls unterdrücken eine ironische Bemerkung zu machen, aber das hätte wohl sowieso niemand verstanden", so Joanne bedauernd in der Videosession mit Megan Lewis. Schon mehrfach musste Joanne Brown erfahren, dass ihr britischer Humor im Digatec-Umfeld nicht wirklich auf Anklang stösst.

Irgendwann konnte sich Joanne dann jedoch nicht mehr zügeln und adressierte an Hans Baumann: „Hans, lass uns einfach einmal beginnen. Wir haben uns heute doch nicht nur getroffen, um zu diskutieren, wer im Projekt was zu sagen hat. Wir sollten uns sofort an die Arbeit machen und Innovationen diskutieren. Der Rest kommt von allein." Doch so schnell liess sich Hans Baumann nicht aus dem Konzept bringen. Als „alter Hase" hinterfragte er die Argumentation von Joanne Brown und diskutierte Vor- und Nachteile ihrer vorgeschlagenen Vorgehensweise.

„Megan, nach dem seltsamen Kick-off muss ich sagen, dass ich mich schon etwas unwohl fühlte. Wie sollen wir uns nur finden? Roberto Cello scheint nicht sonderlich am Projekt interessiert, Beat Schäli bezieht kaum eine Position und Hans Baumann scheint ausschliesslich an seinem Status und an Strukturregelungen interessiert zu sein. Was sollen wir nur tun? Wir sind keinen Schritt weiter. Wie lange wird sich unser neuer CEO Sabine Stähli das anschauen? Vermutlich schickt uns Sabine alle samt ins Gruppencoaching?!"

Megan Lewis, die die ganze Zeit über geschwiegen hatte, sagte nur: „Ihr scheint sehr mit euch beschäftigt zu sein, statt eure Energie für das Innovationsprojekt zu nutzen. Sicher, das Projektteam ist sehr unterschiedlich in der Zusammensetzung seiner Persönlichkeiten. Aber ihr müsst einen Weg finden, diese Unterschiedlichkeit zu überbrücken, um die geforderte Kreativität freisetzen zu können."

Dem kann Joanne Brown nur zustimmen!

Der Fall wird aus der Perspektive von Roberto Cello (Italiener, 37 Jahre, Abteilungsleiter, Abschluss: Master Degree in Entrepreneurship) erzählt.

Roberto Cello berichtet – ganz seiner lebhaften Art nach – in plastischer Weise seinem Vater Guiseppe Cello vom heutigen Tag. Alles hatte so gut angefangen. Er, Roberto Cello, wurde vier Wochen zuvor vom obersten Entwicklungschef der Digatec AG angefragt, beim Projektteam „Innovationsagenda Futura" mitzumachen. Bellissimo, das war genau sein „Ding". So zögerte er keine Sekunde bei seiner Zusage, er fühlte sich geehrt in einem internationalen Projektteam die Innovationsstrategie seines Arbeitgebers mitgestalten zu können.

Weitere Mitglieder des Projektteams sind der Schweizer Beat Schäli, ein verdienter Abteilungsleiter, der schon viele Jahre im Thema Innovationen bei Digatec arbeitet, der Deutsche Hans Baumann, ein erfahrener Entwicklungsingenieur, der schon in vielen anderen Firmen Innovationen vorangetrieben hat, und die Engländerin Joanne Brown, die erst seit kurzer Zeit bei der Digatec AG ist, aber sich schnell einen guten Ruf als innovative Querdenkerin erworben hat.

Sabine Stähli, neuer CEO von Digatec, verspricht sich viel von diesem Projektteam und lässt den Mitgliedern „freie Hand". Auch und gerade die Projektstruktur lässt sie offen und so ist unter anderem unklar, ob es einen formalen Projektleiter gibt oder nicht. Auch steht es dem Team offen weitere Mitglieder zu benennen.

Soweit so gut. Doch kaum hatte er seine Teilnahme zugesagt, begannen die Irritationen. Ohne dass sich die Projektmitglieder hätten ein wenig kennenlernen können, flatterte schon eine Einladung zu einem Kick-off in sein Mail-Postfach. Beat Schäli schickte sich an, ein hochformales Kick-off anzuberaumen. „Man kann nicht einfach so „durchstarten" bei einem so wichtigen Projekt", so Roberto Cello zu seinem Vater. Natürlich folgte auch sogleich eine Agenda für das Kick-off. Zunächst hoffte Roberto Cello noch, dass er sich mit Beat Schäli oder den anderen Kollegen informell zu einem Espresso treffen könnte, aber irgendwann, nach mehreren Erinnerungsmails beugte er sich der elektronischen Aufforderung und bestätigte Beat Schälis Outlook-Anfrage.

Wochen vergingen, ohne dass sie voneinander hörten, bis dann das geplante Treffen stattfinden konnte. Da Beat Schäli zum Kick-off eingeladen hatte, übernahm er nach der obligatorischen Vorstellungsrunde die Moderation und präsentierte seine Agenda. „Wie immer war ich für meinen Chef in Italien auf meinen beiden Mobiltelefonen erreichbar und selbstverständlich klingelte das Handy ein paar Mal", erzählte Roberto Cello. Sein Vater wusste, dass sein Vorgesetzter in Milano viel Wert auf Erreichbarkeit von Roberto legte. „Ich spürte, dass die Anrufe meinen Kollegen nicht wirklich genehm waren, aber wir waren sowieso nur dabei die Agenda von Beat Schäli zu besprechen und da brauchte es nun wirklich nicht meinen Input", führt Roberto Cello fort.

Es störte Robert Cello übrigens immens, dass keinerlei Getränke und nichts zu essen auf dem Tisch stand. Wie sollten sie sich da kennen lernen? Wie ein Team bilden? Sein Wunsch das Meeting in die Cafeteria zu verlagern wurde schlicht ignoriert. Letztlich empfand Roberto Cello es als eine Erleichterung, dass er einen Blitzauftrag per Natel bekam und die steife Veranstaltung verlassen konnte. Ihm war schon nach zwei Minuten klar, dass das Ganze an dem Tag sowieso zu nichts führte. „Das war eine reine Trockenübung", hört sich Roberto sagen.

Roberto Cello bereute seinen Weggang ganz und gar nicht. „Mama mia, natürlich muss es einen Projektverantwortlichen geben, aber ob es unbedingt dieser Hans Baumann oder der seltsam unbewegte Beat Schäli sein muss, weiss ich nicht. Hans Baumann scheint mir mehr Technokrat als charismatischer Leader zu sein", stöhnt Roberto Cello und Guiseppe Cello nickt wissend. Man hat Roberto Cello berichtet, dass Hans Baumann und Joanne Brown aneinander geraten seien. Hans Baumann liess wissen, was an Ressourcen, Strukturen und Beschreibungen notwendig sei, um aus der Idee der Innovationsagenda etwas „Handfestes" zu kreieren. Joanne Brown hatte nach seinen Quellen aber gar kein Verständnis für Baumanns Planungseifer und wollte schlicht einmal loslegen. „Si, subito!" – Joanne Brown war in der Beziehung ganz nach Robertos Geschmack. Beat Schäli und Hans Baumann wiederum lösen in Roberto Cello ein überwiegend schläfriges Gefühl aus, „da geht nichts!", lamentiert Roberto Cello gestenreich, „das macht mich fertig!"

Guiseppe Cello, der die ganze Zeit über geschwiegen hatte, sagte nur: „Ihr scheint sehr mit euch beschäftigt zu sein, statt eure Energie für das Innovationsprojekt zu nutzen. Sicher, das Projektteam ist sehr unterschiedlich in der Zusammensetzung

VIII. Führung im interkulturellen Kontext

seiner Persönlichkeiten. Aber ihr müsst einen Weg finden, diese Unterschiedlichkeit zu überbrücken, um die geforderte Kreativität frei setzen zu können."
Dem kann Roberto Cello nur zustimmen!

Der Fall wird aus der Perspektive von Beat Schäli (Schweizer, 38 Jahre, Abteilungsleiter, Abschluss: Executive MBA Luzern) erzählt.
Beat Schäli sitzt frustriert mit seinem Kollegen Karl Sennmatt beim Feierabendbier. Dabei hat alles so gut angefangen. Er, Beat Schäli, wurde vom obersten Entwicklungschef der Digatec AG angefragt, beim Projektteam „Innovationsagenda Futura" mitzumachen. Anfangs zögerte er noch, aber die Aussicht in einem internationalen Projektteam die Innovationsstrategie seines Arbeitgebers mitgestalten zu können, liessen ihn erwartungsfroh zusagen.

Weitere Mitglieder des Projektteams sind der deutsche Hans Baumann, ein erfahrener Entwicklungsingenieur, der schon in vielen anderen Firmen Innovationen vorangetrieben hat, die Engländerin Joanne Brown, die erst seit kurzer Zeit bei der Digatec AG ist, aber sich schnell einen guten Ruf als innovative Querdenkerin erworben hat, und der Italiener Roberto Cello, den alle nur „den Pragmatiker" nennen, weil er auch in unübersichtlichen Situationen unerwartet gute Lösungen anbieten kann.

Sabine Stähli, neuer CEO von Digatec, verspricht sich viel von diesem Projektteam und lässt den Mitgliedern „freie Hand". Auch und gerade die Projektstruktur lässt sie offen und so ist unter anderem unklar, ob es einen formalen Projektleiter gibt oder nicht. Auch steht es dem Team offen weitere Mitglieder zu benennen.

Soweit so gut. Doch die Schwierigkeiten begannen schon bei der Findung des Kick-off-Termins. Beat Schäli selbst war es, der sich für ein reguläres Kick-off stark gemacht hatte. „Man kann nicht einfach so „durchstarten" bei einem so wichtigen Projekt", so Beat Schäli zu Karl Sennmatt. Von Hans Baumann kam dann auch sehr schnell eine Zusage mit der Bitte um Aufstellung einer klaren Agenda für das Meeting. Roberto Cello teilte nach wiederholtem Nachfragen mit, er habe immer Zeit und Joanne Brown liess ihre Teilnahme von ihrem Assistenten bestätigen. Es zeigte sich, dass Roberto Cello dann doch viel weniger flexibel bezüglich seiner Verfügbarkeit war als gedacht und so fand das erste Treffen mit reichlich „Verspätung" statt.

Da Beat Schäli zum Kick off eingeladen hatte, übernahm er nach der obligatorischen Vorstellungsrunde die Moderation und präsentiert die von Hans Baumann geforderte Kick-off-Agenda. Erste ernste Irritationen kamen in Beat auf, als das Mobiltelefon von Roberto Cello zum wiederholten Male klingelte und dieser die eintreffenden Gespräche auch noch lautstark entgegen nahm. Dann war es wieder Roberto Cello, der das Meeting nach kaum 15 Minuten in die Cafeteria verlegen wollte und mit gewissem Wehklagen die fehlenden Getränke monierte. „Ich fühlte mich nicht ernst genommen und obendrein lenkte mich das Verhalten von Roberto Cello völlig ab. Es hat mir deshalb auch gar nichts ausgemacht, als Roberto nach einem weiteren „wichtigen" Anruf überstürzt unser Meeting verlassen musste", berichtete er Karl Sennmatt.

Kaum hatte Roberto Cello den Raum verlassen, ging es richtig los. Hans Baumann stellte die unvermeidliche Frage nach der Projektleitung, die ehrlich gesagt auch Beat Schäli früher oder später gestellt hätte. Doch wie von seinem deutschen Kollegen gewohnt, beinhaltete seine Frage irgendwie schon seinen Anspruch auf die Projektleitung. „Ich weiss auch nicht, woran es liegt, aber mich befremdet das Auftreten dieses Hans Baumann", stöhnt Beat Schäli, und Karl Sennmatt nickt wissend. Weiter liess Hans Baumann seine Kollegen wissen, was an Ressourcen, Strukturen und Beschreibungen notwendig sei, um aus der Idee der Innovationsagenda etwas „Handfestes" zu kreieren.

„Ich stimme dem Hans Baumann ja prinzipiell zu", hört sich Beat Schäli sagen, „aber bei ihm sind Projektmeetings so blutleer. Halt einfach „deutsch" mit sachlicher Unterkühlung garniert und immer „strait forward". Ich fürchte schon den Tag, an dem sich deshalb ein grösserer Konflikt im Projektteam anbahnt."

Schon die anschliessende Diskussion zwischen Joanne Brown und Hans Baumann liess Beat Schäli Schlimmes erwarten. Joanne Brown hatte offensichtlich gar kein Verständnis für Baumanns Planungseifer: „Hans, lass uns einfach einmal beginnen. Wir haben uns heute doch nicht nur getroffen um zu diskutieren wer im Projekt mehr oder weniger zu sagen hat. Wir sollten uns sofort an die Arbeit machen und Innovationen diskutieren. Der Rest kommt von allein." Beat Schäli konnte im Gesicht von Hans Baumann lesen, dass er die Anrede „Hans" von einer ihm noch vor zwei Stunden unbekannten Kollegin nicht sehr goutierte. Ohne sich um Beat Schälis Agenda noch zu kümmern, startete Hans eine Grundsatzdiskussion mit Joanne Brown „wie Projekte zu führen sind".

„Ich fühlte mich immer unwohler", so Beat Schäli zu Karl Sennmatt, „wie sollen wir uns nur finden? Roberto Cello scheint nicht sonderlich am Projekt interessiert, Joanne Brown irritiert mich mit ihrer „Einfach-mal-machen"-Art und Hans Baumann scheint ausschliesslich an seinem Status und Strukturregelungen interessiert zu sein. Was sollen wir nur tun? Wie lange wird sich unser neuer CEO Sabine Stähli das anschauen?"

Karl Sennmatt, der die ganze Zeit über geschwiegen hatte, sagte nur: „Ihr scheint sehr mit euch beschäftigt zu sein, statt eure Energie für das Innovationsprojekt zu nutzen. Sicher, das Projektteam ist sehr unterschiedlich in der Zusammensetzung seiner Persönlichkeiten. Aber ihr müsst einen Weg finden, diese Unterschiedlichkeit zu überbrücken, um die geforderte Kreativität freisetzen zu können."

Dem kann Beat Schäli nur zustimmen!

VIII. Führung im interkulturellen Kontext

✎ *Teaching Notes*

Stichwörter: Interkulturelles Management • Projektmanagement

Der Fall eignet sich gut zur Diskussion von kulturellen Unterschieden innerhalb der Belegschaft oder innerhalb von Projektteams. Die jeweiligen kulturgebundenen Perspektiven der Projektmitarbeitenden können getrennt voneinander oder zusammenhängend gelesen werden. Der Einfachheit halber wäre es denkbar, dass nicht alle vier Protagonisten sondern nur zwei oder drei miteinander verglichen werden. Ergänzend zu den obgenannten Fragen könnte diskutiert werden, welchen Nutzen oder welche Gefahren die Vermischung verschiedener Kulturen innerhalb einer Unternehmung mit sich bringen.

Mögliche Fragen zur Fallbearbeitung

a) Wählen Sie eine Person aus und beantworten Sie folgende Frage: Hat die von Ihnen ausgewählte Person etwas falsch gemacht?
b) Welche kulturellen Muster erkennen Sie hinter den Aussagen und den Verhaltensweisen von Hans Baumann?
c) Wie könnte sich das Projektteam finden? Welche Rolle müsste/könnte dabei CEO Sabine Stähli spielen?

IX. Wissensmanagement

Martin Sprenger, Nikola Böhrer, Dominik Godat, Stephanie Kaudela-Baum und Patricia Wolf

Nr. 51 Herbert kann nicht loslassen

Martin Sprenger, Stephanie Kaudela-Baum und Dominik Godat

Kaspar Klein ist Inhaber eines kleinen Architekturbüros. Die Architektur hat in seiner Familie grosse Tradition. Bereits sein Vater und Grossvater haben das Architekturbüro geführt, das er vor 15 Jahren in dritter Generation übernehmen konnte. In seinem Büro beschäftigt Kaspar Klein zwei administrative Mitarbeitende sowie Herbert Müller, einen weiteren Architekten. Müller ist ein langjähriger und treuer Mitarbeiter. Schon Kleins Vater konnte auf seine Unterstützung zählen. Während seiner Laufbahn im Architekturbüro Klein hat Müller mehr als 100 Projekte als Projektleiter durchgeführt. Unter anderem war er mit namhaften Bauten wie der örtlichen Turnhalle oder dem neuen Gemeindehaus betraut. Müller ist Architekt aus Leidenschaft und arbeitet oft bis tief in die Nacht. Nicht zu Müllers Stärken zählt die Archivierung. Zu allem Übel hat es sich in den Jahren ergeben, dass sowohl Klein als auch Müller ein eigenes Archiv führen. Da in der Baubranche bei Renovationen oder Umbauten oft auf alte Baupläne zurückgegriffen wird, um sich ein genaues Bild zu verschaffen, ist aber eine saubere Archivierung absolut notwendig. In Müllers Archiv ein Projekt zu finden ist allerdings eine abenteuerliche Mission. Dem Klischee des Kreativen entsprechend versinkt es im Chaos.

Herbert Müller steht kurz vor seiner wohlverdienten Pensionierung. Diese bereitet Kaspar Klein jedoch Kopfzerbrechen. Nicht aufgrund der Wiederbesetzung der Stelle, die bereits vor einem halben Jahr mit Silvio Berni besetzt werden konnte, einem jungen Architekten, der bereits mehrere Praktika bei renommierten Architektur- und Planungsbüros vorweisen kann. Vielmehr beunruhigt Klein die Übergangsphase bzw. die Einarbeitungsphase von Berni durch Müller und dessen Austritt aus dem Büro. Müller hat offensichtlich grosse Schwierigkeiten, sich von seinem ge-

---

M. Sprenger (✉)
Institut für Betriebs- und Regionalökonomie IBR, Hochschule Luzern – Wirtschaft,
Zentralstraße 9, 6002 Luzern, Schweiz
E-Mail: martin.sprenger@hslu.ch

wohnten Arbeitsalltag zu verabschieden und in den Ruhestand zu treten. So weigert er sich beispielsweise, das Archiv aufzuräumen, damit sein Nachfolger sich einarbeiten kann. Auch die Kooperation bei der Einarbeitung seines Nachfolgers läuft nicht gerade planmässig. Silvio Berni hat seine Stelle bereits vor drei Monaten angetreten. Besonders problematisch verläuft die Übergabe von laufenden Projekten. Da stellt sich Müller sehr unkooperativ an und fühlt sich ständig angegriffen.

Wie jeden Freitag trifft Kaspar Klein auch heute seinen Freund Emil Wüthrich im Restaurant „Bruune Mutz" zum Bier und zum Gedankenaustausch. „Uff, was für eine Woche", stöhnt Kaspar Klein. „Probleme?" „Das kann man wohl sagen", erwidert Kaspar Klein. „Du weisst doch, Herbert wird im Juni pensioniert – nach 30 Jahren in unserem Betrieb. Der Übergabeprozess läuft aber alles andere als wünschenswert. Das Archiv ist mehr als nur unordentlich. Und auch die Einarbeitung des Nachfolgers – Silvio Berni heisst er – läuft nicht optimal. Herbert kann sich einfach nicht vom Arbeitsprozess lösen. Er wollte eigentlich auch nicht in Rente gehen, aber er hat nun mal das ordentliche Pensionsalter erreicht." „Wann hast du ihn denn über seine Pensionierung informiert?", fragt Wüthrich. „Mitte letzten Jahres, damit ein nahtloser Übergang zu seinem Nachfolger gewährleistet ist. Diesen habe ich im Dezember bestimmt. Er ist wirklich gut." „Herbert ist doch eigentlich ein super Projektleiter – das hast du mir zumindest immer so erzählt." „Ja schon. Er ist ein sehr gewissenhafter Mitarbeiter, was die Arbeitsqualität und die Einhaltung von Terminen betrifft. Aber ohne Archiv handeln wir uns beispielsweise bei Renovationen langfristig Probleme ein. Wenn zudem die Stabsübergabe nicht funktioniert, gefährdet dies eine saubere Einarbeitung des Neuen und kann zu rechten Verzögerungen bei laufenden Projekten werden. Herbert ist ja nur noch drei Monate bei uns. Wie du dir vorstellen kannst, ist das für Silvio Berni auch nicht gerade motivierend, wenn er jetzt ausgebremst wird und dann später in staubigen Papierbergen nach alten Akten stöbern muss. Der will loslegen und nicht von Altlasten behindert werden; es ist mein Job, ihm ein gutes, motivierendes Arbeitsumfeld zu bieten." „Hmm, verzwickte Situation", murmelt Wüthrich.

IX. Wissensmanagement

✐ Teaching Notes

Stichwörter: Austritt langjähriger Mitarbeitender • Nachfolgeplanung • Nachfolgesicherung • Wissensmanagement • Einführung und Integration neuer Mitarbeitender • Konfliktgespräche

Die hohe Selbständigkeit bei der Arbeitsorganisation wird in dieser Nachfolgesituation zum Problem. Dem langjährigen Mitarbeiter Herbert Müller fällt es schwer, sich langsam von der beruflichen Tätigkeit und damit vermutlich auch seiner Identifikation über die Arbeit zu lösen. Im Betrieb entsteht das Problem, dass längerfristig relevante Wissensbestände (Archiv), aber auch konkretes Problemlösungswissen (Projektabwicklung) nicht an den neuen Mitarbeitenden übergehen können. Kaspar Klein steht vor der Anforderung, Herbert Müller für die Problematik zu sensibilisieren, die Arbeitsbeziehung zwischen dem Stelleninhaber und dem Nachfolger zu fördern sowie Strukturen und Prozesse zu etablieren, welche die Wissenstransformation ermöglichen.

Dieser Fall eignet sich gut für eine 30–45-minütige Gruppenarbeit im Rahmen der Aus- oder Weiterbildung zur Vertiefung der Themen Austritt langjähriger Mitarbeitender, Nachfolgeplanung, Nachfolgesicherung, Wissensmanagement, Einführung und Integration neuer Mitarbeitender, Konfliktgespräche, Mitarbeiterführung, zur Diskussion im Unterricht wie auch zur Diskussion in Gruppen mit anschliessender Präsentation der Lösungsvorschläge. Zudem kann im Rahmen dieser Fallstudie eine anschliessende Aussprache in Form eines Rollenspiels vorbereitet und durchgeführt werden.

Mögliche Fragen zur Fallbearbeitung

a) Erfassen Sie die Situation. Was sind die grundlegenden Problemfelder, die zu dieser Situation geführt haben? Welche Verantwortung trägt Kaspar Klein? Welche Herbert Müller?
b) Diskutieren Sie mögliche Ursachen für das Verhalten von Herbert Müller.
c) Welche Vorbereitungsmassnahmen hätte Klein vor dem Eintritt von Berni treffen können, um eine optimale Einführung und Integration zu gewährleisten?
d) Was sollte Kaspar Klein unter den gegebenen Umständen als nächstes tun?
e) Wie kann Kaspar Klein verhindern, dass eine solche Situation in Zukunft bei anderen Mitarbeitenden erneut auftritt? Diskutieren Sie dabei die Themen Nachfolgeplanung, Nachfolgesicherung und Wissensmanagement.

Nr. 52 Das Wissensmanagement neben der Linie

Nikola Böhrer und Patricia Wolf

Das Projekt ist eine Riesenchance für mich. Vor vier Jahren habe ich mein Studium der Betriebswirtschaftslehre abgeschlossen. Seither bin ich im Team von Heinz Mühlemann tätig. Heinz Mühlemann ist Leiter des internen Beratungsteams. Unsere Aufgabe ist es, die Prozesse der Firma zu analysieren, Verbesserungen vorzuschlagen und deren Umsetzung anzubringen. Aber auch für andere Projekte werden wir zu Rate gezogen. So auch diesmal: Die Geschäftsleitung unserer Unternehmung, ein namhafter Automobilhersteller, beabsichtigt im Bereich Wissensmanagement die Kommunikation zwischen einzelnen Fertigungsbereichen zu verbessern. Das Unternehmen ist nach Baureihen (Bremsen, Karosserie, etc.) vertikal organisiert. Ich wurde als Projektleiter beauftragt. Ich verstehe das als eine Art Bewährungsprobe. Wenn ich das Projekt erfolgreich abschliesse, stehen mir Tür und Tor in der Firma offen. Ich gehe davon aus, dass dies wegweisend sein wird für meine künftige Karriere bei dieser Firma.

Nach der Analyse der Gegebenheiten konnte ich der Geschäftsleitung folgenden Lösungsansatz präsentieren: Es sollen Communities of Practice (CoPs) eingeführt werden. CoPs sind informelle Gruppen, deren Mitglieder mit ähnlichen Problemen konfrontiert sind. Diese Gruppen sollen sich in regelmässigen Abständen treffen und über ihre Probleme diskutieren. Parallel dazu soll eine elektronische Datenbank geführt werden, die die Ergebnisse dieser Diskussionen dokumentiert. Dadurch werden das Wissen bzw. die Ergebnisse der Diskussionen einem breiten Publikum im Unternehmen zugänglich gemacht. Die Geschäftsleitung war mit meinem Vorschlag sehr zufrieden und gab grünes Licht für mein Vorhaben und dessen Umsetzung.

Sofort machte ich mich an die Arbeit. Aus den jeweiligen Fertigungsbereichen wählte ich Leute aus, die meiner Meinung nach für eine Mitgliedschaft in CoPs geeignet waren. Ich informierte sie und ihre Vorgesetzten über das weitere Vorgehen. Sofort machte sich Widerstand breit. Die Mitarbeiter schienen sehr stark ausgelastet zu sein. Mir wurde signalisiert, dass es unmöglich war, die Leute alle zwei Monate für ein zweistündiges CoP-Meeting aus dem Alltagsgeschäft zu holen. So lautete beispielsweise der Inhalt eines E-Mails eines Vorgesetzten: „Denken Sie, die Arbeit in der Linie läuft ohne Mitarbeitende automatisch weiter? Können Sie sich vorstellen, was da alles liegen bleibt, wenn Sie mir regelmäßig meine besten Leute für Ihr Projekt entziehen? Ich sehe es schon kommen, dass ich am Schluss nur noch Halbtagsmitarbeiter in der Linie habe. Und wer ersetzt mir diesen Arbeitsausfall? Was habe ich davon, ausser dass das Ergebnis meines Bereiches in den Keller geht?"

Der Fall war klar: Die Geschäftsleitung hatte es versäumt, ein Kosten- und Zeitbudget vorzusehen, das ich dem Linienmanagement als Ausgleich für die in den CoPs verwendete Arbeitszeit der Mitarbeitenden anbieten konnte. Immer dasselbe: Grosse Projekte anordnen, aber keine Ressourcen zur Verfügung stellen. Trotzdem muss ich das Projekt unbedingt erfolgreich realisieren. Wenn ich scheitere, hätte dies einen erheblichen Karriereknick zur Folge. Aber wie sollte ich es dem Linienmanagement schmackhaft machen, dass es vorteilhaft wäre, Mitarbeitende für die CoP-Arbeit freizustellen? Der Auftrag zur Kommunikationsverbesserung kam von der Geschäftsleitung, die Umsetzung sollte aber in den Baureihen stattfinden, gegenüber denen ich keine Weisungsbefugnis hatte. Dies hatte zur Folge, dass ich entweder durch Überzeugungsarbeit die Linienmanager auf meine Seite bringen oder die Geschäftsleitung um eine Top-Down-Anweisung bitten musste. Letztere Variante versuchte ich so gut wie möglich zu umgehen, denn sie führte zu Ablehnung gegenüber mir und dem Projekt. Bei uneinsichtigen Linienmanagern wählte ich dennoch diesen Weg.

Nach diesen organisatorischen Verfeinerungen konnten die CoPs engagiert in ihre Arbeit einsteigen. Eine erste Version einer Datenbank mit diskutierten Lösungsvorschlägen stand bereits nach sechs Monaten. Ich führte deshalb Schulungen durch, damit auch andere Mitarbeitende das Instrument kennen lernten. Ich habe die Erfahrung gemacht, dass man mit solchen Veranstaltungen den zukünftigen Benützern allfällige Befürchtungen im Umgang mit dieser neuen Technologie nehmen kann. Gesagt, getan. Die Schulungsworkshops waren ein voller Erfolg.

Einen Monat später hatte ich ein Meeting mit einem Geschäftsleitungsmitglied. Herr D., der als ehrgeiziger, fordernder Zahlenmensch bekannt war, begrüsste mich mit den Worten: „Welche Ergebnisse können Sie mir heute präsentieren?" Ich war stolz, ihm vom erfolgreichen Datenbank-Kick-Off und den Schulungsevents zu berichten, doch er unterbrach mich: „Das ist für mich kein messbarer Indikator. Präsentieren Sie mir eine Checkliste. Ich möchte im Quartalsrhythmus Zahlen sehen: Wie häufig finden Sitzungen in den CoPs statt? Wie steht es um die Anwesenheit? Wie viele Beiträge sind in der Datenbank abgelegt?" Damit hatte ich nicht gerechnet, und ehrlich gesagt sah ich auch den Sinn und Zweck dieser Liste nicht. Ein Zweck wurde mir jedoch beim Lunch mit dem Controller offenbart: Die Geschäftsleitung nutze diese Erfolgsindikatoren, um daraus Zielgrössen für die CoPs abzuleiten, also bspw. pro Jahr 30 neue Beiträge in der Datenbank, sechs durchgeführte Sitzungen, etc. Ich meinte, dass diese Zahlen überhaupt nichts über die Qualität der Arbeit aussagen. Sollte etwa wertvolle Zeit mit dem Ausfüllen nutzloser Listen verplempert werden? Doch alles Argumentieren gegenüber der Geschäftsleitung nutzte nichts, die Liste musste ausgefüllt werden, und das wurde sie auch. Wenig überraschend wurden sämtliche Zielgrössen erreicht – mit ein paar Kunstgriffen selbstverständlich.

Nachdem die Einführung der CoPs nach einem Jahr erfolgreich gefeiert wurde, spürte ich in einem Reflexionsworkshop dennoch Unzufriedenheit. Man war davon überzeugt, dass die neue Arbeitsstruktur einen enormen Mehrwert brachte. Doch ein anderes Problem war noch nicht aus der Welt geschafft: „Wir sind gleichzeitig CoP-Mitglieder und Mitarbeiter in den Fertigungsbereichen, und unsere CoP-Arbeit ist noch immer nicht budgetiert. Ich muss mich bei meinem Linienchef jedes Mal verteidigen, wenn ich CoP-Arbeit leiste. Das ist auf Dauer sehr unbefriedigend." Ein anderer fügte hinzu: „Und wie schaut es aus mit der Beschlussfassungskompetenz? Wenn unsere baureihenübergreifenden Entschlüsse nicht verbindlich sind, entfallen sämtliche Synergieeffekte, für die wir doch die CoPs ins Leben gerufen haben. Für was gibt es uns dann überhaupt?"

Irgendwie scheint das Ganze nicht so zu funktionieren, wie ich mir das gewünscht habe. Auf mehreren Ebenen ist der Wurm drin. Es wird Zeit, diese Probleme zu lösen – oder ist die Situation schon so verzwickt, dass das nicht mehr geht?

✎ Teaching Notes

Stichwörter: Beratung • Abteilungsdenken • Performancemessung • Hierarchiekonflikte • Wissensmanagement

An diesem Fall kann sehr gut die Bedeutung von Primär- und Sekundärstrukturen beleuchtet werden. Die Organisationsstruktur und -kultur wirken in diesem Fall „siloartig", womit Projektstrukturen schon grundsätzlich schwierig zu etablieren sind. Ein weiteres Themengebiet in diesem Fall ist Führung, vor allem die Rolle der Geschäftsleitung, die sich zwar (vermutlich vordergründig) für das Projekt entscheidet, dieses aber nicht in der Unternehmung verankert. In diesem Zusammenhang kann diskutiert werden, wie die Leitung den Projektauftrag hätte ausgestalten, verhandeln und kommunizieren müssen, damit das Projekt erfolgreich hätte starten können. Die fehlende Klärungsarbeit ruft mikropolitische Aktivitäten hervor und führt zu einer Orientierungslosigkeit bei den im Projekt Involvierten.

Der Fall eignet sich für Studierende und Führungskräfte. Für das Lesen des Falls sollten 15 min zur Verfügung gestellt werden. Im Unterricht umgesetzt werden kann dies beispielsweise wie folgt:

- Diskussion und Präsentation: Diskussionsfragen werden in Gruppen während 30–45 min behandelt und anschliessend präsentiert.
- Rollenspiel: Ein oder zwei Vertreter aus der Geschäftsleitung verhandeln mit dem/der Projektleiter/in oder einem Projektteam (2 Personen) während 30 min den Auftrag, die finanzielle Ausstattung und die Organisation des Projektes. Jede Gruppierung (Geschäftsleitung, Projektleitung) hat 20 min Vorbereitungszeit. Die übrigen Studierenden bereiten Beurteilungskriterien vor, beobachten das Rollenspiel und geben dann ein Feedback zu ihren Beobachtungen.

Mögliche Fragen zur Fallbearbeitung

a) Fassen Sie die wichtigsten Ereignisse kurz zusammen.
b) Benennen Sie die sich Ihnen stellenden Probleme.
c) Können die Linienmanager (noch) davon überzeugt werden, ihre Mitarbeitenden für die CoPs freizustellen? Welche Voraussetzungen müssen dafür erfüllt sein?

Bibliographie

Grundlagenliteratur Führung und Management

Franken, S. (2010). *Verhaltensorientierte Führung: Handeln, Lernen und Diversity in Unternehmen.* Wiesbaden: Gabler.
Kälin, K., & Müri, P. (2005). *Sich und andere führen* (15. Aufl.). Bern: Ott.
Kasper, H., & Mayrhofer, W. (2009). *Personalmanagement – Führung – Organisation* (4. Aufl.). Wien: Linde.
Morgan, G. (2008). *Bilder der Organisation* (4. Aufl.). Stuttgart: Schäffer-Poeschel.
Neuberger, O. (2002). *Führen und führen lassen. Ansätze, Ergebnisse und Kritik der Führungsforschung* (6. Aufl.). Stuttgart: Lucius & Lucius.
Rosenstiel von, L., Regnet, E., & Domsch, M. (Hrsg.). (2009). *Führung von Mitarbeitern. Handbuch für erfolgreiches Personalmanagement* (6. Aufl.). Stuttgart: Schäffer-Poeschel.
Staehle, W. H. (1999). *Management: Eine verhaltenswissenschaftliche Perspektive* (8. Aufl.). München: Vahlen.
Steiger, T., & Lippmann, E. (Hrsg.). (2008). *Handbuch Angewandte Psychologie für Führungskräfte. Führungskompetenz und Führungswissen* (3. Aufl.). Heidelberg: Springer.
Steinmann, H., Schreyögg, G., & Koch, J. (2005). *Management. Grundlagen der Unternehmensführung* (6. Aufl.). Wiesbaden: Gabler.
Ulich, E. (2005). *Arbeitspsychologie* (6. Aufl.). Stuttgart: Schäffer-Poeschel.
Wunderer, R. (2009). *Führung und Zusammenarbeit: Eine unternehmerische Führungslehre* (8. Aufl.). Köln: Luchterhand.

Führung der eigenen Person

Bischof, A., & Bischof, K. (2009). *Selbstmanagement* (6. Aufl.). Planegg: Haufe.
Burisch, M. (2009). *Das Burnout-Syndrom: Theorie der inneren Erschöpfung. Zahlreiche Fallbeispiele. Hilfen zur Selbsthilfe.* Berlin: Springer.
Fabach, S. (2007). *Burn-out – Wenn Frauen über ihre Grenzen gehen.* Zürich: Orell Füssli.
Gössing, L. (2007). *Der Psychologische Vertrag: Erwartungen formulieren, Verpflichtungen akzeptieren. Arbeitsverhältnisse gestalten.* Saarbrücken: Vdm.
Leymann, H. (1996). *Mobbing – Psychoterror am Arbeitsplatz und wie man sich dagegen wehren kann.* Hamburg: Rowohlt.
Lippmann, E. (2006). *Coaching. Angewandte Psychologie für die Beratungspraxis.* Berlin: Springer.
Litzcke, S., & Schuh, H. (2010). *Stress, Mobbing und Burn-out am Arbeitsplatz* (5. Aufl.). Berlin: Springer.

Lührmann, T. (2006). *Führung, Interaktion und Identität. Die neuere Identitätstheorie als Beitrag zur Fundierung einer Interaktionstheorie der Führung*. Wiesbaden: Deutscher Universitäts-Verlag.

Maslach, C., & Leiter, M. (2008). *Die Wahrheit über Burnout: Stress am Arbeitsplatz und was Sie dagegen tun können*. Wien: Springer.

Müller, W. R., & Endrissat, N. (2007). Was bedeutet Führung in der Schweiz? WWZ news, No. 30, Universität Basel.

Neubauer, W., & Rosemann, B. (2006). *Führung, Macht und Vertrauen in Organisationen*. Stuttgart: Kohlhammer.

Storch, M., & Krause, F. (2007). *Selbstmanagement – ressourcenorientiert. Grundlagen und Trainingsmanual für die Arbeit mit dem Zürcher Ressourcen Modell (ZRM)* (4. Aufl.). Bern: Huber.

Thommen, J.-P., & Backhausen, W. (2006). *Coaching: Durch systemisches Denken zu innovativer Personalentwicklung* (3. Aufl.). Wiesbaden: Gabler.

Fordern, Fördern und Ziele vereinbaren

Braig, W., & Wille, R. (2010). *Mitarbeitendengespräche: Gesprächsführung aus der Praxis für die Praxis*. Zürich: Orell Füssli.

Buckingham, M., & Coffmann, C. (2005). *Erfolgreich führen gegen alle Regeln. Wie Sie wertvolle Mitarbeiter gewinnen, halten und fördern*. Frankfurt a. M.: Campus.

Comelli, G., & Rosenstiel von, L. (2009). *Führung durch Motivation: Mitarbeiter für Unternehmensziele gewinnen* (4. Aufl.). München: Vahlen.

Frey, B., & Osterloh, M. (2002). *Managing motivation*. Wiesbaden: Gabler.

Goldfuss, J. (2006). *Erfolg durch professionelles Delegieren. So entlasten Sie sich selbst und fördern ihre Mitarbeiter*. Frankfurt a. M.: Campus.

Heckhausen, J., & Heckhausen, H. (2010). *Motivation und Handeln* (4. Aufl.). Berlin: Springer.

Hinterhuber, H., & Krauthammer, E. (2005). *Leadership – mehr als Management: Was Führungskräfte nicht delegieren dürfen* (4. Aufl.). Wiesbaden: Gabler.

Humle, S. (1998). *Schwierige Mitarbeitendengespräche erfolgreich führen*. Köln: Bundesanzeiger.

Latham, G., & Locke, E. (1995). Zielsetzung als Führungsaufgabe. In A. Kieser et al. (Hrsg.), *Handwörterbuch der Führung* (2. Aufl., S. 1689–1694). Stuttgart: Schäffer-Poeschel.

Mentzel, W., Grotzfeld, S., & Haub, C. (2009). *Mitarbeitendengespräche: Mitarbeiter motivieren, richtig beurteilen und effektiv einsetzen* (8. Aufl.). Freiburg: Haufe-Lexware.

Müller. R. (2007). *Systematische Mitarbeiterbeurteilungen und Zielvereinbarungen* (2. Aufl.). Zürich: Praxium.

Rosenstiel von, L. (2009). *Motivation im Betrieb. Mit Fallstudien aus der Praxis* (11. Aufl.). Leonberg: Rosenberger.

Schmidt, K.-H., & Kleinbeck, U. (2006). *Führen mit Zielvereinbarung*. Göttingen: Hogrefe.

Sprenger, R. (2010). *Mythos Motivation: Wege aus einer Sackgasse* (19. Aufl.). Frankfurt a. M.: Campus.

Kommunikation und Konfliktmanagement

Bartsch, T.-C. et al. (2009). *Trainingsbuch Rhetorik* (2. Aufl.). Paderborn: Schöningh.

Benien, K. (2003). *Schwierige Gespräche führen. Modelle für Beratungs-, Kritik- und Konfliktgespräche im Berufsalltag* (7. Aufl.). Reinbek: Rowohlt.

Esser, A., & Wolmerath, M. (2008). *Mobbing: Der Ratgeber für Betroffene und ihre Interessenvertretung* (7. Aufl.). Frankfurt a. M.: Bund.

Falk, G., Heintel, P., & Kraintz, E. (2005). *Handbuch Mediation und Konfliktmanagement.* Wiesbaden: VS.
Fengler, J., & Rath, U. (2009). *Feedback geben: Strategie und Übungen.* Weinheim: Beltz.
Fisher, R., Ury, W., & Patton, B. (2009). *Das Harvard-Konzept: Der Klassiker der Verhandlungstechnik* (23. Aufl.). Frankfurt a. M.: Campus.
Glasl, F. (2009). *Konfliktmanagement: Ein Handbuch für Führungskräfte, Beraterinnen und Berater* (9. Aufl.). Bern: Freies Geistesleben.
Kuark, J. K. (2003). *Das Modell TopSharing.* Zürich: nag.
Mast, C. (2008). *Unternehmenskommunikation* (3. neu bearb. u. erw. Aufl.). Stuttgart: Lucius & Lucius.
Meier, P. (2002). *Interne Kommunikation im Unternehmen. Von der Hauszeitung zum Intranet.* Zürich: Orell Füssli.
Mintzberg, H. (1998). Covert leadership: Notes on managing professionals. *Harvard Business Review, 76*(6), 140–147.
Nagel, R., Oswald, M., & Wimmer, R. (2008). *Das Mitarbeitendengespräch als Führungsinstrument: Ein Handbuch der OSB für Praktiker.* Stuttgart: Schäffer-Poeschel.
Neuberger, O. (1999). *Mobbing: Übel mitspielen in Organisationen* (3. Aufl.). München: Hampp.
Raelin, J. A. (1985). *The clash of cultures. Managers managing professionals.* Boston: Harvard Business School Press.
Sarges, W., & Scherm, M. (2002). *360 Grad feedback.* Göttingen: Hogrefe.
Saul, S. (1999). *Führen durch Kommunikation. Gespräche mit Mitarbeiterinnen und Mitarbeitern* (2. Aufl.). Weinheim: Beltz.
Schreyögg, A. (2002). *Konfliktcoaching. Anleitung für den Coach.* Frankfurt a. M.: Campus.
Schulz von, F. (1981). *Miteinander reden 1: Störungen und Klärungen. Allgemeine Psychologie der Kommunikation* (46. Aufl.). Reinbek bei Hamburg: Rowohlt.
Schulz von, F. (1989). *Miteinander reden 2: Stile, Werte und Persönlichkeitsentwicklung; Differentielle Psychologie der Kommunikation* (30. Aufl.). Reinbek bei Hamburg: Rowohlt.
Schulz von, F. (2010). *Miteinander reden 3: Das „Innere Team" und situationsgerechte Kommunikation. Kommunikation. Person. Situation* (19. Aufl.). Reinbek bei Hamburg: Rowohlt.
Schulz von, F., Ruppel, J., & Stratmann, R. (2003). *Miteinander reden: Kommunikationspsychologie für Führungskräfte* (11. Aufl.). Reinbek bei Hamburg: Rowohlt.
Schwarz, G. (2009). *Konfliktmanagement: Konflikte erkennen, analysieren, lösen* (8. Aufl.). Wiesbaden: Gabler.
Seifert, J. W. (2008). *Visualisieren, Präsentieren, Moderieren* (24. Aufl.). Offenbach: Gabal.
Simon, F. B. (2004). *Tödliche Konflikte. Zur Selbstorganisation privater und öffentlicher Kriege* (2. Aufl.). Heidelberg: Carl-Auer-Systeme.
Simon, F. B. (2010). *Einführung in die Systemtheorie des Konfikts.* Heidelberg: Carl-Auer-Systeme.
Watzlawick, P., Beavin, J., & Jackson, D. (2007). *Menschliche Kommunikation: Formen, Störungen, Paradoxien* (11. Aufl.). Bern: Huber.

Mitarbeitende entwickeln

Becker, M. (2009). *Personalentwicklung: Bildung, Förderung und Organisationsentwicklung in Theorie und Praxis* (5. Aufl.). Stuttgart: Schäffer-Poeschel.
Bröckermann, R., & Müller-Vorbrüggen, M. (Hrsg.). (2010). *Handbuch Personalentwicklung: Die Praxis der Personalbildung, Personalförderung und Arbeitsstrukturierung* (3. Aufl.). Stuttgart: Schäffer-Poeschel.
Kleinmann, M., & Strauss, B. (2000). *Potentialfeststellung und Personalentwicklung* (2. Aufl.). Göttingen: Verlag für Angewandte Psychologie.

Krämer, M. (2007). *Grundlagen und Praxis der Personalentwicklung.* Göttingen: UTB.
Mentzel, W. (2008). *Personalentwicklung: Erfolgreich motivieren, fördern und weiterbilden.* München: Deutscher Taschenbuch Verlag.
Oelsnitz von, D., Stein, V., & Hahmann, M. (2007). *Der Talente-Krieg. Personalstrategie und Bildung im globalen Kampf um Hochqualifizierte.* Bern: Haupt.
Parment, A. (2009). *Die Generation Y – Mitarbeiter der Zukunft. Herausforderung und Erfolgsfaktor für das Personalmanagement.* Wiesbaden: Gabler.
Riekhof, H.-C. (2006). *Strategien der Personalentwicklung: Mit Praxisbeispielen von Bosch, Linde, Philips, Siemens, Volkswagen und Weka.* Wiesbaden: Gabler.
Ritz, A., & Thom, N. (Hrsg.). (2010). *Talent Management: Talente identifizieren, Kompetenzen entwickeln, Leistungsträger erhalten.* Wiesbaden: Gabler.
Steinkeller, P. (2005). *Systemische Interventionen in der Mitarbeiterführung.* Heidelberg: Carl-Auer.
Steinweg, S. (2009). *Systematisches Talent Management: Kompetenzen strategisch einsetzen.* Stuttgart: Schäffer-Poeschel.
Thom, N., & Zaugg, R. (2008). *Moderne Personalentwicklung: Mitarbeiterpotenziale erkennen, entwickeln und fördern* (3. Aufl.). Wiesbaden: Gabler.

Arbeit in Gruppen

Antons, K. (2000). *Praxis der Gruppendynamik: Übungen und Techniken* (8. Aufl.). Göttingen: Hogrefe.
Antons, K., Amann, A., & Clausen G. (2004). *Gruppenprozesse verstehen. Gruppendynamische Forschung und Praxis.* Opladen: VS.
Bender, S. (2009). *Teamentwicklung. Der effektive Weg zum „Wir"* (2. Aufl.). München: Deutscher Taschenbuch Verlag.
Dick van, R., & West, M. (2005). *Teamwork, Teamdiagnose, Teamentwicklung: Praxis der Personalpsychologie.* Göttingen: Hogrefe.
Edding, C., & Schattenhofer, K. (2009). *Handbuch. Alles über Gruppen. Theorie, Anwendung, Praxis.* Weinheim: Beltz.
König, O., & Schattenhofer, K. (2008). *Einführung in die Gruppendynamik.* Heidelberg: Carl-Auer.
Langmaak, B. (2009). *Einführung in die Themenzentrierte Interaktion TZI: Leben rund ums Dreieck* (4. Aufl.). Weinheim: Beltz.
Langmaak, B., & Braune-Krickau, M. (2010). *Wie die Gruppe laufen lernt: Anregungen zum Planen und Leiten von Gruppen.* Weinheim: Beltz.
Lüthi, E., Oberpiller, H., Loose, A., & Orths, S. (2010). *Teamentwicklung mit Diversity Management: Methoden-Übungen und Tools.* Bern: Haupt.
Müller, C., & Sander, G. (2009). *Innovativ führen mit Diversity-Kompetenz: Vielfalt als Chance.* Bern: Haupt.
Rechtien, W. (2007). *Angewandte Gruppendynamik: Ein Lehrbuch für Studierende und Praktiker* (4. Aufl.). Weinheim: Beltz.
Spielmann, J., Zitterbarth, W., & Schneider-Landolf, M. (2010). *Handbuch Themenzentrierte Interaktion (TZI)* (2. Aufl.). Göttingen: Vandenhoeck & Ruprecht.
Stahl, E. (2007). *Dynamik in Gruppen: Handbuch der Gruppenleitung* (2. Aufl.). Weinheim: Beltz.
Wegge, J. (2004). *Führung von Arbeitsgruppen.* Göttingen: Hogrefe.
Wellhöfer, P. R. (2007). *Gruppendynamik und soziales Lernen. Theorie und Praxis der Arbeit mit Gruppen* (3. Aufl.). Stuttgart: UTB.

Personalmanagement und Personalethik

Andrzejewski, L. (2008). *Trennungskultur und Mitarbeiterbindung: Kündigungen fair und nachhaltig gestalten* (3. Aufl.). Köln: Luchterhand.
Brink, A., & Thiberius, V. A. (Hrsg.). (2005). *Ethisches Management. Grundlagen eines wert(e) orientierten Führungskräfte-Kodex.* Bern: Haupt.
Gmür, M., & Thommen, J.-P. (2006). *Human Resource Management. Strategien und Instrumente für Führungskräfte und das Personalmanagement.* Zürich: Versus.
Göbel, E. (2010). *Unternehmensethik: Grundlagen und praktische Umsetzung* (2. Aufl.). Stuttgart: Lucius & Lucius.
Hilb, M. (2009). *Integriertes Personal-Management: Ziele – Strategien – Instrumente.* Köln: Luchterhand.
Huppenbauer, M., & De Bernardi, J. (2003). *Kompetenz Ethik für Wirtschaft, Wissenschaft und Politik: ein Tool für Argumentation und Entscheidungsfindung.* Zürich: Versus.
Jetter, W. (2008). *Effiziente Personalauswahl: Durch strukturierte Einstellungsgespräche die richtigen Mitarbeiter finden.* Stuttgart: Schäffer-Poeschel.
Knaths, M. (2010). *Spiele mit der Macht: Wie Frauen sich durchsetzen* (4. Aufl.). Hamburg: Piper.
Küpper, H. U. (2006). *Unternehmensethik. Hintergründe, Konzepte, Anwendungsbereiche.* Bern: Haupt.
Neuberger, O. (2006). *Mikropolitik und Moral in Organisationen: Herausforderung der Ordnung* (2. Aufl.). Stuttgart: UTB.
Osterloh, M., & Weibel, A. (2006). *Investition Vertrauen. Prozesse der Vertrauensentwicklung in Organisationen.* Wiesbaden: Gabler.
Scholz, C. (2010). *Personalmanagement: Informationsorientierte und verhaltenstheoretische Grundlagen* (6. Aufl.). München: Vahlen.
Uhle, T., & Treier, M. (2010). *Betriebliches Gesundheitsmanagement. Gesundheitsförderung in der Arbeitswelt – Mitarbeiter einbinden, Prozesse gestalten, Erfolge messen.* Berlin: Springer.
Weuster, A. (2008). *Personalauswahl: Anforderungsprofil, Bewerbersuche, Vorauswahl und Vorstellungsgespräch* (2. Aufl.). Wiesbaden: Gabler.

Organisation und Change Management

Bergmann, R., & Garrecht, M. (2008). *Organisation und Projektmanagement.* Heidelberg: Physica.
Doppler, K., & Lauterburg C. (2008). *Change Management: Den Unternehmenswandel gestalten.* Frankfurt a. M.: Campus.
Häfele, W. (Hrsg.). (2007). *OE-Prozesse initiieren und gestalten. Ein Handbuch für Führungskräfte, Berater/innen und Projektleiter/innen.* Bern: Haupt.
Kieser, A., & Ebers, M. (Hrsg.). (2006). *Organisationstheorien* (6. Aufl.). Stuttgart: Kohlhammer.
Müller, W. R., Nagel, E., & Zirkler, M. (2006). *Organisationsberatung. Heimliche Bilder und ihre praktischen Konsequenzen.* Wiesbaden: Gabler.
Nagel, E. (Hrsg.). (2003). *Welchen Wandel wollen wir?* Chur: Rüegger.
Ortmann, G. (2010). *Organisation und Moral.* Weilerswist: Velbrück.
Reimer, J.-M., Hahne, A., & Meyer-Eilers, B. (Hrsg.). (2006). *Führung im Wandel. Effiziente Reorganisation – Erfahrungen und Perspektiven.* Bern: Haupt.
Robbins, S., & Judge, T. (2009). *Essentials of Organizational Behavior* (10. Aufl.). Pearson: Prentice Hall International.
Rosenstiel von, L. (2007). *Grundlagen der Organisationspsychologie: Basiswissen und Anwendungshinweise* (6. Aufl.). Stuttgart: Schäffer-Poeschel.

Rosenstiel von, L., & Comelli, G. (2003). *Führung zwischen Stabilität und Wandel.* München: Vahlen.
Sackmann, S. (2002). *Unternehmenskultur.* Köln: Luchterhand.
Schmidt, S. (2005). *Unternehmenskultur: Die Grundlage für den wirtschaftlichen Erfolg von Unternehmen.* Weilerswist: Velbrück.
Schreyögg, G. (2008). *Organisation: Grundlagen moderner Organisationsgestaltung. Mit Fallstudien* (5. Aufl.). Wiesbaden: Gabler.
Sennett, R. (2006). *Der flexible Mensch: Die Kultur des neuen Kapitalismus.* Berlin: Bvt Berliner Taschenbuch Verlag.
Simon, F. B. (2009). *Einführung in die systemische Organisationstheorie* (2. Aufl.). Heidelberg: Carl-Auer.
Stolzenberg, K., & Heberle, K. (2009). *Change Management: Veränderungsprozesse erfolgreich gestalten* (2. Aufl.). Berlin: Springer.
Vahs, D. (2009). *Organisation. Ein Lehr- und Managementbuch* (7. Aufl.). Stuttgart: Schäffer-Poeschel.
Wastian, M., Braumandl, I., & Rosentiel von, L. (2009). *Angewandte Psychologie für Projektmanager. Ein Praxisbuch für das erfolgreiche Projektmanagement.* Berlin: Springer.
Weick, K. E. (2005). *Sensemaking in Organizations.* Thousand Oaks: Sage.

Führung im interkulturellen Kontext

Becker, M., & Seidel, A. (2006). *Diversity Management, Unternehmens- und Personalpolitik der Vielfalt.* Stuttgart: Schäffer-Pöschel.
Emrich, C. (2010). *Interkulturelles Management: Erfolgsfaktoren im globalen Business.* Stuttgart: Kohlhammer.
Heringer, J. (2007). *Interkulturelle Kommunikation. Grundlagen und Konzepte* (2. Aufl.). Tübingen: UTB.
Hofstede, G., & Hofstede, G. J. (2009). *Lokales Denken, globales Handeln: Interkulturelle Zusammenarbeit und globales Management* (4. Aufl.). München: Deutscher Taschenbuch Verlag.
Hofstede, G., Hofstede, G. J., & Minkov, M. (2010). *Cultures and organizations – software of the mind: Intercultural cooperation and its importance for survival* (3. Aufl.). New York: Mcgraw-Hill Professional.
Kumbier, D., & Schulz von Thun, F. (2006). *Interkulturelle Kommunikation: Methoden, Modelle, Beispiele* (4. Aufl.). Reinbek bei Hamburg: Rowohlt.

Wissensmanagement

Probst, G. (2010). *Wissen managen: Wie Unternehmen ihre wertvollste Ressource optimal nutzen* (6. Aufl.). Wiesbaden: Gabler.
Probst, G., Raub, S., & Romhardt, K. (2003). *Wissen managen: Wie Unternehmen ihre wertvollste Ressource optimal nutzen* (4. Aufl.). Wiesbaden: Gabler.
Willke, H. (2001). *Systemisches Wissensmanagement.* Stuttgart: Lucius & Lucius.
Willke, H. (2007). *Einführung in das systemische Wissensmanagement.* Heidelberg: Carl-Auer.
Wolf, P. (2003). *Erfolgsmessung der Einführung von Wissensmanagement. Eine Evaluationsstudie im Projekt ‚Knowledge Management' der Mercedes-Benz Pkw-Entwicklung der Daimler-Chrysler AG.* Münster: Monsenstein und Vannerdat.
Wolf, P., & Hilse, H. (2009). Wissen und Lernen. In R. Wimmer, J. O. Meissner, & P. Wolf (Hrsg.), *Praktische Organisationswissenschaft. Lehrbuch für Studium und Beruf* (S. 118–143). Heidelberg: Carl-Auer.

Führung in Public und Nonprofit Organisationen

Ammann, H., Hasse, R., Jakobs, M., & Riemer-Kafka, G. (2008). *Freiwilligkeit. Ursprünge, Erscheinungsformen, Perspektiven.* Zürich: Seismo.

Badelt, C., Meyer, M., & Simsa, R. (2007). *Handbuch der Nonprofit Organisation: Strukturen und Management* (4. Aufl.). Stuttgart: Schäffer-Poeschel.

Budäus, D. (1994). *Public Management: Konzepte und Verfahren zur Modernisierung öffentlicher Verwaltungen.* Berlin: Edition Sigma.

Endrissat, N. (2008). *Connecting who we are with how we construct leadership. An identity-interactionist perspective on leadership in Swiss hospitals.* Lengerich: Pabst.

Hübner, J. (2007). *Management jenseits der Wirtschaft. Funktion und Form des Managements in Unternehmen und Non-Profit-Organisationen.* Heidelberg: Carl-Auer.

Nagel, E. (2001). *Verwaltung anders denken.* Baden-Baden: Nomos.

Raelin, J. A. (1989). An anatomy of autonomy: managing professionals. *Academy of Management Executive, 3*(3), 216–228.

Sambrook, S., & Stewart, J. (2007). *Human resource development in the public sector. The case of health and social care.* New York: Routledge.

Schedler, K., & Proeller, I. (1996). *New Public Management.* Stuttgart: UTB.

Schwarz, P. (1996). *Management in Nonprofit Organisationen.* Bern: Haupt.

Schwarz, P., Purtschert, R., Giroud, C., & Schauer, R. (2005). *Das Freiburger Management-Modell für Nonprofit-Organisationen.* Bern: Haupt.

Staatskanzlei Kanton Aargau (Hrsg.). (2008). *Perspektive Staat, Herausforderungen für staatliche Führungskräfte.* Zürich: NZZ.

Thom, N., & Ritz, A. (2007). *Public Management: Innovative Konzepte zur Führung im öffentlichen Sektor* (4. Aufl.). Wiesbaden: Gabler.

Stichwortverzeichnis

A

Abteilungsdenken, 236
Anerkennung und Kritik als Führungsmittel, 90
Arbeitsorganisation, 191
Arbeitsrecht, 167
Arbeitstechnik, 172
Aufbauorganisation, 78
Aufgabenteilung, 43
Auftragsklärung, 157
Austritt langjähriger Mitarbeitender, 233

B

Beratung, 236
Beurteilung, 98
Beziehungsaufbau (Nähe und Distanz), 40
Burnout, 98, 167
Burn-out, 40

C

Change Management, 94, 103, 108, 187, 205, 208, 212, 221
Coaching, 40, 68, 143, 167
Coaching als Führungsaufgabe, 191
Coaching als Führungskompetenz, 157
Coaching als Führungsmethode, 160
Coaching von Führungskräften, 115

D

Delegation, 43, 98
Demotivation im Team, 160
Dienstleistungsinnovation, 187
Diversity Management, 147

E

Einführung und Integration neuer Mitarbeitender, 233
Emotionen, 40, 46
Expertenberatung, 154
Expertenwissen/Erfahrungswissen in ehrenamtlichen Gremien, 157

F

Fach- vs. Sozialkompetenz, 58
Feedback, 46, 58, 71, 90, 129
Feedback geben und nehmen, 136
Firmenübernahme, 208
Flexible Arbeitszeit, 129
Freiraum/Kontrolle, 46
Freistellung, 167
Führen auf Distanz, 160
Führen durch Zielvereinbarung (MbO), 75, 78, 81
Führen schwieriger Mitarbeitender, 126
Führung auf Distanz, 98
Führung durch Zielvereinbarung (MbO), 61, 71, 86
Führung im Tandem, 111
Führung in Gruppen, 147
Führung in Spitälern, 103
Führung nach oben, 195
Führung von Experten, 61
Führung von Milizgremien, 157
Führung von Professionals, 103
Führung von unten, 215
Führungs- und Personalethik, 129
Führungsbeziehung, 160
Führungsentwicklung, 61
Führungsethik, 163, 172, 175
Führungskultur, 71, 175, 195
Führungspotenzial, 143
Führungsselbstverständnis, 40, 103
Führungsstil, 46, 49, 61, 65, 71, 86, 94, 98, 132, 136, 172, 215
Führungsverständnis, 198

G

Gemeinsame Entscheidungen, 111
Gender, 49
Gerüchte, 58, 212
Gleichbehandlung, 129
Gruppendynamik, 151, 154

H
Helden-Mythos, 198
Hierarchiekonflikte, 236

I
Indirekte Führung, 175
Integration kreativer Mitarbeiter, 81
Interkulturelles Management, 65, 221, 229
Interne Kommunikation, 122, 187

K
Knowledge Management, 163
Kollektive Teamleitung, 75
Kommunikation, 46, 49, 71, 115, 129, 147, 191, 221
Kommunikationsmanagement, 172
Konfliktgespräche, 233
Konfliktmanagement, 78, 90, 94, 98, 103, 108, 115, 132, 221
Kontrolle/Vertrauen, 86
Kreativität & Innovation, 129
Krisenintervention, 160
Krisenmanagement, 195
Kulturwandel, 75
Kundenorientierung, 43

L
Langjährige Mitarbeitende, 90
Leistungsbeurteilung, 175
Lohngerechtigkeit, 163

M
Macht, 129, 132, 157, 175, 182
Macht/Ohnmacht, 195
Massnahmengespräch, 126
MbO, 65, 68
Mitarbeitendenbeurteilung, 58
Mitarbeitendengespräch, 75, 86, 90, 98, 136, 167
Mitarbeiterbindung, 163
Mitarbeitergewinnung, 163
Mitarbeiterzufriedenheit, 61, 191
Mobbing, 115, 175
Motivation, 61, 94, 119, 122, 140, 143, 187, 215

N
Nachfolgeplanung, 58, 233
Nachfolgesicherung, 233
New Public Management (NPM), 205

O
Organisation, 187
Organisationales Lernen, 43
Organisations- und Führungskultur, 198
Organisationsberatung, 205
Organisationsentwicklung, 81, 208, 215
Organisationskultur, 205
Organisationsstruktur, 198, 221

P
Partizipative Lösungen erarbeiten, 111
Performancemessung, 236
Personal- und Organisationsentwicklung, 108
Personalauswahl, 136, 167, 175
Personalbeurteilung, 140
Personalcontrolling, 75, 129
Personalentlassung, 68, 182
Personalentwicklung, 78, 81, 129, 132, 136, 140, 143
Personalethik, 167
Personalgewinnung und -entwicklung, 119
Personalplanung, 191
Personalpolitik und -strategie, 163
Personalselektion, 126
Politischer Konflikt in einer Gemeinde, 154
Potenzialanalyse, 119
Präsentationsrhetorik, 122
Private Beziehung am Arbeitsplatz, 115
Problemlösung mit Hilfe von Gruppen, 147
Problemlösung/Kreativität, 157
Professionelle Selbstkonzepte/Identitäten, 103
Projektmanagement, 108, 187, 195, 205, 229
Projektorganisation, 191
Projektstrukturen, 195
Psychologischer Vertrag, 215
Psychologischer Vertragsbruch, 143

Q
Qualitätsmanagement, 75, 191, 215

R
Respektierung der persönlichen Sphäre, 58
Rollenbewusstsein, 157
Rollenklärung, 43
Rollenkonflikt, 49, 115

S
Sandwichposition, 212
Schwierige Gespräche führen, 119
Schwierige Mitarbeitendengespräche, 81
Schwierige Mitarbeitendengespräche führen, 68
Selbst- und Fremdwahrnehmung, 49
Selbstmanagement, 43, 49, 98, 195
Selbstregulation, 40
Selbstverantwortung, 160
Sitzungsleitung, 147, 154

Stichwortverzeichnis

Stellenbildung, 78
Stellvertretung/Delegation, 46
Strategisches Management, 187

T
Talent Management, 129, 132, 143
Teamarbeit, 172
Teamentwicklung, 132
Teamkonflikt, 65, 86
Teamleitung, 160
Teilzeit mit eigener Firma, 129
Teilzeitarbeit, 136, 160

U
Überbelastung, 191
Umgang mit Absenzen, 167
Umgang mit Freiräumen, 129, 132
Umgang mit Konflikten, 58

Umgang mit Professionals, 147
Unternehmensethik, 163, 182
Unternehmenskultur, 40, 81, 94, 108, 129, 208, 215
Unternehmensstrategie, 198

V
Verantwortung, 43
Vertrauen, 46, 172, 212
Vorgesetztenwechsel, 90

W
Widerstand, 205
Wissensmanagement, 233, 236

Z
Zielvereinbarung, 98
Zusammenarbeit, 98

Printed by Printforce, the Netherlands